博碩文化

# 電子商務

## 與

# ChatGPT

## 物聯網・KOL直播・區塊鏈・
## 社群行銷・大數據・智慧商務

吳燦銘 著

初版一刷：2024年12月二版
初版一刷：2024年12月二

ZCT 策劃

### 第二版

U0096049

- 內容淺顯且全面地說明電子商務必須要懂的資訊，輕鬆理解EC精要
- 呼應各章主題，嚴選熱門國內外知名案例，焦點專題實用解析
- 活用 ChatGPT、Copilot 與生成式AI，文案、企劃、繪圖輕鬆搞定
- 運用簡潔圖表取代抽象敘述，引導讀者快速吸收重要知識點
- 貼心叮嚀 TIPS、章末問題討論，強化學習回顧及深入思考
- 分享電子商務與網路行銷常用專業術語，幫助新鮮人一次掌握

作　　者：吳燦銘 著、ZCT 策劃
責任編輯：Cathy

董 事 長：曾梓翔
總 編 輯：陳錦輝

出　　版：博碩文化股份有限公司
地　　址：221 新北市汐止區新台五路一段 112 號 10 樓 A 棟
　　　　　電話 (02) 2696-2869　傳真 (02) 2696-2867

發　　行：博碩文化股份有限公司
郵撥帳號：17484299　戶名：博碩文化股份有限公司
博碩網站：http://www.drmaster.com.tw
讀者服務信箱：dr26962869@gmail.com
訂購服務專線：(02) 2696-2869 分機 238、519
（週一至週五 09:30 ～ 12:00；13:30 ～ 17:00）

版　　次：2024 年 12 月二版

建議零售價：新台幣 780 元
I S B N：978-626-414-072-0
律師顧問：鳴權法律事務所 陳曉鳴律師

*本書如有破損或裝訂錯誤，請寄回本公司更換*

**國家圖書館出版品預行編目資料**

電子商務與 ChatGPT：物聯網.KOL 直播.區塊
鏈.社群行銷.大數據.智慧商務 / 吳燦銘著.
-- 二版. -- 新北市：博碩文化股份有限公司，
2024.12

　　面；　公分

ISBN 978-626-414-072-0(平裝)

1.CST: 電子商務 2.CST: 網路行銷
3.CST: 人工智慧

490.29　　　　　　　　　　　113018947

Printed in Taiwan

博 碩 粉 絲 團　歡迎團體訂購，另有優惠，請洽服務專線
(02) 2696-2869 分機 238、519

# 序

　　電子商務是一種現代化的經營模式，就是利用網際網路進行購買、銷售或交換產品與服務，並達到降低成本的要求，隨著網路通訊基礎建設日趨成熟，電子商務改變了傳統的交易模式，促使消費及貿易金額快速增加。電子商務是網路經濟發展下所帶動的新興產業，也連帶啟動了新的交易觀念與消費方式，隨著資訊科技進步與網路交易平台流程的改善，讓網路購物越來越便利與順暢，目前正在以無國界、零時差的優勢，提供全年無休的電子商務新興市場的快速崛起。

　　而網路行銷可以看成是企業整體行銷戰略的一個組成部分，是為實現企業總體經營目標所進行，網路行銷是一種雙向的溝通模式，能幫助無數在網路成交的電商網站創造訂單、創造收入。

　　本書完整且詳實介紹電子商務與網路行銷相關主題及重要觀念，例如：跨境電商、直播帶貨、大數據、區塊鏈、元宇宙、智慧商務…，這些精彩篇幅包括：

- 電子商務基本入門
- 電子商務的營運模式與構面
- 電子商務的網路基礎建設與發展
- 電子商務付款與交易安全機制
- 行動商務導論與創新應用
- 電商網站建立與 APP 設計實務
- 企業電子化與企業資源規劃（ERP）
- 現代供應鏈管理
- 顧客關係管理與協同商務

- 知識管理與數位學習
- 網路行銷概說與研究
- 社群商務的規劃與行銷策略
- 網紅行銷與直播贏家工作術
- 邁向成功店家的 LINE 工作術
- 電子商務倫理與法律相關議題
- 全通路、大數據與智慧商務
- 電子商務最強魔法師－ChatGPT 與 AI 繪圖

為了讓讀者可以接觸更新的電子商務及網路行銷觀念，除了提供最新電子商務資訊外，對於一些較熱門的議題，也以專題討論方式或內文更新來加以呈現，這些精彩的專題包括：

- 跨境電商的崛起
- 共享經濟與群眾募資
- 智慧物聯網（AIoT）
- 區塊鏈與比特幣
- 元宇宙與電子商務
- 響應式網頁（RWD）
- 台塑集團與企業電子化
- 工業 4.0 與供應鏈管理

- 博客來顧客關係管理
- 行動學習
- 搜尋引擎最佳化（SEO）
- 微電影影音社群行銷
- OBS 直播工具軟體
- 直播帶貨私房技巧
- 創用 CC授權
- 智慧商務

另外，也加入了由 OpenAI 推出的 ChatGPT 聊天機器人內容，精彩單元如下：

- 聊天機器人與電子商務
- ChatGPT 初體驗
- ChatGPT 在電商領域的應用
- 讓 ChatGPT 將 YouTube 影片轉成音檔（mp3）
- 撰寫行銷活動策劃文案
- AI 寫 FB、IG、Google、短影片文案

- 利用 ChatGPT 發想行銷企劃案
- 最強 AI 繪圖生圖神器簡介
- DALL-E 3 AI 繪圖平台的技巧與實踐
- 使用 Midjourney 輕鬆繪圖
- 功能強大的 Playground AI 繪圖網站
- 微軟 Bing 的生圖工具：Copilot

本書中所有各種電子商務的實例，儘量輔以簡潔的介紹筆法，期許各位可以最輕鬆的方式了解這些重要新議題，相信這會是一本學習電子商務與網路行銷相關課程最適合的入門教材。

# 目錄

## CHAPTER 01  電子商務基本入門

## CHAPTER 02  電子商務的營運模式與構面

## CHAPTER 03　電子商務的網路基礎建設與發展

# CHAPTER 04　電子商務付款與交易安全機制

# CHAPTER 05　行動商務導論與創新應用

# CHAPTER 06   電商網站建立與 App 設計實務

# CHAPTER 07   企業電子化與企業資源規劃

# CHAPTER **08**　現代供應鏈管理

# CHAPTER **09**　顧客關係管理與協同商務

# CHAPTER 10  知識管理與數位學習

# CHAPTER 11  網路行銷概說與研究

# CHAPTER **12**　社群商務的規劃與行銷策略

# CHAPTER **15** 電子商務倫理與法律相關議題

# CHAPTER **16** 電子商務的未來－全通路、大數據與智慧商務

## CHAPTER **17**　電子商務最強魔法師－**ChatGPT 與 AI 繪圖**

# APPENDIX **A**　電子商務與網路行銷必修專業術語

# 電子商務基本入門

## 01

隨著網際網路的高速發展，手機和網路覆蓋率不斷提高的刺激下，各國無不致力於推動網路共通基礎建設措施，新經濟現象帶來許多數位化的衝擊與變革，加上資訊科技進步與網路交易平台流程的改善，讓網路購物越來越便利與順暢，不但改變了企業經營模式，也改變了全球市場的消費習慣，以無國界、零時差的優勢，提供全年無休的電子商務（Electronic Commerce, EC）新興市場的快速崛起。

◎ 後新冠疫情時代，momo 購物商城的業績大幅成長

電子商務市場能有現在的發展，主要歸功於為網路上無所不在的客群與建立了更優惠的價格和快速出貨的平台，2020 年網路電商更在新冠肺炎疫情的推波助瀾下，許多國家紛紛採取封城禁足措施，讓全球「無接觸經濟」崛起，雖然實體店業績受到疫情影響，嚴峻的疫情局勢更促使全球電子商務規模快速增長，多數消費者紛紛選擇數位通路，多數時候民眾傾向在家上網採購取代實體購物，且購買的商品類別越來越廣泛，電商平台銷售額更是大幅迅速成長。根據市場調查機構 eMarketer 的最新報告指出，2022 年的全球零售電子商務銷售額可以成長至 5.5 兆美元以上，例如亞馬遜（Amazon）就成為新冠病毒大流行病的最大業績受益者之一。

◎ Amazon 在疫情期間大量徵募新員工
圖片來源：https://www.ithome.com.tw/news/136405

## 1-1 電子商務與網路經濟

電子商務是網路經濟（Network Economy）發展下所帶動的新興產業，也連帶啟動了新的交易觀念與消費方式，阿里巴巴創辦人馬雲更直言 2020 年後，電子商務將取代傳統實體零售商家主導地位。由於今日實體與虛擬通路趨於更完善的整合，都使電子商務購物環境日趨成熟，從 Amazon 對 Walmart 造成威脅，到阿里巴巴屢次在 1111 光棍節創下令人瞠目結舌的銷售額，電子商務讓現代商務活動具有安全、可靠、便利快速的特點，沒有了時間及空間條件上的限制，越來越多的電子化貨幣與線上付款方式將在電子交易中使用，現代人的生活和工作將變得方便與靈活。

### TIPS

光棍節又稱雙十一節、單身節，對中國大陸從事電子商務的網購業者來說是個大日子，這個大陸自創的 1111 光棍節是流傳於中國大陸年輕人的娛樂性節日，隨著今天晚婚、抱獨身主義的人數越來越多，成了一股網購消費新勢力，淘寶（低價便宜商品，C2C）及其子品牌天貓（相對高價產品，B2C 為主）為首的商家特別將該日宣傳為「單身狂歡購物節」，打造成了男男女女都為之瘋狂的購物狂歡日，已經超過美國人當年度「黑色星期五」和「網購星期一」的記錄，儼然成為目前全球最大網路購物節。

## 1-1-1 網路經濟簡介

在 20 世紀末期，隨著電腦的平價化、作業系統操作簡單化、網際網路興起等種種因素組合起來，帶動了網路經濟的盛行。從技術的角度來看，人類利用網路通訊方式進行交易活動已有幾十年的歷史了，蒸氣機的發明帶動了工業革命，工業革命由機器取代了勞力，網路的發明則帶動了「網路經濟」（Network Economic）與商業革命，網路經濟就是利用網路通訊進行傳統的經濟活動的新模式，而這樣的方式也成為繼工業革命之後，另一個徹底改變人們生活型態的重大變革。

網路經濟是一種分散式經濟，優點是可以去除傳統中間化，降低市場交易成本，讓自由市場更有效率地靈活運作。對於網路經濟所帶來的「網路效應」（Network Effect），有一個很大的特性就是在這個體系下的產品價值取決於其總使用人數，透過網路無遠弗屆的特性，一旦使用者數目跨過門檻，那麼它的價值自然越高。網際網路的快速發展產生了新的外部環境與經濟

法則，全面改變了世界經濟的營運法則，Downes and Mui 提出了四大定律促動了全球化網路經濟：

- 梅特卡夫定律（Metcalfe's Law）：3Com 公司的創始人 B. Metcalfe 於 1995 年的 10 月 2 日專欄上提出網路的價值是和使用者的平方成正比，稱為「梅特卡夫定律」（Metcalfe's Law），是一種網路技術發展規律，也就是使用者越多，其價值便大幅增加，產生大者恆大之現象，對原來的使用者而言，反而產生的效用會越大。

- 摩爾定律（Moore's Law）：由 Intel 名譽董事長 Gordon Mores 於 1965 年所提出，表示電子計算相關設備不斷向前快速發展的定律，主要是指一個尺寸相同的 IC 晶片上，所容納的電晶體數量，因為製程技術的不斷提升與進步，每隔約十八個月會加倍，執行運算的速度也會加倍，但製造成本卻不會改變。

- 擾亂定律（Law of Disruption）：由唐斯及梅振家所提出，結合了「摩爾定律」與「梅特卡夫定律」的第二級效應，主要是指社會、商業體制與架構以漸進的方式演進，但是科技卻以幾何級數發展，社會、商業體制都已不符合網路經濟時代的運作方式，遠遠落後於科技變化速度，當這兩者之間的鴻溝愈來愈擴大，使原來的科技、商業、社會、法律間的漸進式演化平衡被擾亂，因此產生了所謂的失衡現象與鴻溝（Gap），就很可能產生革命性的創新與改變。

- 公司遞減定律（Law of Diminishing Firms）：是指由於摩爾定律及梅特卡夫定律的影響之下，網路經濟透過全球化分工的合作團隊，加上縮編、分工、外包、聯盟、虛擬組織等模式運作，將比傳統業界更為經濟有績效，進而使得現有公司的規模有呈現逐步遞減的現象。

## 1-1-2 電子商務的定義

電子商務的主要功能是將供應商、經銷商與零售商結合在一起，透過網際網路提供訂單、貨物及帳務的流動與管理，大量節省傳統作業的時程及成本，從買方到賣方都能產生極大的助益。如果正式談到電子商務的定義，美國學者 Kalakota and Whinston 認為所謂電子商務是一種現代化的經營模式，就是利用網際網路進行購買、銷售或交換產品與服務，並達到降低成本的要求。

根據經濟部商業司的定義，只要是經由電子化形式所進行的商業交易活動，都可稱為「電子商務」，也就是「商務＋網際網路＝電子商務」。而這也賦予電商活動無限的想像空間，更嚴謹的角度來看，電子商務主要是指透過網際網路上所進行的任何實體或數位化商品的交易行為，交易的標的物可能是實體的商品，例如線上購物、書籍銷售，或是非實體的商品，例如廣告、軟體授權、交友服務、遠距教學、網路銀行等商業活動也算是電子商務的範疇。

⏪ 電商網站是目前商業主流交易平台

⏪ 年輕人喜愛的手機遊戲也算是一種電子商務型態

---

**🛒 TIPS**

電子商務生態系統（E-commerce ecosystem）是指以電子商務為主體結合商業生態系統概念，包括各種電子商務生態系統的成員，例如產品交易平台業者、網路開店業者、網頁設計業者、網頁行銷業者、社群網站、網路客群、相關物流業者等單位透過跨領域的協同合作來完成，並且與系統中的各成員共創新的共享商務模式和協調與各成員的關系，進而強化相互依賴的生態關係，所形成的一種網路生態系統。

---

## 🕐 1-2 電子商務的基本架構

　　電子商務模式講求是速度、便捷和縮短時空的隔閡，進而滿足組織、商品與消費者的需要，關於電子商務的基本架構，有許多學者提出了不同的見解，從宏觀的角度來看，我們特別以卡納科特（Kalakota）和溫斯頓 Whinston 在 1997 年提出電子商務的架構是較完整架構，包含了電子商務應用、電子商務支柱以及電子商務基礎建設。在這穩固的支柱和基礎上，架構了完整的電子商務相關應用，並且以產業區隔為導向，利用網際網路進行購買、銷售或交換產品與服務。

🔗 電子商務架構圖

## 1-2-1 共同支柱

Kalakota and Whinstonnj 對於電子商務架構所描述的兩大支柱（Two supporting pillars），分別是公共政策（Public policy）與技術標準（Technical standards）。由於電子商務是網路高科技下的產物，可能製造出許多前所未有的問題，必須要制定相關的公共政策及法律條文來配合，如法律（law）、隱私權（privacy）、電子簽章法等議題。技術標準則是為了確定網際網路技術的相容性與標準性，包括文件安全性、網際網路通訊協定、訊息交換的標準協定等。

## 1-2-2 電子商務基礎建設

電子商務基礎建設包括一般商業服務架構、訊息及資訊分配架構、多媒體內容及網路出版基礎架構、多媒體內容及網路出版基礎架構與網路基礎架構，說明如下：

↗ 一般商業服務架構（Common Business Service Infrastructure）：支援線上買賣的交易與認證流程，此部分交易時會使用到的相關服務，主要是以金流與資訊流為主。例如解決線上付款工具的不足（如電子錢包、信用卡、電子現金、電子支票），保障安全交易及安全的線上付款工具的相關技術與服務，與包括安全技術、驗證服務、網路搜尋、電子型錄與資訊安全防護等，都屬於本架構的範圍。

↗ 訊息及資訊分配架構（Messaging and Information Distribution Infrastructure）：為了確保訊息以電子化傳遞的基礎與資訊收發的確認性及電子商務的安全起見，主要是提供格式化及非格式化資料進行傳輸與交換的中介媒體，包括了電子資料交換（EDI）、電子郵件與WWW 排版的超文件標示語言（HTTP）等議題。

**TIPS**

HTTP（HyperText Transfer Protocol），超文件傳輸協定，用來存取 WWW 上的超文字文件（hypertext document）。

↗ 多媒體內容及網路出版基礎架構（Multimedia Content and Network Publishing Infrastructure）：主要是建構網路內容豐富的多媒體介面，例如全球資訊網（WWW）可以說是目前網路出版最普及的資訊結構，也是一個多媒體製作與出版中心，利用超文字標示語言（Hyper Text Markup Language, HTML）的描述，出版於 Web 伺服器上面供使用者瀏覽，並包含使用 XML、JAVA、WWW 來提供一個統一的資訊出版環境，瀏覽器也屬於本架構中。

**TIPS**

- HTML 是一種標記語言，透過各種標記即可組合成網頁，網頁中的文字格式的設定、圖片、表格、表單、超連結、影音、動畫等，都可透過它來組合。HTML5 是由 HTML4 發展而來的標籤語言，它將原有的語法做簡化，讓網頁可讀性變高，不管在智慧型手機、平板電腦、PC、Mac、Linux 系統都可使用。
- XML 中文譯為「可延伸標記語言」，是一種專門應用於電子化出版平台的標準文件格式，由標籤定義出文件的架構，像是標題、作者、書名等等，補足了 HTML 只能定義文件格式的缺點，並且可以跨平台使用。

↗ 網路基礎架構（Network Infrastructure）：主要是提供電子化資料的實際傳輸，就如同高速公路一般，整合不同類型的傳送系統及傳輸網路，包括區域網路、電話線路、有線電視網、無線通訊、網際網路及衛星通訊系統，這個架構是推動電子商務必備的基礎建設，包括電信公司、ISP、防火牆、連接器與路由器都是屬於本架構。

### 1-2-3 電子商務應用

電子商務系統相關的從業人員，例如顧客與上下游合作廠商間的關係，大部份都是接觸此電子商務應用（Electronic Commerce Application）層面，包含各種領域的不同服務產業，主要提升電子商務的應用層面，本層具有以下主要功能：行動商務、隨選視訊、供應鏈管理、網路銀行、網路化採購、網路行銷廣告、線上購物等。

⬀ 隨選視訊與網路行銷廣告都屬於電子商務應用

> **TIPS**
>
> - 隨選視訊（VoD）服務是互動電視眾多的功能之一，也是一種嶄新的視訊服務，使用者可不受時間、空間的限制，透過網路隨選並即時播放影音檔案，並且可以依照個人喜好「隨選隨看」，不受播放權限、時間的約束。目前 VoD 技術已被廣泛應用在遠距教學、線上學習、電子商務，未來還可能發展到電影點播、新聞點播等方面。
> - 供應鏈（Supply Chain）的目標是將上游零組件供應商、製造商、流通中心，以及下游零售商上下游供應商成為夥伴，以降低整體庫存之水準或提高顧客滿意度為宗旨。

## ⏱ 1-3　電子商務發展與演進

隨著電腦的平價化、作業系統操作簡單化、網際網路興起等種種因素組合起來，推動了電子商務盛行，一時之間許多投資者紛紛湧上網路這個虛擬的世界。在過去的數十年間，電子商務的發展發生了很大的變化。美國學者 Kalakota and Whinston（1997）就將電子商務的發展分為五個階段。

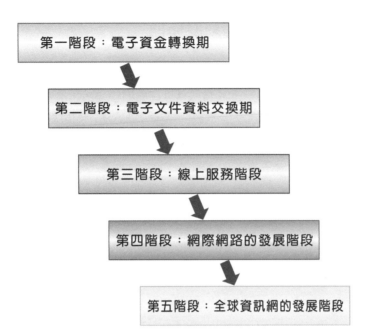

## 1-3-1 第一階段：電子資金轉換期

從技術的角度來看，人類利用電子通訊的方式進行貿易活動已有幾十年的歷史了。早期電子商務只是利用電子化手段，將商業買賣活動簡化，從傳統企業內部利用「電子資料處理系統」（Electronic Data Processing System, EDPS）來支援企業或組織內部的基層管理與作業部門，讓原本屬於人工處理的作業邁向自動化，進而提高作業效率與降低作業成本。到了 1970 年代，銀行之間利用私有的網路，進行電子資金轉換（Electronic Funds Transfer, EFT）的作業，如轉帳、ATM，將付款資訊電子化來改善金融市場的交易方式。

➐ ATM 是電子資金轉換期的產物

**TIPS**

電子資料處理系統（EDPS）是用來支援企業的基層管理與作業部門，也是資訊系統中最底層的作業系統，例如員工薪資處理、帳單製發、應付應收帳款、人事管理等等。它的功用是讓原本屬於人工處理的作業邁向電腦化或自動化，進而提高作業效率與降低作業成本，或者也可以把一切的資訊系統都視為是一種電子資料處理系統。

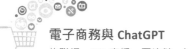

## 1-3-2 第二階段：電子文件資料交換期

「電子文件資料交換標準」（Electronic Data Interchange, EDI）起源於大型企業與製造商之間為了降低紙張作業的採購及存貨管理流程而發展出來的訊息交換方式。EDI 是將業務文件按一個公認的標準從一台電腦傳輸到另一台電腦的電子傳輸方法，如果能使一份電子文件為不同國別、企業、屬性的辦公室共同接受的話，如採購單、出貨單、電子型錄等，將可以加速企業間訊息交換的成效，更能加速整合客戶與供應商或辦公室各單位間的生產力，也使得電子商務有了新的應用風貌。隨著跨國企業的增加，1985 年由聯合國的歐洲經濟理事會為簡化貿易程式促進國際貿易活動，發起整合成國際標準的提議，於 1986 年正式通過國際 EDI 標準。

## 1-3-3 第三階段：線上服務階段

隨著網際網路的逐步興起，企業開始以線上服務的方式提供顧客不同的互動模式，例如聊天室、新聞群組（Netnews）、檔案傳送協定（File Transfer Protocol, FTP）、BBS，人們可藉由全球性網路開始進行遠端的溝通、資訊存取與交換，產生虛擬社區的初步概念並造就出地球村的想像。

**TIPS**

新聞群組（Netnews）是 Internet 早期擁有上千個新聞討論群組（News Group）的討論區，可供網路族談天說地、交換資訊。新聞群組中的討論主題可以說是無所不包、千奇百怪，各位如果有工作或生活上的任何疑難雜症，都能在新聞群組的討論區中發出求助文章。

## 1-3-4 第四階段：網際網路快速發展階段

在 1980 年代晚期與 1990 年代初期，電子化訊息的技術轉化成工作流程管理系統或網路電腦工作系統，節省員工在作業流程上所花費的時間，這已經接近「辦公室自動化」（Office Automation, OA）的雛型，就是結合大量電腦與網路通訊設備的協助，以改進辦公室內的整體生產力，進而促使書面工作與紙張大量減少。

**TIPS**

辦公室自動化（Office Automation, OA）系統是結合電腦與通訊設備的協助，以改進辦公室內的整體生產力，進而促使書面工作大量減少，例如文書處理、會計處理、文件管理、或是溝通協調。讓員工在電腦上完成大部份工作，以達到高效率與高品質的工作環境。

### 1-3-5 第五階段：全球資訊網的發展階段

1990 年代出現在網際網路上的全球資訊網（World Wide Web）是一個重要關鍵性的突破，簡稱為 Web，一般將 WWW 唸成「Triple W」、「W3」或「3W」，它可說是目前 Internet 上最流行的新興工具，它讓 Internet 原本生硬的文字介面，轉成聲音、文字、影像、圖片及動畫的多元件交談介面，並使電子商務成為以較低成本從事具經濟規模的方式，創造了更多新興類型的商業機會。

⚫ 網路上充斥了數以億計的各種網站

## ⏱ 1-4 電子商務的特性

由於電子商務已經躍為今日商業活動的主流，不論是傳統產業或新興科技產業都深受影響，透過電子商務的技術，企業能夠快速地和產品設計及市場行銷等公司形成線上的商業關係。電子商務提供企業全球性的虛擬貿易環境，提高了商務活動的水平和規模，隨著亞馬遜書店、eBay、Yahoo!、PChome、蝦皮等的興起，更讓人了解商品在網路虛擬市場上販賣，有那麼驚人的商業績效。對於一個成功的電子商務模式，與傳統產業相比而言，電子商務具備了以下的特性。

### 1-4-1 全球化交易市場

上網人口的持續成長，推動全球電子商務的規模，網路的無限連結不但可以普及全球各地，也使商業行為跨越文化與國家藩籬，消費者可在任何時間和地點，透過網際網路進入購物

網站購買到各式商品。對業者而言,可讓商品縮短行銷通路,全世界每一角落的網民都是潛在的顧客群。

🔗 Agoda 網站提供優惠線上訂房價格

## 1-4-2 全年無休營運模式

網路的便利性讓電子商務的市場範圍超越傳統商店模式,消費者能透過電商網站的建構與運作,得以全天候 24 小時、全年無休地提供商品資訊與交易服務。透過網路,在任何時間、地點,都可利用簡單的工具上線執行交易行為提升消費的便利,間接提高了商務活動的水平和服務品質。

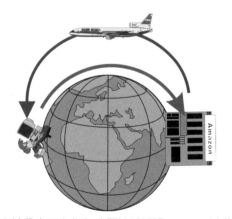

🔗 消費者可在任何時間地點透過 Internet 消費

### 1-4-3 即時互動溝通能力

　　線上交易的電商網站，提供了買賣雙方即時互動的雙向溝通管道，如果網站沒有與消費者維持高度互動，就稱不上是完備的電子商務網站，也就是必須包括線上瀏覽、搜尋、傳輸、付款、廣告行銷、電子郵件交流及線上客服討論等，廠商可隨時依照買方的消費與瀏覽行為，即時調整或提供量身定做的資訊或產品，買方也可以主動在線上傳遞服務要求。

⏎ 蘭芝公司與消費者的互動，成功打響品牌知名度

### 1-4-4 網路與新科技的輔助

　　科技是電子商務發展的基礎，實現了各種商務模式，相對於傳統市場，電子商務提升了資訊在市場交易上的重要性，對資料的收集、保留、整合、加值、再利用都十分方便。新技術的輔助是電子商務的發展利器，無論是動態網頁語言、多媒體展示、資料搜尋、虛擬實境技術等，都是傳統產業所達不到的，而創新技術更是不斷的在提出。由於網際網路上所行銷或販售的商品，主要是透過資訊相關設備來呈現商品的外觀，不管是多枯燥乏味的內容，適當地加上音效、圖片、動畫或視訊等吸引人的元素之後，就能變得豐富又蓬勃。

 信義房屋提供 3D 線上賞屋與 720 度全景看屋的優質看房體驗

> **TIPS**
>
> VRML 是一種程式語法，主要是利用電腦模擬產生一個三度空間的虛擬世界，提供使用者關於視覺、聽覺、觸覺等感官的模擬，利用此種語法可以在網頁上建造出一個 3D 的立體模型與立體空間。VRML 最大特色在於其互動性與即時反應，可讓設計者或參觀者在電腦中就獲得相同的感受，如同身處真實世界一般。

## 1-4-5 低成本的競爭優勢

電子商務的崛起，使網路交易越來越頻繁，越來越多消費者喜歡透過網路商店購物，對業者而言，網路可讓商品縮短行銷通路、降低營運成本，買賣雙方的購買支付與商品解說收款等過程都可以在網上進行。

網際網路減少了資訊不對稱的情形，供應商的議價能力越來越弱，電商一方面可以在全球市場內尋找求價格最優惠的供應商，另一方面減少中間商與租金成本，進而節省大量開支和人員投入，並達到全球化銷售而提供具競爭性的價格給顧客。

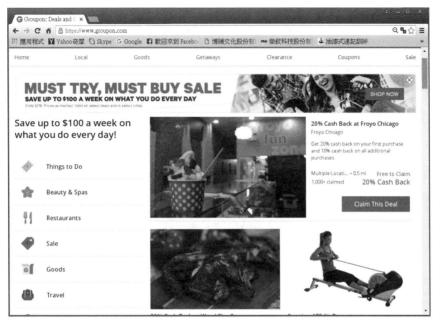

🔗 團購網站 Groupon，每天都推出超殺的低價優惠券

# 跨境電商的崛起

從實體商店到線上購物，在這電商蓬勃發展的年代，亞洲跨境電子商務市場正快速成長，所謂跨境電商（Cross-Border Ecommerce）是一種國際電子商務貿易型態，指的是消費者和賣家在不同的關境（實施同一海關法規和關稅制度境域），透過電子商務平台交易、支付結算與國際物流送貨、完成交易的國際商業活動，目前跨境電商的貿易模式分為企業對企業（B2B）和企業對消費者（B2C）兩種。簡單來說，跨境電商就是企業不必到海外設點，就可以直接把商品賣到其他國家！跨境電商衍伸出大量而多元化的繁雜業務，除網站翻譯外，跨境支付系統、跨境物流與跨境行銷，就像打破國境通路的圍籬，讓消費者滑手機，就能直接購買全世界的任何商品。

跨境電商已經成為新世代的產業火車頭，當企業面臨轉型時，跨境電商便成為具有潛力的重要管道。網路購物近年來飛速成長，在需求有限競爭激烈的狀況下，跨境電商會扮演營運成績能否達標的關鍵角色。

🔲「天貓出海」計畫打著「一店賣全球」的口號

　　跨境電商不僅是純粹的貿易技術平台，只要涉及到跨境交易，就會牽扯出許多物流、文化、語言、市場、匯兌與稅務等問題，例如阿里巴巴「天貓出海」計畫，打著「一店賣全球」的口號，幫助商家以低成本、低門檻地從國內市場無縫拓展，目標將天貓生態模式逐步複製並推行至東南亞、乃至全球市場，當店家或品牌透過跨境電商打開知名度之後，便有機會加速落地深耕當地市場。隨著傳統外貿通路逐漸式微，跨境電商成為全球主要外貿出口模式，本土業者應該快速了解跨境電商的保稅進口或直購進口模式，讓更多台灣本土優質商品能以低廉簡便的方式行銷海外，甚至於在全球開創嶄新的產業生態。

⊘ Rakuten（樂天）是日本的跨境電商平台

**TIPS**

「電子商務自貿區」是發展跨境電子商務方向的專區，開放外資在區內經營電子商務，配合自貿區的通關便利優勢與進口保稅、倉儲安排、物流服務等，設立有關跨境電商的服務平台，向消費者展示進口商品，進而大幅促進區域跨境電商發展與便利化的制度環境。

1. 請簡介梅特卡夫定律。

2. 請簡述電子商務的定義。

3. Kalakota 和 Whinston 對於電子商務架構所描述的兩大支柱是什麼？試簡述之。

4. 請簡介 XML。

5. 什麼是隨選視訊（VoD）？可以應用在哪些領域？

6. 請說明 Kalakota 和 Whinston 將電子商務的發展分為哪五個階段？

7. 試簡介電子資料處理系統（EDPS）。

8. 請問電子商務具備了哪些特性？

9. 何謂跨境電商？

10. 何謂網路經濟（Network Economy）？網路效應（Network Effect）？

11. 請簡介擾亂定律（Law of Disruption）。

12. 何謂電子商務自貿區？

# 電子商務的
# 營運模式與構面

**02**

CHAPTER

電子商務正在改變人們長久以來的消費習慣與傳統企業的營運模式，更提供了企業虛擬化的全球性貿易環境，電商的銷售數據與營業額每年都在突破新高，不論是有形的實體商品或無形的資訊服務，都可能成為電子商務的交易標的。從商業的角度來看，所謂營運模式（Business Model）是一家企業處理其與客戶和上下游供應商相關事務的方式，更含括市場定位、盈利目標與創造價值的方法，亦即描述企業如何創造價值與傳遞價值給顧客，並且從中獲利的模式，更是整個商業計畫的核心。

🄐 國際時裝品牌 Zara 因為新冠疫情，全力轉向電商模式

# ⏱ 2-1 電子商務的營運模式

電子商務的發展，大大提高了商務活動水平和服務品質，營運模式也隨著時間的演進與實務觀點有所不同，營運模式的選擇往往決定了一個企業的成敗，已經成為企業競爭優勢的重要組成部分。電子商務在網際網路上的營運模式極為廣泛，如果依照交易對象的差異性，大概可以區分為五種類型：企業對企業（Business to Business, B2B）、企業對消費者（Business to Customer, B2C）、消費者對消費者（Customer to Customer, C2C）及消費者對企業（Customer to Business, C2B）與企業對政府模式（Business-to-Government, B2G），接下來要為各位介紹電商相關的營運模式。

B2E 模式是讓企業的員工透過無線上網連結公司內部系統，並隨時隨地查詢各項商品資訊或更新客戶資料。員工可以在任何時間、任何地點進入公司的入口網站，檢閱最新的公司內部行事曆或更新個人行程。至於「企業資訊入口」（EIP）是指在 Internet 的環境下，將企業內部各種資源與應用系統，整合到企業資訊的單一入口中，以企業內部的員工為對象。

## 2-2　B2C 模式

　　企業對消費者間（Business to Customer, B2C）又稱為「消費性電子商務」模式，是指企業直接和消費者間進行交易的行為模式，販賣對象是以一般消費大眾為主，就像是在實體百貨公司的化妝品專櫃，或是商圈中的服飾店等，企業店家直接將產品或服務推上電商平台提供給消費者，而消費者也可以利用平台搜尋喜歡的商品，並提供 24 小時即時互動的資訊與便利來吸引消費者選購，將傳統由實體店面所銷售的實體商品，改以透過網際網路直接面對消費者進行的交易活動，這也是目前一般電子商務最常見的營運模式，例如 Amazon、天貓都是經營 B2C 電子商務的知名網站。

☑ 天貓是全中國最大的 B2C 網站

　　B2C 模式的電子商務一般以網路零售業為主，會保有網路消費者的訊息回饋頁面，由於消費者通常會將個人資料交給店家，結合了購物車、庫存管理、會員機制、訂單管理、網路廣告、金流、物流等，來達到直接將銷售商品送達消費者。例如線上零售商店、網路書店、線上軟體下載服務等，以下介紹幾種常見的 B2C 模式：

## 2-2-1　線上內容提供者

　　線上內容提供者（Internet Content Provider, ICP）主要是向消費者提供網際網路資訊服務和相關業務，包括智慧財產權的數位內容產品與娛樂，如期刊、雜誌、新聞、音樂、線上遊戲等，由於是數位化商品，故也能透過網際網路直接讓消費者下載，例如聯合報的線上新聞、KKBOX 線上音樂網、YouTube 等。

🎵 KKBOX 的歌曲都是取得唱片公司的合法授權
圖片來源 http://www.kkbox.com.tw/funky/index.html

## 2-2-2　入口網站

　　入口網站（Portal）最早是以網路廣告模式與電子商務沾上邊，也是進入 WWW 的首站或中心點，它讓所有類型的資訊能被所有使用者存取，提供各種豐富個別化的服務與導覽連結功能。當各位連上入口網站的首頁，可以藉由分類選項來達到要瀏覽的網站，同時也提供許多的服務，如搜尋引擎、免費信箱、拍賣、新聞、討論等，除了獨立營運的網站之外，目前依附在

入口網站下的購物頻道，也都有不錯的成績，其所經營的電子商城，有些採自行經營模式，主要利潤來自於轉單賺取商品價差或加值服務，有些則是以百貨公司的型態，邀請廠商進駐，營收來源為交易手續費和加盟費。

進入 Google 首頁，按下「Google 應用程式」鈕，會出現 Google 所有的服務

🔗 Google 是目前最大的入口網站

## 2-2-3 線上仲介商

線上仲介商（Online Broker）主要在建立買賣雙方的交易平台，幫客戶搜尋適當的交易對象，並協助其完成交易，藉以收取仲介費用，本身並不會提供商品，包括證券網路下單、線上購票等、人力仲介商、房屋仲介商、拍賣仲介商等。例如人力銀行就是網路發達之後的一種線上仲介商，也是透過網路平台的服務提供者（Service Provider），為求才公司與求職者的熱門管道。通常應徵者成為該人力銀行會員後，就能前往修改履歷的網頁，填寫個人的基本資料與學經歷。如 104 人力銀行便提供找工作、找人才之專業便利的求職求才服務，包括查詢工作、刊登履歷、薪資行情、職涯測驗、手機找工作等功能。

🔊 104 人力銀行是現代企業找人才的重要管理

## 2-2-4 線上零售商

　　消費的多元化和通路多樣化，使得消費者有了更多的選擇機會，零售業漸漸進入微利時代，原因之一是房租、人工、水電成本有增無減，使企業的利潤空間受到擠壓，盈利能力不斷下滑，加上大量消費者轉移到線上購物。線上零售商（e-Tailer）是 B2C 模式中最傳統的購物網站型態，消費者向購物網站下單，購物網站再向大盤商調貨給消費者。生產者、品牌廠商透過網路自行架設購物網站，使製造商更容易直接銷售產品給消費者，如平價服飾大廠 UNIQLO，或是東京著衣這類原本就從網路購物起家的品牌。

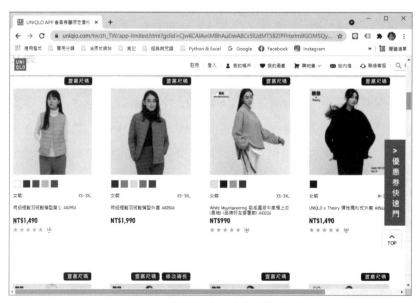

🔊 UNIQLO 的服飾上網也能輕鬆買到

### 2-2-5 虛擬社群

網際網路瓦解了過去以地區或國界為主的地域概念，在網路上也形成以「興趣」為主的新社群，除了帶動虛擬社群的發展，也增加了資訊分享的機會。虛擬社群（Virtual Communities）是聚集相同興趣的消費者形成一個特定社群來分享資訊、知識、甚或販賣產品，提供使用者有助於彼此之間互動和分享資訊與知識的共同環境，並提供多種讓使用者互動的方式，可以為聊天、寄信、影音、互傳檔案等。例如愛情公寓（i-part.com）提供線上結交異性的社群平台服務，已超過 550 萬人加入會員，或者像是遊戲虛擬社群巴哈姆特，設計出一套實體化的帳號獎勵制度，成功的激勵網友付出知識，活絡社群社交的能力，加深了巴哈姆特的商業競爭力。

◎ 巴哈姆特是華人動漫及遊戲社群網站

## ⏱ 2-3 B2B 模式

企業對企業間（Business to Business, B2B）的電子商務指的是企業與企業間或企業內透過網際網路所進行的一切商業活動，大至工廠機械設備與零件，小到辦公室文具，都是 B2B 的範圍，包括上下游企業的資訊整合、產品交易、貨物配送、線上交易、庫存管理等，這種模式可以讓供應鏈得以做更好的整合，交易模式也變得更透明化，企業間電子商務的實施將帶動企業成本的下降，同時擴大企業的收入來源。

B2B 電子商務在網路國度中所發揮的效益，大大震撼了傳統企業的交易模式，隨著電商化採購逐漸成為趨勢，B2B 電商的業態變化直接影響到企業採購模式的轉變，透過網路媒體大量向產品供應商或零售商訂購，以低於市場價格獲得產品或服務的採購行為。由於 B2B 商業模式參與的雙方都是企業，特點是訂單數量金額較大，適用於有長期合作關係的上下游廠商，例如阿里巴巴（http://www.1688.com/）就是典型的 B2B 批發貿易平台，即使是小買家、小供應商也能透過阿里巴巴進行採購或銷售。

⊙ 阿里巴巴是大中華圈最知名的 B2B 交易網站

B2B 模式一路走來發展出很多種形式，買賣雙方都可在電子市場網站進行交易。通常有以下幾種類型：

## 2-3-1 電子配銷商

電子配銷商（e-Distributor）是最普遍的 B2B 網路市集，將數千家供應商產品整合到單一線上電子型錄，再由一個銷售者來服務多家企業。主要優點是銷售者可以將數千家供應商的產品整合到單一電子型錄上，並提供搜尋、比價、存貨查詢、下單、進度查詢及物流、金流等各種服務。當顧客有需求時，客戶可以從電子型錄訂購產品，並在網站上一次購足所需的商品，不必再瀏覽其他網站，而電子配銷商再根據配銷的商品收取費用。

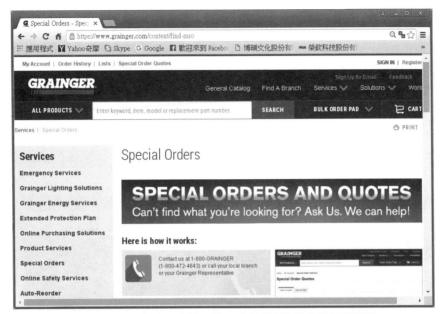

⊙ Grainger 是全球知名的工業用品與維修設備的電子配銷商

## 2-3-2 電子交易市集

電子交易市集（eMarket Place）是買賣雙方及市場的中間商，也是一種透過網路與資訊科技輔助所形成的虛擬市集，具有能匯集買主與供應商的功能，不僅提供供應商和電子配銷商的廠商型錄，還可以及時掌握市場需求與降低銷售成本，並且整合線上採購的分類目錄、運送、保證及金融等方面軟體來協助供應商賣東西給採購商。

電子交易市集可讓數千家的供應商與許多產業商品的採購者相互接觸，並且創造出低成本、高品質與準時交貨的優勢，恰恰反映了採購過程中，客戶購買習慣的逐步演變，成為新的交易模式。通常電子交易市集又可區分為以下兩種：

 **TIPS**

何謂 e-hub ？
隨著 B2B 模式的增加，個別產業之間將會串連成電子交易中心（e-hub），整個架構就是由供應商、B2B 平台、客戶、金融機構與物流中心所組成。

### 水平式電子交易市集（Horizontal Market）

此類型的產品是跨產業領域，可以進行統一採購來滿足不同產業客戶的需求，同時也比較不需要個別產業專業知識與銷售服務。由於不限任何產業，故單筆採購金額不高，其最大特色是開放性，可以增加營收來源，並且接觸原本無法接觸到的市場，成員相當有彈性，只要經過認證的廠商就可直接上網進行交易。

💡 Ariba 是全美相當知名的水平式電子交易市集

### 垂直式電子交易市集（Vertical Market）

此類型主要訴求在於「去中介化」（Disintermediation），著重特定產業的上下游供應鏈間具關聯性產品及服務的分工合作，進行物料買賣而設置的網路市場，必須具有該產業的專業領域知識，顯然採購流程和與供應商之間的關係是影響成功的關鍵因素。這類型的交易市集可以擴大賣方接觸的廣度，讓價格更為透明，目前在鋼鐵、紡織、化學、運輸、醫藥、汽車、食品等產業，已建立不少垂直電子交易市集。

**TIPS**

產業聯盟（Industry Consortia）是由特定產業內多家龍頭型買家所成立的大型以採購為主 B2B 垂直市場共同交易平台，強調長期契約購買、發展供應鏈穩定關係，使買方能夠直接購買原料。例如 21 世紀初期由五大汽車製造商（通用汽車、福特、克萊斯勒、Nissan、標緻）贊助成立的 Covisint，就是具有連接數千家供應商，與享有拍賣、採購、議價服務的大型產業聯盟市集。

紡拓會全球資訊網屬於垂直式電子交易市集

## 2-4　C2C 模式

　　許多人最早接觸的電商通路模式反而是「消費者對消費者」（Consumer to Consumer, C2C），就是指透過網際網路交易與行銷的買賣雙方都是消費者，由客戶直接賣東西給客戶，網站則是抽取單筆手續費。網路使用者不僅是消費者也可能是提供者，供應者透過網路虛擬電子商店設置展示區，提供商品圖片、規格、價位及交款方式等行銷資訊，最常見的 C2C 型網站就是拍賣網，每位消費者透過競價得到想要的商品，就像是平日常見的跳蚤市場。

　　從 1995 年開始的 eBay、Yahoo 拍賣、到後來中國的淘寶網，都是 C2C 電子商務通路的經典代表，例如 eBay 就是以個人賣家 C2C 拍賣起家，在美國和歐洲主要市場大都是僅次於 Amazon 的電商網站，提供平台給大眾，讓人人都能在網路上賣起東西。至於各種拍賣平台的選擇，免費只是網拍者的考量因素之一，擁有大量客群與具備完善的網路行銷環境才是最重要關鍵。

⏣ 淘寶網為亞洲最大的 C2C 網路商城

# 2-5 C2B 模式

　　消費者對企業間（Customer to Business, C2B）模式是指聚集一群有消費能力的消費者共同消費某種商品，當這群消費者透過網路形成虛擬社群，便擁有直接面對廠商議價的能力，亦成為店家們積極爭取的銷售對象，由消費者先發出需求，再由店家承接，最經典的 C2B 模式就是「團購」網站，透過消費者群聚的力量，進而主導廠商以提供優惠價格。隨著電子商務產業競爭的白熱化，C2B 平台獲利模式可能性很多，可以向消費者收取定額的手續費用，也能根據每次成交金額向賣方抽成。

⏣ 夠麻吉是台灣的團購平台

　　近年來團購被市場視為「便宜」代名詞，琳瑯滿目的團購促銷廣告時常出現在搜尋網站的頁面上，也成為眾多精打細算消費者追求的購物方式，「GOMAJI 夠麻吉」公司的創業團隊期望讓消費者實實在在享受到好康又省錢的實惠，主要的商業模式是將消費者帶往供應者端，並產生消費行為的電

子商務新類型。由於團購的商品多以店家提供的服務內容為主，在店家資源有限的情況下，往往會限時限量，其宗旨是以消費者為核心的模式，並持續合作開發有品質的店家，完全由消費者來主導商家提供的服務與價格，讓商家可以藉由團購網的促銷吸引大量人氣，呈現給消費者最美好的店家體驗。

## 2-6 B2G 模式

企業對政府模式（Business-to-Government, B2G）是指政府透過網路系統為企業提供公共服務。B2G 模式旨在打破各政府部門的界限，加速政府單位與企業之間的互動，提供便利的平台供雙方相互提供資訊流或是物流，包括政府採購、稅收、商檢、管理條例的發佈等，節省舟車往返費用，加強行政效率。

政府電子採購網是 B2G 的典範

不論政府機關或學校，在採購物品時其實也和前面所說的 B2B 一樣，常會一次採購大量的東西，為了防止壟斷或私相授受等等弊端，對於金額較大的採購案件，依規定都必須公開上網招標，利用電子商務及網路作業模式，公開各項資訊，並透過採購流程的整合與簡化，達成節省採購人力與降低採購成本之目標。行政院公共工程委員會提出「政府採購電子化推動計畫」，並於 2000 年 9 月推行將重大的公共工程採購導入 B2G 電子商務。在政府法令架構下，透

過網路進行交易，所有政府採購案，承包商可在線上競標、發展及傳遞產品，讓採購的作業流程史加公開有效率。

> 政府機關設立的目的是為了服務民眾，政府機關內部推行電腦化已經行之有年，且有了具體的成果。民眾對政府模式（Customer-to-Government, C2G）是政府與一般民眾的交易或服務模式，例如民眾到政府單位繳交稅金、停車場帳單、網上報關、報稅或註冊車輛等，也可直接透過網路進行，其中各項業務經由電腦間的連線，讓民眾能夠在單一窗口辦理各項的業務，並提供以使用者為中心的網路服務平台，鼓勵民眾主動資訊分享與開放討論。

## 2-7 電子商務的構面

　　網際網路普及背後孕育著龐大商機，但電子商務仍然面臨商業競爭與來自消費者的挑戰。整個電子商務的交易流程是由消費者、網路商店、金融單位與物流業者等四個基本組成單元，電子商務的交易過程中，會有商品運送及資金流動，透過商業自動化，可將電子商務的構面分為七個流（flow），其中有 4 種主要流（main flow）與 3 種次要流（secondary flow），分述如下。

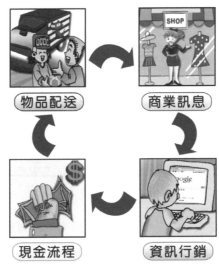

　電子商務的商流、物流、金流、資訊流

## 2-7-1 商流

電子商務的基本核心就是「商流」，是指交易作業的流通，或是市場上所謂的「交易活動」，是將實體產品的策略模式移至網路上來執行與管理的動作，代表資產所有權的轉移過程，內容則涵蓋將商品由生產者處傳送到批發商手後，再由批發商傳送到零售業者，最後則由零售商傳送到消費者手中的商品販賣交易程序。商流屬於電子商務的後端管理，包括了銷售行為、商情蒐集、商業服務、行銷策略、賣場管理、銷售管理、產品促銷、消費者行為分析等活動。

## 2-7-2 金流

金流就是指資金的流通，是有關電子商務中「錢」的處理流程，包含應收、應付、稅務、會計、信用查詢、付款指示明細、進帳通知明細等，並且透過金融體系安全的認證機制完成付款。金流體系的健全與否，是電子商務的「基本生存條件」，重點在付款系統與安全性，為了增加線上交易的安全性，市場不斷有新的解決方案出現。金流是處理交易的方式，網站為了避免不同的消費習性，不可避免的各種金流方案都可以嘗試選擇使用，目前常見的方式有貨到付款、線上刷卡、ATM 轉帳、電子錢包、手機小額付款、超商代碼繳費等。

## 2-7-3 物流

物流（logistics）是指產品從生產者移轉到經銷商、消費者的整個流通過程，主要重點就是當消費者在網際網路下單後的產品，廠商如何將產品利用運輸工具就可以抵達目地的，最後遞送至消費者手上的所有流程，並結合包括倉儲、裝卸、包裝、運輸等相關活動。

⚬ 新竹物流是一家信譽良好的物流公司

電子商務決戰物流已經是目前電商競爭中最顯而易見的課題，物流使產品的通路變成更加靈活與機動性，由於電子商務主要功能是將供應商、經銷商與零售商結合一起，通常當經營網站事業進入成熟期，接單量越來越大時，物流配送是電子商務不可缺少的重要環節，重要性甚至不輸於金流，目前常見的物流運送方式有郵寄、貨到付款、超商取貨、宅配等。

## 2-7-4 資訊流

在商業現代化的機能中，資訊流是一切電子商務活動的核心，是店家與消費者之間透過商品或服務的交易，使得彼此相關的資訊得以運作的情形，也就是為達上述三項流而造成的資訊交換。資訊流是目前環境發展比較成熟的構面，良好的資訊流是電子商務成功的先決條件。所有上網的消費者首先接觸到的就是資訊流，例如貨物線上上架系統、銷售系統、出貨系統，都可以透過系統連接來確認訂單的流向。網站上的商品不像真實的賣場可以親自感受商品，因此商品的圖片、詳細說明與各式各樣的促銷活動就相當重要，規劃良好的資訊流讓消費者可以快速的找到自己要的產品，企業應注意維繫資訊流暢通，以有效控管電子商務正常運作，是電子商務成功很重要的因素。

⚘ 博碩文化的資訊流構面建置相當成功

## 2-7-5　設計流

　　設計流可以從企業內外部來討論，內部是指網站的規劃與
建立，即電商賣場的整體規劃，涵蓋範圍包含網站本身和電子
商圈的商務環境，就是依照顧客需求所研擬之產品生產、產品
配置、賣場規劃、商品分析、商圈開發的設計過程，強調顧客
介面的友善性與個人化，外部則包含企業間的協同整合，例如
強調企業間資訊的分享與共用，了解使用者從哪裡來、將往哪
裡去；釐清產品脈絡、定義功能、分類與組織訊息、規劃層
級，甚至都可透過網際網路和合作廠商，或是消費者共同設計
或是修改。

🎵 新航網站的設計流相當成功

## 2-7-6　服務流

　　服務流是以消費者需求為目的，為了提升顧客的滿意度，根據需求把資源加以整合，所規
劃一連串的活動與設計，完善的個人化銷售流程和服務也是電子商務重要的一部分：從開始購
買到結帳，應盡量簡化步驟和過程，主動提供個性化的網路服務，將多種服務順暢地連接在一
起，每天 24 小時地提供全天候服務外，運用創新科技來滿足最終顧客的需求，並結合商流、
物流、金流與資訊流，提升整體服務的效率。

　　例如蘋果公司所推出的 Apple Music，操作介面秉持著 Apple 一貫簡約易用的設計原則，對
消費者提供的不僅是龐大的雲端歌曲資料庫，最重要的是能夠分析使用者聽歌習慣的服務，並
提供離線使用的機制，在透過 Wi-Fi 聽音樂時，還可將音樂暫時下載到手機內。以下是 Apple
Music 所提供服務流的功能摘要：

## 最新精選

會出現與 Apple Music 新簽約的專輯或藝人。

## 廣播

全面改版 Beats 廣播電台,由蘋果精選優質內容,提供 24 小時不間斷的廣播服務。隨時打開就可以聽到服務,如果喜愛訪談無法馬上收聽時,還可以先將廣播保存下來,以便日後欣賞。

### Connect

　　類似歌手的 Facebook 平台，可以隨時看到喜愛藝人的最新動態、作品或留言互動。

## 2-7-7　人才流

　　人才流泛指電子商務的人才培養，傳統企業的網路化，使得各行各業無不急於發展電商通路，電子商務高速成長的同時，相關人才的需求也炙手可熱。電子商務所需求的人才，是跨領域、跨學科的人才，除了要懂得電子商務的技術面，還必需學習商務經營與管理、行銷、規劃、產品、工程等服務。

# 共享經濟與群眾募資

　　由於 C2C 通路模式是以消費者間的互相交易為主，因此這類型的網站最容易聚集人氣，賣家來自四面八方，有各式各樣的商品，讓消費者利用此網站販賣或行銷其他消費者的商品。在個人品牌效應盛行的今天，C2C 行銷必須利用有影響力的消費者當做是行銷的媒介，想要讓消費者間口耳相傳，則必須把想要行銷的內容，例如影片、圖片、文字變成消費者有興趣的議題，才能引起消費者主動分享的意願。

　　以 C2C 精神發展的「共享經濟」（The Sharing Economy）模式正在成長，這樣的經濟體系是讓個人有額外創造收入的可能，每個個體都可以視為是一個品牌中心，所有過去傳統店家所霸占的資源，都會被開放共享，共享經濟的成功取決於建立互信，以合理的價格與他人共享資源，同時讓閒置的商品和服務創造收益，透過網路平台所有的產品、服務都能被大眾使用、分享與出租的概念。例如類似計程車「共乘服務」（Ride-sharing Service）的 Uber，絕大多數的司機都是非專業司機，開的是自己的車輛，大家可以透過網路平台，只要家中有空車，人人都能提供載客服務。

🚗 Uber 提供比計程車更為優惠的價格與條件

隨著獨立集資等工具在台灣的興起和普及，打破傳統資金的取得管道，台灣的群眾募資（Crowdfunding）發展逐漸成熟。所謂群眾募資就是透過群眾的力量來募得資金，讓原本的 C2C 模式由生產銷售模式，延伸至資金募集模式。通常是由創意或發想的發起者需要資金，透過平台找尋資助者，藉由贊助的方式，讓提案者的專案或構想得以實現，對缺乏資金的新創團隊而言，是不錯的募資管道，而其他人也利用平台找尋可以投資與贊助的對象，以群眾的力量共築夢想，來支持個人或組織的特定目標。近年來群眾募資在各地掀起浪潮，募資者善用網際網路吸引世界各地的大眾出錢，並設定募資金額與時限，於時限內達成目標金額即為募資成功，用小額金錢來尋求贊助各類創作與計畫。

🔗 flyingV 是一個台灣相當著名的群眾募資平台

1. 什麼是營運模式（Business Model）？

2. 電子商務在網際網路上的營運模式區分為哪五種類型？

3. 何謂企業資訊入口（EIP）？

4. 何謂入口網站（Portal）？

5. 請簡述線上仲介商（Online Broker）的功能。

6. 什麼是虛擬社群（Virtual Communities）？

7. 通常金流可概分為哪兩種模式？

8. 請簡述電子交易市集（e-Marketplace）。

9. 何謂 e-hub？

10. 請介紹產業聯盟（Industry Consortia）的角色。

11. 何謂企業對政府模式（B2G）？

12. 請說明商流的意義。

13. 何謂設計流？試說明之。

14. 何謂群眾募資？

15. 試舉例簡述共享經濟（The Sharing Economy）模式。

# 電子商務的網路
# 基礎建設與發展

**03**

CHAPTER

» 網路系統簡介

» 認識網際網路

» 無線上網

» 無線個人通訊網路

» 雲運端運算與服務

» 焦點專題:智慧物聯網(AIoT)

使用『無孔不入』來形容網路或許稍嫌誇張,但網路確實已經成為現代人生活中的一部份,也全面地影響了日常生活型態。網路的一項重要特質就是互動,乙太網路的發明人 Bob Metcalfe 就曾說過網路的價值與上網的人數呈正比,如今全球已有數十億上網人口。

在資訊科技高速發展的今日,網路通訊的應用和範圍包羅萬象,網路的應用更朝向多元與創新的趨勢邁進,電子商務的發展與網路基礎建設的普及與進步密不可分,因為網路基礎建設為資訊流通的主要通道,在電子商務發展的過程中,基礎網路建設是最為息息相關的主要因素。

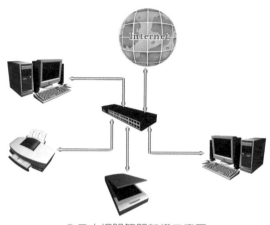

⬛ 乙太網路簡單架構示意圖

**TIPS**

乙太網路(Ethernet)是目前最普遍的區域網路存取標準,通常用於匯流排型或星型拓樸。由於它具有傳輸速度快、相關設備組件便宜與架設簡單等特性,使得中小企業或學校的辦公室中,大部份都是採用此種架構來建立區域網路。

## 3-1 網路系統簡介

網路(Network)是硬體、軟體與線路連結或其他相關技術的結合,並可將兩台以上的電腦連結起來,使相距兩端的使用者能即時進行溝通、交換資訊與分享資源。一個完整的通訊網路系統,不只包括電腦與其週邊設備,甚至有電話、手機、筆電、平板與相關周邊設備等。最早期的網路就是生活中十分熟悉且常用的「公共交換電話網路」(Public Switched Telephone Network, PSTN)。網路依據規模、距離遠近、架設範圍可區分為三種:

### 區域網路

「區域網路」(Local Area Network, LAN)是最小規模的網路連線方式,任何位於單一建築物內,甚至一些鄰接建築物內的網路,都被視為區域網路。

◎ 區域網路示意圖

### 都會網路

「都會網路」(Metropolitan Area Network, MAN)是較大型的網路,將一些小型的區域網路使用了橋接器、路由器等裝置連接而成為較大型的區域網路。例如校園網路(campus area network, CAN),在傳統的大學設施中,總務處辦公室可以被連接至註冊辦公室,一旦學生繳納註冊費後,這個資訊也會被傳送至註冊系統,所以該學生可以完成入學登記的手續,就屬於一種規模較小的「都會網路」。如右圖所示:

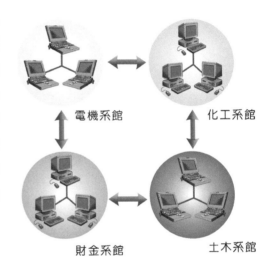

電機系館　化工系館　財金系館　土木系館

### 廣域網路

「廣域網路」(Wide Area Network, WAN)的範圍是連接無數個區域網路與都會網路,可能是都市與都市、國家與國家,甚至於全球間的聯繫,最典型的代表就是無遠弗屆的網際網路。

## 3-1-1 網路組成架構

網路依照資源共享架構來區分，可分為對等式架構（Peer-to-Peer）與主從式架構（Client/Server）兩種：

### 主從式架構（Client/Server）

主從式網路會安排一台電腦做為網路伺服器，統一管理網路上所有用戶端所需的資源（包含硬碟、列表機、檔案等）。優點是網路的資源可以共管共用，而且透過伺服器取得資源，安全性也較高。缺點是必須有相當專業的網管人員負責，軟硬體的成本較高。

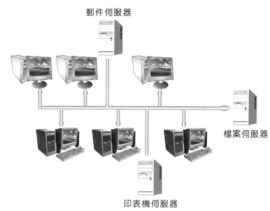

郵件伺服器

檔案伺服器

印表機伺服器

🄰 主從式網路會有專門管理的資源

### 對等式網路

在對等式網路中並沒有主要伺服器，每台網路上的電腦都具有同等級的地位，並且可以同時享用網路上每台電腦的資源。優點是架設容易，不必另外設定一台專用的網路伺服器，成本花費自然較低。缺點是資源分散在各部電腦上，管理與安全性都有一定缺陷。

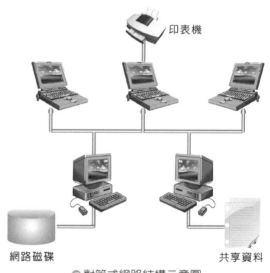

印表機

網路磁碟

共享資料

🄰 對等式網路結構示意圖

## 3-1-2 通訊傳輸媒介

在一個通訊網路系統中，通訊傳輸品質的好壞，往往受到通訊媒介（Communication Media）種類的影響，而通訊媒介的選擇，可以從成本、速度、穩定性來考量。目前通訊媒介可以區分成以下兩大類：

### 引導式媒介（Guided Media）

是一種具有實體線材的媒介，例如雙絞線、同軸電纜、光纖等。分別說明如下：

(1) 雙絞線（Twisted Pair）：將兩條導線相互絞在一起，而形成的網路傳輸媒體，這也是最常見的網路傳輸線材，例如家用電話線。優點是成本較低，缺點則是比起其他傳輸媒介而言（如同軸電纜、光纖），傳輸量小，也容易被其他電波所干擾。

(2) 同軸電纜（Coaxial Cable）：一般有線電視用來傳送訊號的線材就是使用同軸電纜。它是由內外兩層導體構成，所使用的材質通常是銅導體，在價格上比雙絞線略高，普及率也僅次於雙絞線。

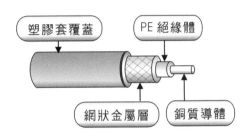

(3) 光纖（Optical Fiber）：所用的材質是玻璃纖維，並利用光的反射來傳遞訊號，主要是由纖蕊（core），被覆（cladding）及外層（jacket）所組成，利用光的反射特性來達到傳遞訊號的目的。光纖所傳遞的光訊號速度快，而且不受電磁波干擾，最高速率可達 2Gbps，主要應用在高速網路架構。

### 非引導式媒介（Unguided Media）

又稱為無線通訊媒介，例如紅外線、無線電波、微波等。

(1) 紅外線（Infrared R, IR）：採取「點對點」（peer to peer）的傳輸架構，其傳輸速率在 9.6KBPS ～ 4MBPS 範圍間，傳輸距離在 1.5 公尺以內，而且兩設備（節點）間訊號的接收角度必須控制在 ±15 度內。不過在 IrDA 最新制定的規範中，已經將紅外線的傳輸速率大幅提升到 16MBPS，並且訊號接收角度也增加到 ±60 度之間。

(2) 無線電波（Radio Waves）：因為無線電波的發射方向是全方位的，不會受限於某個特定方向，另外無線電波對障礙物的穿透能力也較一般光線來得強，因此非常適合使用於環境複雜的無線網路區域。

(3) 微波（Microwave）：就是一種波長較短的波，頻率範圍在 2GHz ～ 40GHz，與無線電波相比，發射方向是單向，傳輸速率較快，傳送與接收端間不能存有障礙物體阻擋，並且其所攜帶之能量通常隨傳播之距離衰減，必須設置有微波基地台高台來加強訊號，經常用來作為長距離大容量地面幹線無線傳輸的主要手段。

## 3-2 認識網際網路

企業、學校或者個人日常生活的食衣住行中，都可以發現網際網路的相關應用。隨著網路盛行與行動上網的普及，網路世代族群不斷在擴大，加上網路具備即時資訊傳輸、多媒體呈現、低成本和無國界等特質，帶動了電子商務的發展，更讓網路購物人口成非線性的成長幅度爆發。網際網路（Internet）不僅是新興科技，更深入地影響人們的生活，亦促進了電子商務的發展。

網際網路的誕生，可追溯到 1960 年代，美國軍方為了核戰時仍能維持可靠的通訊系統而生，直到 80 年代國家科學基金會（National Science Foundatioin, NSF）以 TCP/IP 為通訊協定標準的 NSFNET，才達到全美各大機構資源共享的目的，也就是說只要透過 TCP/IP 協定，就能享受 Internet 上所有一致性的服務。直到今日。

而要連上網際網路必須靠「網際網路供應商」（Internet Service Provider, ISP）來提供連線服務。一般使用者必須先撥接到 ISP 機房中的伺服器，然後連接到網際網路。

### 3-2-1 TCP/IP 協定

網際網路是許多網路相互連結的系統，電腦裝置除了在自身所在的區域網路之內進行資料存取之外，也常有跨越網路進行資料傳送的需求。網際網路之所以能運作是因為每一部連向它的電腦都使用相同 TCP/IP 協定來控制時間及資料格式。

「傳輸通訊協定」（Transmission Control Protocol, TCP）是屬於程序與程序間進行資料往來協定，有三項主要特點：連線導向、確認與重送、流量控制。當發送端發出封包後，接收端接收到封包（packet）時必須發出一個訊息告訴接收端：「我收到了！」，如果發送端過了一段時間仍沒有接收到確認訊息，表示封包可能遺失，必須重新發出封包。也就是說，TCP 的資料傳送是以「位元組流」來進行傳送，資料的傳送具有「雙向性」。建立連線之後，任何一端都可以進行發送與接收資料，而它也具備流量控制的功能，雙方都具有調整流量的機制，可以依據網路狀況來適時調整。

「網際網路協定」（Internet Protocol, IP）是 TCP/IP 協定中的運作核心，存在 DoD 網路模型的「網路層」（Network Layer），也是構成網際網路的基礎，是「非連接式」（Connectionless）傳輸，主要是負責主機間網路封包的定址與路由，並將封包從來源處送到目的地。而 IP 協定可以完全發揮網路層的功用，並完成 IP 封包的傳送、切割與重組。也就是說可接受從傳輸所送來的訊息，再切割、包裝成大小合適的 IP 封包，然後再往連結層傳送。

封包交換（Packet Switching）技術就是利用電腦儲存及「前導傳送」（Store and Forward）的功用，將所傳送的資料分為若干「封包」（packet），封包是網路傳輸的最小單位，也是一組二進位訊號，每個封包中包含標頭與標尾資訊。每一個封包可經由不同路徑與時間傳送到目的端點後，再重新解開封包，並組合恢復資料的原來面目，這樣不但可確保網路可靠性，並隨時偵測網路資訊流量，適時進行流量控制。優點是節省傳送時間，並可增加線路的使用率，對遠距離且短時間的傳送是一種高效率與可靠度的網路。

## 3-2-2 全球資訊網

全球資訊網（WWW）主要是由全球各式各樣的網站所組成的，是建構在 Internet 的多媒體整合資訊系統，透過超文件（Hypertext）的表達方式，將整合在 WWW 上的資訊連接在一起。WWW 是以「主從式架構」（Client ／ Server）為主，並區分為「用戶端」（Client）與「伺服端」（Server）兩部份。

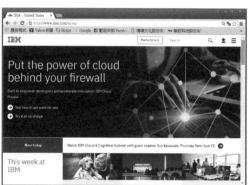

◎ 全球資訊網是由全球各式各樣的網站所組成

WWW 的運作原理是透過網路客戶端（Client）的程式去讀取指定的文件，並將其顯示於您的電腦螢幕上，客戶端（好比我們的電腦）的程式，就稱為「瀏覽器」（Browser）。

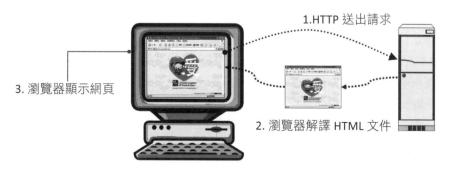

1.HTTP 送出請求

3. 瀏覽器顯示網頁

2. 瀏覽器解譯 HTML 文件

1

1

例如我們可以使用家中的電腦（客戶端），當透過瀏覽器與輸入 URL 來開啟某個購物網站的網頁，這時家中的電腦會向購物網站的伺服端提出顯示網頁內容的請求。一旦網站伺服器收到請求時，隨即會將網頁內容傳送給家中的電腦，經過瀏覽器的解譯後，冉顯示成各位所看到的內容。

**TIPS**

URL 全名是全球資源定址器（Uniform Resource Locator），主要是在 WWW 上指出存取方式與所需資源的所在位置來享用網路上各項服務。使用者只要在瀏覽器網址列上輸入正確的 URL，就可以取得需要的資料，例如「http://www.yahoo.com.tw」就是 yahoo! 奇摩網站的 URL。

## 3-2-3 IP 位址

任何一部連接網際網路的電腦都必須有一個獨一無二的位址。因為在網際網路上存取資料都必須靠著這個位址來辨識資料與傳送方向，而這個網路位址就稱為「網際網路通訊協定位址」，簡稱為「IP 位址」。一個完整的 IP 位址是由 4 個位元組，即 32 個位元組合而成。而且每個位元組都代表一個 0~255 的數字，要連接上網路的每一台電腦，都必須要有一個 IP 位址。

IP 位址主要是由「網路識別碼」（Network ID）與「主機識別碼」（Host ID）兩個部份組成，網路識別碼與主機識別碼的長度並不固定，而是依等級的不同而有所區別。

網路識別碼

11000000 10101000 00000000 11011011

主機識別碼

◎ IP 位址由「網路識別碼」與「主機識別碼」組成

| IP 位址組成元件 | 說明與介紹 |
|---|---|
| 網路識別碼 | 在同一個區域網路中的電腦所分配到的 IP 位址，都會有相同的網路識別碼，以代表其所屬的網路，例如 202.145.52.115 就屬於 202.145.52.0 這個網路。 |
| 主機識別碼 | 主機識別碼則用來識別該位址是屬於網路中的第幾個位址，例如 202.145.52.115 即為 202.145.52.0 這個網路下的第 115 個位址。 |

202.145.52.115

11001010 10010001 00110100 01110011

網路識別碼　　　　　　主機識別碼

140.112.18.32

10001100 01110000 00010010 00100000

網路識別碼　　　　　　主機識別碼

◎ 網路識別碼與主機識別碼的劃分示意圖

IP 位址具有不可移動性，亦即無法將 IP 位址移到其他區域的網路中繼續使用。IP 位址的通用模式如下：

$$0\text{~}255.0\text{~}255.0\text{~}255.0\text{~}255$$

 TIPS

IPv6？

目前現行的 IP 位址劃分制度稱為「IPv4」，其表示法是以八個位元為一個單位，共區分為四個部份，而以十進位的方式來表示。採用 32 個位元來表示所有的 IP 位址，所以最多只能有 42 億個 IP 位址。IPv6 採取 128 個位元來表示 IP 位址，相當於舊有 IP 位址的 $2^{96}$ 倍，日後 IPv6 發展起來，每部電腦要分配到一個以上的 IP 位址將不成問題。

## 3-2-4 網域名稱系統

網路上辨別電腦的方式是利用 IP Address，而一個 IP 共有四組數字，很不容易記住，因此，我們可以使用有意義又容易記的名字來命名，我們稱為「網域名稱（Domain Name）」。例如我們記得蕃薯藤的首頁是 www.yam.com.tw，但是並不一定記得相對應的 IP Address 是 211.72.254.6，但不管在瀏覽器網址列輸入 www.yam.com.tw 或是 211.72.254.6，兩者都能連上蕃薯藤首頁。

事實上，對電腦來說只有 IP Address 才有意義，因此必須要能將使用者輸入的網域名稱轉換為 IP Address，而這項工作是由「網域名稱伺服器（Domain Name Server, DNS）」來負責，當輸入網域名稱（www.yam.com.tw）之後，電腦的第一個動作是將網域名稱轉換成 IP Address (211.72.254.6)，再透過這 IP Address 連上蕃薯藤首頁。

每一個網域名稱都是唯一的，不能夠重覆，因此每一個網域名稱都需要經過申請才能使用，國際上負責審核網域名稱的單位是「網際網路名稱與號碼分配組織（Internet Corporation for Assigned Names and Numbers, ICANN）」，在台灣負責的單位是「財團法人台灣網路資訊中心（Taiwan Network Information Center, TWNIC）」。網域名稱的命名是有規則的，每組文字都代表不同意義，其架構如下：

主機名稱 . 網站名稱 . 組織類別代碼 . 國別碼

例如台灣大學的網域名稱是：

**www.ntu.edu.tw**

由左到右各組文字的意義如下：

「www」：代表全球資訊網。

「ntu」：代表台灣大學。

「edu」：代表教育機構、學校。

「tw」：代表台灣。

其中「網站名稱」是網站管理者自訂的名稱，「國別代碼」是指網站註冊的國家，在我國註冊的網站，國別代碼是「tw」，網路常見的國別代碼請參考下表：

| 中文國名 | 英文國名 | 國別代碼 | 中文國名 | 英文國名 | 國別代碼 |
|---|---|---|---|---|---|
| 台灣 | Taiwan | tw | 日本 | Japan | jp |
| 德國 | Germany | de | 韓國 | South Korea | kr |
| 英國 | United Kingdom | uk | 俄國 | Russian Federation | r |
| 法國 | France | fr | 新加坡 | Singapore | sg |
| 香港 | Hong Kong | hk | 中國 | China | cn |
| 義大利 | Italy | it | | | |

由於網際網路是由美國發展出來，起初網域名稱並沒有國別代碼，直到現在美國的網域名稱仍不需要加上國家代碼。「組織類別代碼」可以讓瀏覽者輕易分辨網站的類別，例如商業機構是「com」，教育機構是「edu」，如下表所示：

| 組織類別 | 說明 |
|---|---|
| com | 商業機構 |
| edu | 教育機構、學校 |
| gov | 政府機構 |
| int | 國際組織 |
| mil | 軍事機關 |
| org | 非營利組織 |
| net | 網路服務供應商（ISP） |

## 3-2-5 Web 演進史－ Web 1.0~Web 4.0

從最早期的 Web 1.0 到目前邁入 Web 4.0 的時代，每個階段都有其象徵的意義與功能，對人類生活與網路文明的創新也影響越來越大，尤其進入了 Web 4.0 世代，帶來了智慧更高的網路服務與無線寬頻的大量普及，更是徹底改變了現代人工作、休閒、學習、行銷與獲取訊息方式。

在 Web 1.0 時期，受限於網路頻寬及電腦配備，Web 上的內容，都是由網路內容提供者所提供，使用者只能單純下載、瀏覽與查詢，例如連上某個政府網站去看公告與查資料，使用者只能被動接受，不能輸入或修改網站上的任何資料，屬於單向傳遞訊息給閱聽大眾。

Web 2.0 時期寬頻及上網人口逐漸普及，此時期的主軸是鼓勵使用者參與網站平台上內容的產生，如部落格、網頁相簿的編寫等。它給傳統媒體的最大衝擊是打破長久以來由媒體主導資訊傳播的藩籬。PChome Online 詹宏志先生曾對 Web 2.0 作了論述：如果說 Web 1.0 時期，網路的使用是下載與閱讀，那麼 Web 2.0 則是上傳與分享。

◎ 部落格是 Web 2.0 時期熱門的新媒體創作平台

網路及通訊科技高速進展的情勢下，來到了 Web 3.0 時期，它跟 Web 2.0 的核心精神一樣，強調任何人在任何地點都可以創新，而這樣的創新改變，也使得各種網路相關產業轉變出不同的樣貌。Web 3.0 能自動傳遞比單純瀏覽網頁更多的訊息，還能提供具有人工智慧功能的網路系統，像是整理、分析、過濾、歸納資料等，網路也能越來越了解個人偏好，而且基於不同需求來篩選，幫助使用者輕鬆獲取感興趣的資訊。

◎ Web 3.0 的電商網站能根據網路社群提出產品建議

Web 4.0 雖然到目前為止還沒有一致的明確定義,通常被認為是網路技術的重大變革,屬於人工智慧(AI)與實體經濟的真正融合,會在人類與機器之間建立新的共生關係,除了資料與數據收集分析外,也可以透過回饋進行各種控制,關鍵在於它在任何時候、任何地方能夠提供給你任何需要的資訊。例如智慧物聯網(AIoT)將會是電商與網路行銷產業未來最熱門的趨勢與方向,未來電商可藉由智慧型設備與 AI 來了解用戶的日常行為,包括輔助消費者進行產品選擇或採購建議等,並將其轉化為真正的客戶商業價值。

## 3-2-6 光纖上網

要將電腦連線到網際網路,其實是十分輕鬆簡單的事情,但是連線的方式,也有許多種。對於大多數民眾連接網路的現狀來說,最普遍的選項是找到 ISP。

> **TIPS**
>
> 網際網路服務提供者(Internet Service Provider, ISP)提供的是協助用戶連上網路的服務。大部分的用戶都是使用 ISP 提供的帳號,透過數據機連線上網際網路。另外如企業租用專線、架設伺服器、提供電子郵件信箱等等,都是 ISP 所經營的業務範圍。

隨著通訊技術的進步,民眾對於上網頻寬的要求越來越高,光纖(optical fiber)上網可提供更高速的頻寬,最高速度可達 Gbp 以上,光纖的用戶已經首度成為連線上網的主要用戶群。

FTTx 是「Fiber To The x」的縮寫，意謂光纖到 x，是指各種光纖網路的總稱，其中 x 代表光纖線路的目的地，也就是目前光世代網路各種「最後一哩（last mile）」的解決方案。根據光纖到用戶延伸的距離不同，FTTx 區分成數種服務模式，包括「光纖到交換箱」（Fiber To The Cabinet, FTTCab）、「光纖到路邊」（Fiber To The Curb, FTTC）、「光纖到樓」（Fiber To The Building, FTTB）、「光纖到家」（Fiber To The Home, FTTH），常用的有以下兩種模式：

### FTTB（Fiber To The Building，光纖到樓）

光纖只拉到建築大樓的電信室或機房裡。再從大樓的電信室，以電話線或網路線等等的其他通訊技術到用戶家。

### FTTH（Fiber To The Home，光纖到家）

是直接把光纖接到用戶的家中，範圍從區域電信機房到用戶終端設備。光纖到家的大頻寬，除了可以傳輸圖文、影像、音樂檔案外，可應用在頻寬需求大的 VoIP、寬頻上網、CATV、HDTV on Demand、Broadband TV 等，不過缺點就是佈線相當昂貴。

**TIPS**

纜線數據機（Cable Modem）的連線方式是以有線電視線路（CATV）來取代電話線路。使用纜線數據機來連接網際網路可獲得較高的傳輸頻寬，傳輸速率甚至可高達 36 MBPS。通常有線電視同軸電纜的頻寬高達 750 MHz，電視頻道每個需要 6 MHz 的頻寬，所以頻道數可高達 121 個，大多數有線電視頻道未達 100 個，因此多餘的頻道就可以拿來當作資料傳輸用，由於數據資料傳輸所用的頻道與電視的頻道不同，彼此間不會互相干擾，因此一條同軸電纜線，可同時作為資料傳輸和收看電視之用。

## 3-3 無線上網

在無線通訊技術與網際網路的高度普及化下，上網的裝置已不限於個人電腦及筆電，也帶動了速度更快、範圍更廣的無線網路需求。無線網路的定義是不需經過任何實體線路的連接便可以進行資料的傳輸，範圍從數個使用者的區域網路到幾百萬位使用者的廣域網路，提供了有線網路無法達到的無線漫遊的服務。各位可以輕鬆在會議室、走道、旅館大廳、餐廳及任何含有熱點（Hot Spot）的公共場所連上網路存取資料。

iTaiwan 網站可查詢全國各地的熱點分佈圖

　　行動裝置產業可以說是近幾年所快速成長的新興產業，根據各項數據都顯示消費者已經習慣以行動裝置來處理生活中的大小事情，包括購物與付款。

> 熱點（Hotspot）是指在公共場所提供 WLAN 服務的連結地點，讓大眾可以使用筆記型電腦或行動裝置，透過熱點的「無線網路橋接器」（AP）連結上網際網路，的熱點愈多，無線上網的涵蓋區域便愈廣。

## 3-3-1 行動通訊系統

　　無線網路的種類包括了「無線廣域網路」（Wireless Wide Area Network, WWAN）、「無線都會網路」（Wireless Metropolitan Area Network, WMAN）、「無線區域網路」（Wireless Local Area Network, WLAN）與「無線個人網路」（Wireless Personal Area Network, WPAN）四種。

　　行動通訊系統是屬於無線廣域網路的一種，是行動電話及數據服務所使用的數位行動通訊網路（Mobil Data Network），由電信業者所經營，其組成包含有行動電話、無線電、個人通訊服務（Personal Communication Service, PCS）、行動衛星通訊等。以下將為您介紹常見的行動通訊標準：

## AMPS

AMPS（Advance Mobile Phone System, AMPS）系統是北美第一代行動通訊系統，採類比式訊號傳輸，例如早期的「黑金剛」大哥大，原本 090 開頭的使用者將自動升級為 0910 的門號系統。

## GSM

全球行動通訊系統（Global System for Mobile communications, GSM）於 1990 年由歐洲發展出來，又稱泛歐數位式行動通訊系統，訊號傳送方式與傳統的有線電話一樣，是屬於一種「電路交換」（Circuit Switch）式的傳輸技術，不過它有一個致命的缺點是無法使用「封包交換」（Packet Switch）與網際網路互相連結。

## GPRS

整合封包無線電服務技術（General Packet Radio Service, GPRS）是透過 GSM 通訊系統的科技，並運用「封包交換」處理技術，允許兩端線路在封包轉移的模式下發送或接收資料，用戶的手機開機後，即處於全天候連線狀態，可同時使用語音和多媒體或視訊等資料。

## 3G

3G（3rd Generation）是第 3 代行動通訊系統，透過大幅提升數據資料傳輸速度，比 2.5G-GPRS（每秒 160Kbps）更具優勢，主要建立在分碼多工存取（Code Division Multiple Access, CDMA）技術。

**TIPS**

分碼多工存取系統（CDMA）是 3G 手機所倚賴的傳輸技術根源。最早使用於軍事通訊，避免被敵人發現與偵測到傳送的訊號。多重擷取的功能主要是作為控制頻寬資源之用，也就是在同一頻寬內的分碼技術，可以指定給每個用戶端不同的展頻碼。

台灣約在 2005 年開啟 3G 行動電話服務，除了 2G 時代原有的語音與非語音數據服務，還多了網頁瀏覽、電話會議、電子商務、視訊電話、電視新聞直播等多媒體動態影像傳輸，開啟了 iPhone 及智慧型手機全面普及的時代來臨。

## 4G

4G（fourth-generation）是行動通訊系統的第四代，為新一代行動上網技術的泛稱，傳輸速度理論值約比 3.5G 快 10 倍以上，能夠達成更多樣化與私人化的網路應用。LTE（Long Term Evolution，長期演進技術）則是以 GSM/UMTS 的無線通信技術為主來發展，不但能與 GSM 服務供應商的網路相容，用戶在靜止狀態的傳輸速率達 1Gbps，而在行動狀態也可達到最快傳輸速度 170Mbps 以上。例如傳輸 1 個 95M 的影片檔，只要 3 秒鐘就完成，除了頻寬、速度與高移動性的優勢外，LTE 的網路結構也較為簡單，所以 LTE 為發展 4G 技術的主流。

▲遠傳在 FETnet 官網與行動客服 App 皆設置 4G 專區，具有與 3G 對比的速度實測影片、遠傳 4G 絕配雙頻、涵蓋範圍至 4G 絕配費率等 4G 資訊介紹，以及 4G 最新產品和用量管理等服務。

☉ LTE 為全球發展 4G 技術主流

## 5G

5G（Fifth-Generation）是行動通訊系統第五代，由於大眾對行動數據的需求年年倍增，現在我們已經習慣用 4G 頻寬欣賞愈來愈多串流影片，5G 很快就會成為必需品，5G 智慧型手機已經在 2019 年正式推出，宣告高速寬頻新時代正式來臨，除了智慧型手機，5G 還可以被運用在無人駕駛、智慧城市和遠程醫療領域。

在 5G 時代，全球將會有一個共通的標準。韓國三星電子在 2013 年宣布，已經在 5G 技術領域獲得關鍵突破，5G 標準於 2018 年 6 月完成第二階段的制定。5G 技術是整合多項無線網路技術而來，對一般用戶而言，最直接的感覺是 5G 比 4G 更快、更不耗電，不只注重飆速，更重視網路效率，也更方便新的無線裝置，透過 5G 網路和各種感測器提供美好的聯網應用，預計未來將可實現 10Gbps 以上的傳輸速率，可以在短短 6 秒下載 15GB 的高畫質電影。

☉ 5G 時代為用戶實現零時延的網路體驗

## 3-3-2 無線都會網路

無線都會網路（Wireless Metropolitan Area Network, WMAN）是指傳輸範圍涵蓋城市或郊區等較大地理區域的無線通訊網路，例如可用來連接距離較遠的地區或大範圍校園。此外，IEEE 組織於 2001 年 10 月完成標準的審核與制定 802.16 為「無線寬頻通訊標準」（Worldwide Interoperability for Microware Access, WIMAX），WiMax 是英特爾大力主導推廣的新一代遠距無線通訊技術，國內外許多學校也逐步嘗試於校園中建立 802.16 試驗網路。WiMax 有點像 Wi-Fi 無線網路（即 802.11），差別是 WiMax 通信距離是以數十公里計（約 50 公里），而 Wi-Fi 是以公尺計（約 100 公尺）。Wi-Fi 是代表 802.11 標準的小範圍區域網路通訊技術，也是泛指符合 IEEE802.11 無線區域網路傳輸標準與規格的認證，與 Wi-Fi 相比，它的訊號範圍更廣、傳遞速度更快，所受到的干擾也較低，由於 WiMax 不必拉線，被視為取代固網的最後一哩，還能夠藉由寬頻與遠距離傳輸，協助 ISP 業者建置無線網路。

## 3-3-3 無線區域網路－ Wi-Fi 與 Li-Fi

無線區域網路則是目前使用最廣泛的技術，即大家所熟知的 Wi-Fi（Wireless fidelity），無線網路環境只需有一個無線 AP（Access Point）和一張無線網卡，電腦便可直接與無線 AP 連線，省去了麻煩的佈線問題。

**TIPS**

> 無線基地台（AP）扮演中介的角色，用來和使用者的網路來源相接，一般無線 AP 都具有路由器的功能，可將有線網路轉化為無線網路訊號後發射傳送，做為無線設備與無線網路及有線網路設備連結的轉接設備，類似行動電話基地台的性質。

### Wi-Fi

無線區域網路標準是由「美國電子電機學會」（IEEE），在 1990 年 11 月制定出一個稱為「IEEE802.11」的無線區域網路通訊標準，採用 2.4 GHz 的頻段，資料傳輸速度可達 11Mbps。無線網路 802.11X 是一項可提供隨時上網功能的突破性技術，創造了一個無疆界的高速網路世界。只要在筆記型電腦上插入一片無線區域網路卡，搭配無線基地台就可在辦公大樓內部四處走動，且持續保持與企業內部網路和網際網路的順暢連線。

IEEE 802.11 詳細訂定了有關 Wi-Fi 無線網路的各項內容，除了無線區域網路外，還包含了資訊家電、行動電話、影像傳輸等環境，也就是當消費者在購買符合 802.11 規格的相關產品

時，只要看到 Wi-Fi 這個標誌，就不用擔心各種廠牌間的設備不能互相溝通的問題。

隨著使用者增加與應用範圍擴大，因此在 1999 年 IEEE 同時發表 IEEE 802.11b 及 IEEE 802.11a 兩種標準。不過由於 802.11a 與 802.11b 是兩種互不相容的架構，這也讓網路產品製造商無法確定哪一種規格標準才是未來發展方向，因此在 2003 年又發展出 802.11g 的標準，後續又推出 802.11n、802.11ac 等。

⊙ 無線區域網路連線示意圖

(1) 802.11b：是利用 802.11 架構來作為一個延伸的版本，採用的展頻技術是採用「高速直接序列」，頻帶為 2.4GHz，最大可傳輸頻寬為 11Mbps，傳輸距離約 100 公尺。在 802.11b 的規範中，設備系統必須支援自動降低傳輸速率的功能，以便可以和直接序列的產品相容。另外為了避免干擾情形的發生，在 IEEE 802.11b 的規範中，頻道的使用最好能夠相隔 25MHz 以上。

(2) 802.11a：採用一種多載波調變技術，稱為 OFDM（Orthotgonal Frequency Division Multiplexing，正交分頻多工技術），並使用 5GHz ISM 波段。最大傳輸速率可達 54Mbps，傳輸距離約 50 公尺。雖擁有比 802.11b 較高的傳輸，但不相容與價格較高，尚未被市場廣泛接受。

**TIPS**

正交分頻多工技術（OFDM）是一種高效率的多載波數位調製技術，可將使用的頻寬劃分為多個狹窄的頻帶或子頻道，資料就可以在這些平行的子頻道上同步傳輸。

(3) 802.11g：是為了解決 802.11b 傳輸速度過低以及相容性的問題所提出，結合了目前現有 802.11a 與 802.11b 標準的精華，算是 802.11b 的進階版，在 2.4G 頻段使用 OFDM 調製技術，使數據傳輸速率最高提升到 54 Mbps。由於與 802.11b 的 Wi-Fi 系統相容，又擁有 802.11a 的高傳輸速率，使得原有無線區域網路系統可以向高速無線區域網路延伸，同時延長了 802.11b 產品的使用壽命。

(4) 802.11n：是一項較新的無線網路技術，雖然基本技術仍是 Wi-Fi 標準，架構上與 802.11g 相當類似，除了能以雙頻寬來傳輸，更可以增強傳輸效能並擴大收訊範圍，所建立裝置能提供比傳統 802.11b、802.11a 和 802.11g 技術明顯高出許多的效能水準。目前許多廠商冀望 802.11n 能成為數位家庭中主要的無線網路技術，並做為數位影音串流的應用。

(5) 802.11ac：又稱第 5 代 Wi-Fi（5th Generation of Wi-Fi），第一個草案（Draft 1.0）發表於 2011 年 11 月，是指它運作於 5GHz 頻率，也就是透過 5GHz 頻帶進行通訊，追求更高傳輸速率的改善，並且支援最高 160MHz 的頻寬，傳輸速率最高可達 6.93Gbps，比目前主流的第四代 802.11n 技術，在速度上提高很多，如果考慮到線路及雜訊干擾等情況下，實際傳輸速度仍可達到與有線網路相比擬的 Gbps 等級。

**TIPS**

IEEE 802.11p 是 IEEE 在 2003 年以 802.11a 為基礎所擴充的通訊協定，稱為車用環境無線存取技術（Wireless Access in the Vehicular Environment, WAVE），使用 5.9GHz（5.85-5.925GHz）波段，可增加在高速移動下傳輸雙方可運用的通訊時間。

### Li-Fi

行動裝置爆發性的成長，帶動網路相關服務，消費者對網路的容量與速度要求越來越高，目前的無線網路是以無線電波做為傳輸媒介，Li-Fi（Light Fidelity）是新一代的無線光通訊技術，為新興的無線協議，類似於 Wi-Fi 的行動通訊，可為人們提供一個新的無線通訊替代方案。

Li-Fi 與 Wi-Fi 的最大不同是使用可見光譜來提供無線網路接入，利用可見光（LED 光、紅外線或近紫外線）的頻譜來傳送訊號，透過使用連接數據機的 LED 燈具傳輸訊號，而不是傳統的無線電頻率，無須安裝無線基地台，只要利用電燈泡作熱點，透過控制器控制燈光的通斷，從而控制光源和終端接收器之間的通訊，相較於 Wi-Fi 技術，Li-Fi 的傳輸速度更快，可以達到比 Wi-Fi 快 100 倍的高速無線通訊。

⊙ Li-Fi 能達到比 Wi-Fi 快 100 倍的高速無線通訊

圖片來源：http://hssszn.com/archives/23579

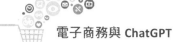

　　使用 Li-Fi 連結的首要條件是需要有可見光，雖然是正在發展中的技術，不過具有很大的潛力，因為是以光為媒介，所以即使在地底深處也能使用，相較於 Wi-Fi 技術，Li-Fi 的傳輸速度更快，加上可見光不會造成電磁干擾，也較不容易被入侵，安全性也比 Wi-Fi 高，可以傳送更多資料，成本也比 Wi-Fi 便宜 10 倍。

# 3-4　無線個人通訊網路

　　無線個人網路（WPAN）通常是指在個人數位裝置間作短距離訊號傳輸，通常不超過 10 公尺，並以 IEEE 802.15 為標準。通訊範圍通常為數十公尺，目前技術主要有：藍牙、紅外線、Zigbee 等。最常見的無線個人網路應用就是紅外線傳輸，幾乎所有筆記型電腦都將紅外線網路（Infrared Data Association, IrDA）作為標準配備。

## 3-4-1　藍牙技術

　　藍牙技術（Bluetooth）最早是由「易利信」公司於 1994 年發展出來，接著由易利信、Nokia、IBM、Toshiba、Intel…等知名廠商，共同創立名為「藍牙同好協會」（Bluetooth Special Interest Group, Bluetooth SIG）的組織，大力推廣藍牙技術，並在 1998 年推出了「Bluetooth 1.0」標準。可以讓個人電腦、筆記型電腦、行動電話、印表機、掃描器、數位相機等等數位產品之間進行短距離的無線資料傳輸。

　　藍牙技術主要支援「點對點」（point-to-point）及「點對多點」（point-to-multi points）的連結方式，使用 2.4GHz 頻帶，目前傳輸距離大約有 10 公尺，每秒傳輸速度約為 1Mbps，預估可達 12Mbps。藍牙已經有一定的市占率，也是目前極具優勢的無線通訊標準，將成為物聯網時代的無線通訊標準。

## 3-4-2　ZigBee

　　ZigBee 是低速短距離傳輸的無線網路協定，是由非營利性 ZigBee 聯盟（ZigBee Alliance）制定的無線通信標準，加入 ZigBee 聯盟的公司有 Honeywell、西門子、德州儀器、三星、摩托羅拉、三菱、飛利浦等。ZigBee 聯盟於 2001 年向 IEEE 提案納入 IEEE 802.15.4 標準規範之中，IEEE 802.15.4 協定是為低速率無線個人區域網路所制定的標準。ZigBee 工作頻率為 868MHz、915MHz 或 2.4GHz，主要是採用 2.4GHz 的 ISM 頻段，傳輸速率介於 20kbps ～ 250kbps 之間，

每個設備都能夠同時支援大量網路節點，並具有低耗電、彈性傳輸距離、支援多種網路拓撲、安全及最低成本等優點，成為各業界共同通用的低速短距無線通訊技術之一，可應用於無線感測網路（WSN）、工業控制、家電自動化控制、醫療照護等領域。

## 3-4-3 HomeRF

HomeRF（Home Radio Frequency）技術也是短距離無線傳輸技術的一種，是由「國際電信協會」（International Telecommunication Union, ITU）所發起，提供了一個較不昂貴，並且可以同時支援語音與資料傳輸的家庭式網路，也是針對未來消費性電子產品數據及語音通訊的需求，所制定的無線傳輸標準。設計的目的是為了讓家用電器設備之間能夠進行語音和資料的傳輸，並且能夠與「公用交換電話網路」（Public Switched Telephone Network, PSTN）和網際網路進行互動式操作。工作於 2.4GHz 頻帶上，並採用數位跳頻的展頻技術，最大傳輸速率可達 2Mbps，有效傳輸距離 50 公尺。

## 3-4-4 RFID

無線射頻辨識技術（Radio Frequency IDentification, RFID）是自動無線識別數據獲取技術，可以利用射頻訊號以無線方式傳送及接收數據資料，卡片本身不需使用電池，就可以永久工作。RFID 主要是由 RFID 標籤（Tag）與 RFID 感應器（Reader）組成，原理是由感應器持續發射射頻訊號，當 RFID 標籤進入感應範圍時，就會產生感應電流，並回應訊息給 RFID 辨識器，以進行無線資料辨識及存取的工作，最後送到後端的電腦上進行整合運用，也就是讓 RFID 標籤取代了條碼，RFID 感應器取代條碼讀取機。

⊙ RFID 也可以應用在日常生活的各種領域

例如在所出售的衣物貼上晶片標籤，即可透過 RFID 的辨識進行管理。因為 RFID 讀取設備是利用無線電波，只需要在一定範圍內感應，就可以自動瞬間大量讀取貨物上標籤的訊息。不用像讀取條碼的紅外線掃描儀要一件件手工讀取。RFID 辨識技術的應用層面相當廣泛，包括地方公共交通、汽車遙控鑰匙、行動電話、寵物所植入的晶片、醫療院所應用在病患感測及居家照護、航空包裹、防盜應用、聯合票證及行李識別等領域內，採用 RFID 技術讓零售業者在存貨管理與貨架補貨上獲益良多。

全球最大的連鎖通路商 Walmart，要求其前 100 大上游供應商在貨品的包裝上裝置 RFID 標籤，以便隨時追蹤貨品在供應鏈上的即時資訊；同時運用在網路訂單的進度查詢，還能讓業者清楚了解什麼商品值得放在特定位置展售，定期掃描核對商品，以了解物品銷售情形。此外，RFID 更能與行銷活動做結合成為有效的宣傳手法之一，除了可連結 Facebook、影片、留言與相片等，還能與個人資料整合成資料庫行銷。

## 3-4-5　NFC

NFC（Near Field Communication，近場通訊）是由 PHILIPS、NOKIA 與 SONY 共同研發的短距離非接觸式通訊技術，又稱近距離無線通訊，以 13.56MHz 頻率範圍運作，能夠在 10 公分以內的距離達到非接觸式互通資料的目的，資料交換速率可達 424kb/s，可在您的手機與其他 NFC 裝置之間傳輸資訊，因此逐漸成為行動支付、行銷接收工具的最佳解決方案。

NFC 的金融支付應用

NFC 技術其實並不是新技術，也是由 RFID 感應技術演變而來的一種非接觸式感應技術，簡單來說，RFID 是一種較長距離的射頻識別技術，而 NFC 則是更短距離的無線通訊技術。NFC 的應用是只要讓兩個 NFC 裝置相互靠近，就能夠啟動 NFC 功能，接著迅速將內容分享給其他相容於 NFC 的行動裝置。

NFC 相關技術也逐漸與電子商務領域結合，包括下載音樂、影片、圖片互傳、交換名片、折價券和交換通訊錄和電影預告片等，甚至門禁、學生員工卡、數位家電識別、商店小額消費、交通電子票證等。目前許多行動行銷案例也開始應用這項技術來進行推廣，例如有些書籍雜誌也開始應用 NFC 技術，只要將手機靠過去就可以聽到悅耳的宣傳音樂，結合各種 3C 家電產品的連結應用，透過手機感應 NFC 後，再由專屬品牌 App 來連線與行銷推廣特定商品。

## 3-5 雲端運算與服務

雲端運算（Cloud Computing）已經成為電腦與網路科技的重要商機，或者可以將運算能力提供作為一種服務，由於雲端運算環境日益成熟，現在許多電商開店的解決方案，不再需要在硬體或資料庫的建置作太多的投資，有利於業者進行全球市場的佈局。雲端運算時代來臨大幅加速電子商務市場發展，2021 年時全球 B2C 電子商務市場規模已飆升至 3.5 兆美元以上。

「雲端」其實泛指「網路」，希望以雲深不知處的意境，來表達無窮無際的網路資源，和規模龐大的運算能力。雲端運算將虛擬化公用程式演進到軟體即時服務的夢想實現，利用分散式運算的觀念，將終端設備的運算分散到網際網路上眾多的伺服器，讓網路變成一個超大型電腦。未來每個人面前的電腦，都將會簡化成一台最陽春的終端機，只要具備上網連線功能即可。例如雲端概念的辦公室應用軟體，將編輯好的文件、試算表或簡報等檔案，儲存在網路硬碟空間中，提供線上儲存、編輯與共用文件的環境。

雲端運算帶動電子商務快速興起，小資族可以輕鬆在雲端開店

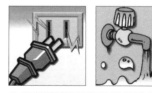

雲端運算要讓資訊服務如同家中水電設施一樣方便

## 3-5-1 認識雲端服務

「雲端服務」就是「網路運算服務」，如果將這種概念衍生到利用網際網路的力量，讓使用者連接與取得由網路上多台遠端主機所提供的不同服務，就是「雲端服務」的基本概念。根據美國國家標準和技術研究院（National Institute of Standards and Technology, NIST）的雲端運算明確定義了三種服務模式：

### 軟體即服務（Software as a service, SaaS）

是一種軟體服務供應商透過 Internet 提供軟體的模式，使用者用戶透過租借 Web 的軟體，本身不需要對軟體進行維護，即可利用租賃的方式來取得軟體的服務，比較常見的模式是提供一組帳號密碼。例如：Google docs。

利用瀏覽器就可以開啟雲端的文件

### 平台即服務（Platform as a Service, PaaS）

是一種提供資訊人員開發平台的服務模式，公司的研發人員編寫程式碼於 PaaS 供應商上傳的介面或 API 服務，再於網路上提供消費者的服務。例如：Google App Engine。

◙ Google App Engine 是全方位管理的 PaaS 平台

## 基礎架構即服務（Infrastructure as a Service, IaaS）

使用者可以使用「基礎運算資源」，如 CPU 處理能力、儲存空間、網路元件或仲介軟體。
例如：Amazon.com 透過主機託管和發展環境，提供 IaaS 的服務項目。

◙ 中華電信的 HiCloud 即屬於 IaaS 服務

**TIPS**

- 公用雲（Public Cloud）：透過網路及第三方服務供應者，提供一般公眾或大型產業集體使用的雲端基礎設施，價格較低廉。
- 私有雲（Private Cloud）：和公用雲一樣，都能為企業提供彈性的服務，最大的不同在於私有雲是完全為特定組織建構的雲端基礎設施。
- 社群雲（Community Cloud）：由有共同的任務或安全需求的特定社群共享的雲端基礎設施，所有的社群成員共同使用雲端上資料及應用程式。
- 混合雲（Hybrid Cloud）：結合公用雲及私有雲，使用者將非企業關鍵資訊直接在公用雲上處理，但關鍵資料則以私有雲的方式來處理。

雲端服務包括經常使用的 Flickr、Google 等網路相簿，或者使用雲端音樂讓筆電、手機、平板來隨時點播音樂，打造自己的雲端音樂台；甚至透過免費雲端影像處理服務，輕鬆編輯相片或者做些簡單的影像處理。例如使用雲端筆記本隨時記錄待辦事項、創意或任何想法，還可將它集中儲存在雲端硬碟，無論人在何處，只要手邊有電腦、平板和手機，都可以快速搜尋到所建立的筆記，讓筆記資料跨平台同步。

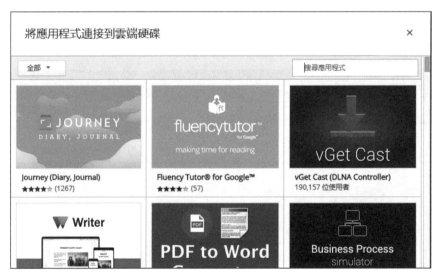

Google 雲端硬碟可以連結到超過 100 個以上的雲端硬碟應用程式

## 3-5-2 邊緣運算

我們知道傳統的雲端資料處理都是在終端裝置與雲端運算之間，這段距離不僅遙遠，當面臨越來越龐大的資料量時，也會延長所需的傳輸時間，特別是人工智慧運用於日常生活層面

時，常因網路頻寬有限、通訊延遲與缺乏網路覆蓋等問題，遭遇極大挑戰，未來 AI 從過去主流的雲端運算模式，必須大量結合邊緣運算（Edge Computing）模式，搭配 AI 與邊緣運算能力的裝置也將成為所有產業和應用的主導要素。

⊙ 雲端運算與邊緣運算架構的比較示意圖

圖片來源：https://www.ithome.com.tw/news/114625

邊緣運算（Edge Computing）屬於分散式運算架構，可讓企業應用程式更接近本端邊緣伺服器等資料，資料不需要直接上傳到雲端，而是盡可能靠近資料來源以減少延遲和頻寬使用，而具有「低延遲（Low latency）」的特性，這樣一來資料就不需要再傳遞到遠端的雲端空間。例如在處理資料的過程中，把資料傳到雲端環境裡運行的 App，勢必會慢一點才能拿到答案；如果要降低 App 在執行時出現延遲，就必須傳送到鄰近的邊緣伺服器，如果開發商想要提供給用戶更好的使用體驗，最好將大部份 App 資料移到邊緣運算中心進行運算。

許多分秒必爭的 AI 運算作業更需要進行邊緣運算，這些龐大作業處理不用將工作上傳到雲端，即時利用本地邊緣人工智慧，便可瞬間做出判斷，像是自動駕駛車、醫療影像設備、擴增實境、虛擬實境、無人機、行動裝置、智慧零售等應用項

⊙ 音樂類 App 透過邊緣運算，聽歌不會卡卡

目,例如無人機需要 AI 即時影像分析與取景技術,由於即時高清影像低延傳輸與運算大量影像資訊,只有透過邊緣運算,資料就不需要再傳遞到遠端的雲端,就可以加快無人機 AI 處理速度,在即將來臨的新時代,AI 邊緣運算象徵了全新契機。

⚙ 無人機需要即時影像分析,邊緣運算可以加快 AI 處理速度

# 智慧物聯網（AIoT）

物聯網（Internet of Things, IOT）最早的概念是在 1999 年時由學者 Kevin Ashton 所提出，是指將網路與物件相互連接，實際操作上是將各種具裝置感測設備的物品，例如 RFID、環境感測器、全球定位系統（GPS）雷射掃描器等種種裝置與網際網路結合起來而形成的一個巨大網路系統，全球所有的物品都可以透過網路主動交換訊息，透過網際網路技術讓各種實體物件、自動化裝置彼此溝通和交換資訊，現代人的生活正逐漸進入一個始終連接（Always Connect）網路的世代，最終的目標則是要打造一座智慧城市。

◎ 物聯網系統的應用概念圖

圖片來源：www.ithome.com.tw/news/88562

物聯網的快速成長，帶動不同產業發展，除了資料與數據收集分析外，也可以回饋進行各種控制，對於人類生活的便利性有極大的影響，AI 結合物聯網（IoT）的智慧物聯網（AIoT）會是電商產業最熱門的趨勢，可藉由智慧型設備來了解用戶的日常行為，包括輔助消費者進行產品選擇或採購建議等，並將其轉化為真正的客戶商業價值。物聯網的多功能智慧化服務被視為實際驅動電商產業鏈的創新力量，特別是將電商產業發展與消費者生活做更緊密的結合，因為在物聯網時代，手機、冰箱、桌子、咖啡機、體重計、手錶、冷氣等物體變得「有意識」且善解人意，最終的目標則是要打造一個智慧城市，未來搭載 5G 基礎建設與雲端運算技術，更能加速現代產業轉型。

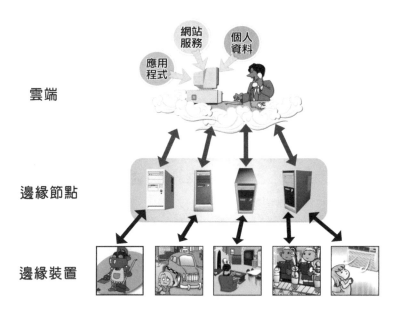

雲端

邊緣節點

邊緣裝置

**智慧物聯網的應用**

　　例如智慧場域行銷就是透過定位技術，把人限制在某個場域裡，無論在捷運、餐廳、夜市、商圈、演唱會等場域，都可能收到量身定做的專屬行銷訊息，大稻埕是台北市第一個提供智慧場域行銷的老商圈，配合佈建於店家的 Beacon，收集場域的環境資訊與準確的行銷訊息交換，精準有效導引遊客及消費者前往店家，並提供逛商圈顧客更美好消費體驗，讓示範性場域都有良好成效。

☑ 大稻埕是台北市第一個提供智慧場域行銷的老商圈

 **TIPS**

Beacon 是種低功耗藍牙技術（Bluetooth Low Energy, BLE），藉由室內定位技術應用，可做為物聯網和大數據平台的小型串接裝置，具有主動推播行銷應用特性，比 GPS 有更精準的微定位功能，是連結店家與消費者的重要環節，只要手機安裝特定 App，透過藍牙接收到代碼便可觸發 App 做出對應動作，包括在室內導航、行動支付、百貨導覽、人流分析，及物品追蹤等近接感知應用。隨著支援藍牙 4.0 BLE 的手機、平板裝置越來越多，利用 Beacon 的功能，能幫零售業者做到更深入的行動行銷服務。

1. 試簡介乙太網路（Ethernet）。

2. 什麼是主從式架構（Client/Server）？

3. 目前通訊媒介可以區分哪兩大類？

4. 請說明網路層的工作內容。

5. 簡述光纖的特性與傳遞原理。

6. 試介紹物聯網（IOT）與最終的目標。

7. 試說明 ZigBee 協定的內容。

8. 何謂熱點（Hotspot）？

9. 請簡述藍牙技術的特點。

10. 試簡介 LTE（Long Term Evolution，長期演進技術）。

11. 什麼是 FTTB（Fiber To The Building，光纖到樓）？

12. 試簡介混合雲（Hybrid Cloud）。

13. 試簡述 Web 3.0 的精神與特性。

14. 什麼是 IPv6？

15. 試簡述全球資源定址器（Uniform Resource Locator）。

16. 何謂無線射頻辨識技術（RFID）？

17. 請問近場通訊（NFC）的功用為何？試簡述之。

# MEMO

# 電子商務付款與
# 交易安全機制

**04**

CHAPTER

>> 電子支付系統簡介

>> 常見電子支付模式

>> 網路安全與犯罪模式

>> 防火牆簡介

>> 資料加密

>> 電子商務交易安全機制

>> 焦點專題：區塊鏈與比特幣

網路購物的消費型態正是 e 時代的趨勢,電子商務的經營改變了資訊交換的方式,消費者及商家的資料以數位化方式在網路上傳輸,且電子付款是電子商務不可或缺的部分,成功的關鍵在於付款的安全性與收費機制的成熟與否。

電子商務最關鍵的就是要讓客戶付款來完成交易,伴隨各種電子支付工具不斷的推陳出新,已使得電商市場的產銷活動與金融市場的交易產生了新的型態與運作規則。從實體 ATM 或銀行轉帳、電子方式下單、通知或授權金融

🛒 貨到付款是相當普遍的付款方式

機構進行的資金轉移行為,演變成線上刷卡、網路 ATM 轉帳、超商代碼繳費、貨到付款、手機小額付款。

 **TIPS**

超商代碼繳費是當消費者在網路上下單後會產生一組繳費代碼,只要取得代碼並在超商完成繳費就可立即取得服務,例如 ibon 是 7-ELEVEn 的機器,可以在上面列印優惠券、訂票、列印付款單據等。

各位如果在國外,還可以透過 PayPal 等有儲值功能的帳戶進行線上交易,而如何建立個人化與穩定安全的金流環境,已成電子商務最迫切需要解決的問題。

**TIPS**

PayPal 是全球最大的線上金流系統與跨國線上交易平台,適用於全球 203 個國家,屬於 ebay 旗下子公司,可以讓全世界的買家與賣家自由選擇購物款項的支付方式。各位如果常在國外購物的話,應該常常會看到 PayPal 付款,只要提供 PayPal 帳號即可,不但拉近買賣雙方的距離,也能省去不必要的交易步驟與麻煩,如果你有足夠的 PayPal 餘額,購物時所花費的款項將直接從餘額中扣除,若 PayPal 餘額不足的時候,還可以直接從信用卡扣付購物款項。

◎ PayPal 是全球最大的線上金流系統

## ⏱ 4-1 電子支付系統簡介

支付系統是經濟體系中金融交易市場的基礎,而有效率暨安全的電子支付系統是電子商務環境中不可或缺的條件,在網路購物行為顯著成長下,對於電子支付系統的需求也日益增加,若能具備電子支付服務,對消費者和店家都有相當助益。而電子付款就是利用數位訊號的傳遞來代替一般貨幣的流動,達到實際支付款項的目的,也就是以線上方式進行買賣雙方的資金轉移。

### 🛒 TIPS

- 電子資金移轉(Electronic Funds Transfer, EFT)又稱為電子轉帳,使用電腦及網路設備,通知或授權金融機構處理資金往來帳戶的移轉或調撥行為。例如在電子商務的模式中,金融機構間的電子資金移轉作業就是 B2B 模式。
- 金融電子資料交換(Financial Electronic Data Interchange, FEDI)是透過電子資料交換方式進行企業金融服務的作業介面,就是將 EDI 運用在金融領域,可作為電子轉帳的建置及作業環境。

## 4-1-1 電子支付系統的架構

成功的電子支付系統，不僅可以協助降低交易成本，推動電子商業活動的發展，更可望提升交易安全，以及商務市場運作效率。電子支付系統針對不同目標市場有不同設計，儘管目前種類繁多，但本質架構均屬一致，需有的軟硬體設備支援架構，如右圖所示：

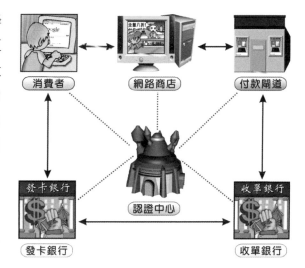

### 消費者（Buyer）

指在線上交易中，購買商品或服務的一方，也就是付款者（Payer）。

### 賣方（Seller）

係指在線上交易中，販賣商品或提供貨物、勞務的單位，也就是收款者（Payee）。

### 發卡銀行（Issuer）

發行貨幣價值機構，就是消費者用來付款的線上發卡銀行。

### 收單銀行（Acquirer）

提供商店收款與請款服務的銀行，負責代理商店進行應收帳款的清算、管理商店帳戶等。

### 憑證管理中心（Certificate Authority, CA）

為可被信賴的公正第三者，是由信用卡發卡單位所共同委派的公正代理組織，負責提供持卡人、特約商店，以及參與銀行交易所需數位憑證（Digital Certificates）的產生、簽發、認證、廢止的過程，並與銀行連線，會同發卡、及收單銀行核對申請資料是否一致。

### 付款閘道（Payment Gateway）

是信用卡金融機構和網際網路之間的中介機制，可以傳送與接收交易訊息，並負責交易訊息中之付款人帳戶與款項的電子化查詢或比對。它可以看成是網路上的收銀機，不但能確保消費者使用本人的信用卡付款以外，也讓消費者進行的購買支付過程為網路店家信任，例如PayPal、Google、歐付寶都是相當知名的支付閘道。

## 4-1-2 電子支付系統的特性

　　透過現代電子支付系統的運作，幾乎所有的經濟金融交易皆可透過網路直接進行，由於支付系統是電商市場經濟體制的重要管道，藉著電子支付系統的建立，銀行可以將所提供的各種金融服務由客戶自行處理，如透過網路銀行轉帳、匯款、支付帳款方面的服務。為確保電子支付機構之交易資訊安全及業務健全運作，現代電子支付系統必須具備以下四種特性：

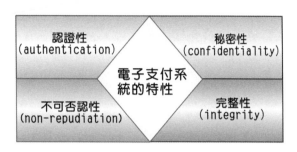

### 祕密性（Confidentiality）

　　表示交易資料必須保密，當資料傳遞時，確保資料在網路上傳送不會遭截取、窺竊而洩漏資料內容，除了被授權的人之外，在網路上不怕被攔截或偷窺，而損害其祕密性。

### 完整性（Integrity）

　　表示當資料送達時必須保證資料沒有被篡改的疑慮，若訊息遭篡改則該筆訊息就會無效，例如由甲端傳至乙端的資料有沒有被篡改，可在乙端收訊時，立刻知道資料是否無誤。

### 認證性（Authentication）

　　表示當傳送方送出資訊時，就能確認傳送者的身分是否為冒名，例如傳送方無法冒名傳送資料，持卡人、商家、發卡行、收單行和支付閘道，都必須申請數位憑證進行身份識別。

### 不可否認性（Non-repudiation）

　　表示保證使用者無法否認他所完成過之資料傳送行為的一種機制，必須不易被複製及修改，就是指無法否認其傳送或接收訊息行為，例如收到金錢不能推說沒收到；錢用掉不能推說遺失，不能否認其未使用過。

## 4-2 常見電子支付模式

　　隨著網路交易的殷切需求，結合電子支付系統是目前金融體系的趨勢，目前常見的方式為非線上付款（Off Line）與線上付款（On Line）兩類。非線上付款包括有傳真刷卡、劃撥轉帳、ATM 轉帳、櫃台轉帳、貨到付款、超商代碼繳費等。非線上付款方式多少會有不方便的感覺，例如到郵局劃撥必須排隊，利用「ATM 提款機轉帳」或到「超商貨到付款」必須出門。至於線上付款又稱為電子支付方式，利用數位訊號的傳遞來代替一般貨幣的流動，達到實際支付款項的目的，以下介紹線上付款常見模式：

### 4-2-1 線上刷卡

　　信用卡付款早已成為 B2C 電子商務中消費者最愛使用的支付方式之一，大約 90% 的線上支付均是以刷卡的方式完成。由於消費者在網路上使用信用卡付款時，店家沒有辦法利用核對顧客簽名作為確認的方式，消費者必須輸入卡號及基本資料，店家再將該資料送至信用卡收單銀行請求授權，只要經過許可，商店便可向銀行取得貨款。不過網上使用信用卡交易，仍須面臨不同程度之安全性風險，因此電子支付系統本身必須能夠確保客戶資料、信用卡號碼、交易內容等具有個人隱私性質資料的傳輸安全。

> **TIPS**
>
> 虛擬信用卡是由發卡銀行提供消費者一組十六碼卡號與有效期做為網路消費的支付工具，僅能在網路商城中購物，無法拿到實體店家消費，與實體信用卡最大的差別就在於發卡銀行會承擔被冒用的風險，且信用額度只有 2 萬元上限。

### 4-2-2 電子現金

　　電子現金（Electronic Cash, e-Cash）又稱為數位現金，是將原本的紙鈔現金改以數位的方式存在，做為替代信用卡來支付網路上經常性的小額開銷，相當於銀行所發行具有付款能力的現金，必須附加一個加密的識別序號（類似一般鈔票上的序號），並使用此序號向銀行確認是否正確，再決定是否接受此電子現金。電子現金只有在申購時需要先行開立帳戶，接著即可在接受電子現金的商店購物，當然消費者必須以現金向銀行「儲值」換購電子現金，也就是「先付款，再使用」；使用電子現金不必像使用信用卡時必須留下簽名以及個人資料，使用電子現

金時則完全匿名，可以加速處理商業的交易和客戶資料的登錄，目前區分為智慧卡型電子現金與可在網路使用的電子錢包：

## 電子錢包

電子錢包（Electronic Wallet）是一種符合安全電子交易的軟體，當你在網路上購買東西時，可直接用電子錢包付錢，而不會看到個人資料，可有效解決網路購物的安全問題。以往的電子商務交易方式，都是直接透過信用卡交易，商家很可能攔截盜用個人的信用卡資料，現在有了電子錢包之後，在特約商店的電腦上，只能看到消費者選購物品的資訊，不用再擔心信用資料外洩的問題。

電子錢包裡面儲存了持卡人的個人資料，如信用卡號、電子證書、信用卡有效期限等。如果要使用電子錢包購物，首先要先向憑證中心申請取得「個人網路身分證」（即電子證書），由消費者向銀行申請一組密碼，當進行交易時，只要輸入這組密碼，商店即會自動連線到發卡銀行查詢，它會將持卡者的信用資料加密之後再傳至特約商店的伺服器中，而信用卡的卡號及信用資料等機密內容，只有發卡銀行在處理帳務時將訊息解密後才能看得到。例如只要有 Google 帳號就可以申請 Google Wallet 電子錢包，並綁定信用卡或是金融卡，並針對 Google 自家的服務進行消費付款，簡單方便又快速。

▲ Google 的電子錢包相當方便實用

🔒 智慧卡

　　智慧卡的外形與信用卡一樣，內藏有微處理器及記憶體，可將現金儲值在智慧卡中，可由使用者隨身攜帶以取代傳統的貨幣方式，能夠在電子商務交易環境中增進整個交易環境的安全性。例如 7-ELEVEn 發行的 icash 卡及捷運所使用的悠遊卡。icash 是 7-ELEVEn 發行的預付儲值卡，屬於接觸式智慧卡，可以重複加值，加值後可持卡在全國 7-ELEVEn 消費。

 **TIPS**

> WebATM（網路 ATM）是晶片金融卡網路收單服務，除了提領現金之外，其他如轉帳、繳費（手機費、卡費、水電費、稅金、停車費、學費、社區管理費）、查詢餘額、繳稅、更改晶片卡密碼等，只要有銀行發出的「晶片金融卡」，插入「晶片讀卡機」，再連結至網路 ATM，就可立即轉帳支付消費款項。

## 4-2-3 電子票據

　　電子票據是以電子方式製成的票據，是網路銀行常用的電子支付工具，使用數字簽名和自動驗證技術來確定其合法性，也就是利用電子簽章取代實體簽名蓋章，可以如同實體票據一樣進行轉讓、貼現、質押、托收等行為，包括電子支票、電子本票及電子匯票。

　　例如電子支票模擬傳統支票，設計的目的就是用來吸引不想使用現金，而寧可採用個人和公司電子支票的消費者，在支付及兌現過程中需使用個人及銀行的數位憑證。

## 4-2-4 第三方支付

　　網路交易已經成為現代商業交易的潮流及趨勢，交易金額及數量不斷上升，成長幅度已經大於實體店面，但是在電子商務交易中，一般銀行不會為小型網路商家與個人網拍賣家提供信用卡服務，因此無法直接在網路上付款，但這些人往往是網路交易的大宗力量，為了提升交易效率，故具有實力及公信力的「第三方」設立公開平台，以做為銀行、商家及消費者間的服務管道模式，使用第三方支付只需要一組帳號密碼，便利性大大提高，消費者也更加願意購買。

　　在電子商務的世界中，即便有信用卡、貨到付款以及超商取貨付款等繳款方式，但都還是有一定的不便利性，買賣雙方如果透過「第三方支付」機制，用最少的代價保障雙方的權益，就可降低雙方的風險。在網路交易過程中，第三方支付機制建立了一個中立的支付平台，為買賣雙方提供款項的代收代付服務。當買方選購商品後，只要利用第三方支付平台提供的帳戶，

進行貨款支付（包括有 ATM 付款、信用卡付款及儲值付款），當貨款支付後，由第三方支付平台通知賣家貨款到帳、要求進行發貨，買方在收到貨品及檢驗確認無誤後，通知可付款給賣家，第三方再將款項轉至賣家帳戶，從理論上來講，這樣的作法可以杜絕交易過程中可能的欺詐行為，也大大增加了網路購物的安全性與信任感。

第三方支付（Third-Party Payment）機制是指在交易過程中，除了買賣雙方外，透過第三方來代收與代付金流，例如使用悠遊卡購買捷運車票或用 icash 在 7-ELEVEn 購買可樂，因為沒有實際拿錢出來消費，店家也沒有直接向我們收錢，廣義上這些模式都可稱得上是第三方支付模式。不同的購物網站，各有不同的第三方支付機制，美國很多網站會採用 PayPal 來當作第三方支付的機制，而中國的淘寶網則是採用「支付寶」。

2004 年淘寶網開創支付寶，讓 C2C 的交易不再因為付款不方便，買家不發貨等問題受到阻擾。「支付寶」是阿里巴巴集團發展下的第三方線上付款服務。過去 B2B 買賣雙方之間皆為企業，付款與信任度皆沒有太大的問題，但變成 C2C 之後，部分消費者對於網路購物有著一定程度的不信任，但現在只要申請了這項服務，在淘寶網購物都可便利付費。

☑ 支付寶網頁的使用說明與操作方法

台灣第三方支付機制雖然起步較晚，但也通過了第三方支付（Third-Party Payment）專法，由具有實力及公信力的「第三方」設立公開平台。例如許多遊戲玩家可以直接在遊戲官網輕鬆使用第三方支付收款服務，有效改善遊戲付費體驗，對遊戲業者點數卡的銷售通路造成結構性改變，過去業者透過傳統實體通路會被抽 30 至 40% 的費用，改採第三方支付可降至 10%以下，這讓遊戲公司的獲利能力大幅提升，對遊戲產業的生態也產生了巨大的變化。

## 4-3 網路安全與犯罪模式

網際網路的設計目的是為了提供自由便利的資訊、資料和檔案交換，都是屬於線上交易，當然存在很多風險，但是如果過度強化電子商務安全機制又可能造成購物上的不便，例如駭客、電腦病毒、網路竊聽、隱私權困擾等。本節著眼於各種和安全性有關的議題，了解各種工具如何讓線上交易更為安全，同時協助企業保護公司的敏感資料。

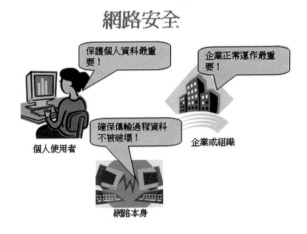
◉ 網路安全示意圖

對於網路安全定義而言，很難有嚴謹而明確的定義或標準，例如就個人使用者來說，可能代表在網際網路上瀏覽時，個人資料或電腦不被竊取或破壞，然而相對於企業組織而言，就代表著進行電子商務時的安全考量、網路系統正常運作與不法駭客的入侵等。從廣義的角度來看，網路安全所涉及的範圍包含軟體與硬體兩種層面，例如網路線的損壞、資料加密技術的問題、伺服器病毒感染、隱私權保護與傳送資料的完整性等。

網路犯罪（Cybercrime）則是電腦犯罪之延伸，為電腦系統與通訊網路相結合之犯罪，通常分為非技術性犯罪與技術性犯罪。非技術性攻擊是指使用詭騙或假的表單來騙取使用者的機密資料，技術性攻擊則是利用軟硬體的專業知識來進行攻擊。從更實務面的角度來看網路安全所涵蓋的範圍，就包括了駭客問題、隱私權侵犯、線上交易安全、網路詐欺與電腦病毒等問題。

**TIPS**

零時差攻擊（Zero-day Attack）是當系統或應用程式被發現具有還未公開的漏洞，但是在使用者準備更新或修正前的時間點所進行的惡意攻擊行為，往往造成非常大的危害。

## 4-3-1 駭客攻擊

只要是常上網的人，一定都聽過駭客這個名詞。最早期的駭客是一群狂熱的程式設計師，以編寫程式及玩弄各種程式寫作技巧為樂。雖然會入侵網路系統，但對於破壞行為通常是相當的排斥，成功入侵後會以系統管理者的身份發信給管理員，建議該如何進行漏洞修補等等。

駭客（hacker）不僅會攻擊大型的社群網站和企業，還能使用各種方法破壞和用戶的電腦。駭客在攻擊前，必須先存取用戶的電腦，最常見的是使用「特洛伊木馬」的程式。駭客

☞ 駭客藉由 Internet 隨時入侵電腦系統

在使用此程式之前，必須先將其植入用戶的電腦，病毒模式多半是 Email 的附件檔，或者利用新聞與時事消息發表吸引人的貼文，一旦點擊連結，可能立即遭受感染。

有些駭客利用聊天訊息散播惡意軟體，竊取使用者電腦內的個人資訊，甚至利用社交工程陷阱（Social Engineering）假造 Facebook 按讚功能，導致帳號被植入木馬程式，假冒員工連進企業或店家的資料庫中竊取商業機密。

**TIPS**

社交工程陷阱是利用大眾疏於防範的資訊安全攻擊方式，例如利用電子郵件誘騙使用者開啟檔案、圖片、工具軟體等，從合法用戶中套取用戶系統的祕密，例如用戶名單、用戶密碼、身分證號碼或其他機密資料等。

## 4-3-2 服務拒絕攻擊與殭屍網路

服務拒絕（Denia1 of Service, DoS）攻擊方式是利用送出許多需求去轟炸系統，讓系統癱瘓或不能回應服務需求。DoS 阻斷攻擊是單憑一方的力量對 ISP 的攻擊，如果被攻擊者的網路頻寬小於攻擊者，DoS 攻擊往往可在兩三分鐘內見效。但若攻擊的是頻寬比攻擊者還大的網站，那就有如以每秒 10 公升的水量注入水池，但水池裡的水卻以每秒 30 公升的速度流失，不管再怎麼攻擊都無法成功。例如駭客使用大量的垃圾封包塞滿 ISP 的可用頻寬，進而讓 ISP 的客戶將無法傳送或接收資料、電子郵件、瀏覽網頁和其他網際網路服務。

**電子商務與 ChatGPT**

物聯網・KOL 直播・區塊鏈・社群行銷・大數據・智慧商務

殭屍網路（botnet）攻擊方式是利用一群在網路上受到控制的電腦轉送垃圾郵件，被感染的電腦就會被當成執行 DoS 攻擊的工具，不但會攻擊其他電腦，一遇到有漏洞的電腦主機，就藏身於任何一個程式裡，伺時展開攻擊、侵害。後來又發展出 DDoS（Distributed DoS，分散式阻斷攻擊）分散式阻斷攻擊，受感染的電腦就會像殭屍一般任人擺佈執行各種惡意行為。這種攻擊方式是由許多不同來源的攻擊端，共同協調合作於同一時間對特定目標展開的攻擊方式。與傳統的 DoS 阻斷攻擊比較，效果可說是更為驚人。過去就曾發生殭屍網路的管理者透過 Twitter 帳號下命令來控制病毒感染用戶的帳號。

**TIPS**

網路竊聽是指當封包從一個網路傳遞到另一個網路時，在所建立的網路連線路徑中，包含了私人網路區段（例如使用者電話線路、網站伺服器所在區域網路等）及公眾網路區段（例如 ISP 網路及所有 Internet 中的站台）。由於資料在這些網路區段中進行傳輸時是採取廣播方式來進行，因此竊聽者不但可能擷取網路上的封包進行分析，也可以直接在網路閘道口的路由器設置竊聽程式尋找 IP 位址、帳號、密碼、信用卡卡號等私密性質的內容，並進行系統的破壞或取得不法利益。

## 4-3-3 網路釣魚

Phishing 一詞其實是「Fishing」和「Phone」的組合，中文稱為「網路釣魚」，目的在於竊取消費者或公司的認證資料，而網路釣魚透過不同的技術持續竊取使用者資料，已成為網路交易上重大的威脅。網路釣魚主要是取得受害者帳號的存取權限，或是記錄您的個人資料，輕者導致個人資料外洩，重則危及財務損失，最常見的伎倆有兩種：

1. 利用偽造電子郵件與網站作為「誘餌」，輕則讓受害者不自覺洩漏私人資料，成為垃圾郵件業者的名單，重則電腦可能會被植入病毒（如木馬程式），造成系統毀損或重要資訊被竊，例如駭客以社群網站的名義寄發帳號更新通知信，誘使收件人點擊 Email 中的惡意連結或釣魚網站。

2. 修改網頁程式，更改瀏覽器網址列所顯示的網址，當使用者認定正在存取真實網站時，即使在瀏覽器網址列輸入正確的網址，還是會被移花接木般轉接到偽造網站上，或者利用熱門粉專內的廣告來感染使用者，向您索取個人資訊，意圖侵入您的社群帳號，因此很難被使用者所察覺。

社群網站日益盛行，網路釣客也會趁機入侵，消費者對於任何要求輸入個人資料的網站要加倍小心，跟電子郵件相比，人們在使用社群媒體時比較不會保持警覺，例如有些社群提供的性向測驗可能就是網路釣魚的掩護，甚至假裝 Facebook 官方網站，要你輸入帳號密碼及個人資訊。

 **TIPS**

> 跨網站腳本攻擊（Cross-Site Scripting, XSS）是當網站讀取時，執行攻擊者提供的程式碼，例如製造一個惡意的 URL 連結（該網站本身具有 XSS 弱點），當使用者端的瀏覽器執行時，可用來竊取用戶的 Cookie、密碼與個人資料，甚至冒用使用者的身份。

## 4-3-4 盜用密碼

有些網友會將帳號或密碼設定成類似的代號，或者以生日、身分證字號、有意義的英文單字等容易記憶的字串來做為登入網路系統的驗證密碼，因此盜用密碼也是網路入侵者常用的手段之一。入侵使用者帳號最常用的方式是使用「暴力式密碼猜測工具」並搭配字典檔，在不斷地重複嘗試與組合下，一次可以猜測上百萬次甚至上億次的密碼組合，當駭客取得網站使用者的帳號密碼後，就等於取得此帳號的內容控制權，可將假造的電子郵件，大量發送至該帳號的朋友信箱中。

例如 Facebook 在 2016 年時，修補了一個重大的安全漏洞，因為駭客利用該程式漏洞竊取「存取權杖」（access tokens），透過暴力破解重設 Facebook 用戶的密碼，危及廣大 Facebook 用戶帳號安全。因此在設定密碼時，需要有更高的強度才能抵抗，除了用戶的帳號安全可使用雙重認證機制，確保認證的安全性，建議您依照下列幾項原則來建立密碼：

(1) 密碼長度儘量大於 8~12 位數。

(2) 最好能英文 + 數字 + 符號混合，以增加破解時的難度。

(3) 為了要確保密碼不容易被破解，最好還能在每個不同的網站使用不同的密碼，並且定期更換。

(4) 密碼不要與帳號相同，並養成定期改密碼習慣，如果發覺帳號有異常登出的狀況，可立即更新密碼，確保帳號不被駭客奪取。

(5) 儘量避免使用有意義的英文單字做為密碼。

**TIPS**

點擊欺騙（Click Fraud）是發布者或者他的同伴對 PPC（Pay by Per Click，每次點擊付錢）的線上廣告進行惡意點擊，因而得到相關廣告費用。

## 4-3-5 電腦病毒

電腦病毒是一種入侵電腦的惡意程式，會造成許多不同種類的損壞，當某程式被電腦病毒傳染後，它也成一個帶原的程式，會直接或間接地傳染至其他程式。例如刪除資料檔案、移除程式或摧毀在硬碟中發現的任何東西，不過並非所有的病毒都會造成損壞，有些只是顯示特定的討厭訊息。這個程式具有特定的邏輯，且具有自我複製、潛伏、破壞電腦系統等特性，這些行為與生物界中的病毒之行為模式確實極為類似，因此稱這類的程式碼為電腦病毒。

⊙ 病毒會在某個時間點發作與從事破壞行為

檢查病毒需要防毒軟體掃描磁碟和程式，尋找已知的病毒並清除它們。防毒軟體安裝在系統上並啟動後，有效的防毒程式在你每次插入 USB 或使用數據機擷取檔案時，都會自動檢查尋找。此外，由於新型病毒幾乎每天都有，所以並沒有任何程式能提供絕對的保護，必須加以更新病毒碼。防毒軟體可以透過網路連接上伺服器，並自行判斷有無更新版本的病毒碼，如果有的話就會自行下載、安裝，以完成病毒碼的更新動作。

 **TIPS**

防毒軟體有時也必須進行「掃描引擎」（Scan Engine）的更新，當新種病毒產生時，防毒軟體並不知道如何去檢測它，例如巨集病毒在剛出來的時候，防毒軟體對於巨集病毒根本沒有定義，此時就必須更新防毒軟體的掃描引擎，讓防毒軟體能認得新種類的病毒。

⊙ 病毒碼就有如電腦病毒指紋

⊙ 更新掃描引擎才能讓防毒軟體認識新病毒

## 4-4 防火牆簡介

　　古時候人們為了防止火災發生時，火勢會蔓延到其他住所，因此常在住所之間砌一道磚牆用來阻擋火勢，稱為「防火牆」。而今防火牆的觀念延伸到了網路安全應用，防火牆最早是以硬體的型態出現，且主要是用於保護由許多計算機所組成的大型網路。然而隨著網路的發展，連接的用戶不斷增加，防駭觀念開始受到重視，開始出現了以軟體型態為主的防火牆。

　　建立防火牆的目的是保護自己的網路不受外來網路的攻擊。也就是說要防備的是外部網路，因為可能會有人從外部網路對我們發起攻擊，所以需要在內部網路與不安全的非信任網路之間築起一道防火牆。

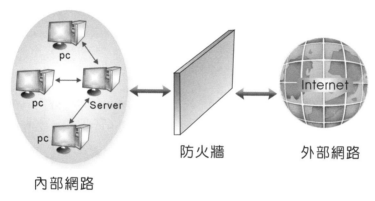

用防火牆阻擋非法的外部網路存取

### 4-4-1 防火牆運作原理

　　雖然防火牆是介於內部網路與外部網路之間，並保護內部網路不受外界不信任網路的威脅，但它並不是完全將外部的連線要求阻擋在外。就某些觀點來看，防火牆實際上代表了一個網路的存取規則。每個防火牆都代表單一進入點，所有進入網路的存取行為都會被檢查、並賦予授權及認證。防火牆會根據於一套設定好的規則來過濾可疑的網路存取行為，並發出警告。意即確定那些類型的資訊封包可以進出防火牆，而什麼類型的資訊封包則不能通過防火牆。

### 4-4-2 防火牆的分類

　　公司防火牆是使用路由器、伺服器以及各種軟體建立的硬體和軟體組合。防火牆會設置在公司網路和網際網路之間最容易受到攻擊的地方，並且由系統管理者設定為簡

單或複雜。防火牆大致可劃分為封包過濾型（packet filtering），與代理伺服器型（proxy server）、軟體防火牆三種：

## 封包過濾型

在封包過濾防火牆中，監控路由器會檢測在網際網路和公司網路之間傳輸的每個資料封包的標頭。封包標頭內含傳送者和接收者的 IP 位址、傳送封包所使用的協定等資訊。當這些封包被送到網際網路上時，路由器會根據目的 IP 位置來選擇一條適當的路徑傳送。在此情況下，封包可能會經由不同的路徑送到目的 IP，當所有的封包抵達後，便會進行組合還原的動作。封包過濾型防火牆會檢查所有收到封包內的來源 IP 位置，並依照系統管理者事先設定好的規則加以過濾。若封包內的來源 IP 在過濾規則內為禁止存取的話，則防火牆便會將所有來自這個 IP 位置的封包丟棄。種封包過濾型的防火牆，大部份都是由路由器來擔任。例如路由器可以阻擋除了電子郵件之外的任何封包，同時還可以阻擋通往和來自可疑位置以及特定用戶的流量。

## 代理伺服器型

代理伺服器防火牆又稱「應用層閘道防火牆」（Application Gateway Firewall），安全性比封包過濾型來得高，但只適用於特定的網路服務存取，例如 HTTP、FTP 或是 Telnet 等等。事實上，此類型的防火牆是透過代理伺服器來進行存取管制，這是客戶端與伺服端之間的一個中介服務者。當代理伺服器收到客戶端 A 對某網站 B 的連線要求時，代理伺服器會先判斷該要求是否符合規則。若通過判斷，則伺服器便會去站台 B 將資料取回，並傳回客戶端 A。

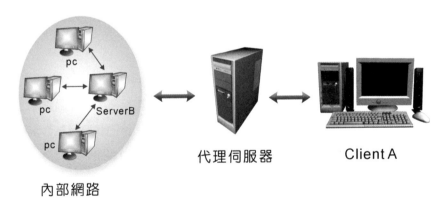

使用代理伺服器保護內部網路

因為只有單一代理伺服器（取代網路中許多個別的電腦）和網際網路互動，所以可以確保安全性。由此可知，外部網路只能看見代理伺服器，而無法窺知真正內部網路的資源分佈狀況。

### 軟體防火牆

由於硬體防火牆的建置成本高，並不是所有人都能負擔，加上個人網路安全意識的高漲，硬體防火牆顯然並不適合，於是便有了軟體防火牆的出現。個人防火牆是設置在家用電腦的軟體，可以像公司防火牆一樣保護家用電腦。軟體防火牆採用的技術與封包過濾型如出一轍，但它包括了來源 IP 位置限制，與連接埠號限制等功能，例如 Windows 作業系統本身也有內建防火牆功能。

## ◯ 4-5　資料加密

隨著電腦科技與電子商務快速發展，企業許多重要的資料也存放在電腦或網路硬碟裡，但是當企業連上網路時，若未經加密處理的商業資料或文字資料在網路上進行傳輸，則有心人士都能夠隨手取得且一覽無遺。因此在網路上對於有價值的資料傳送前必須先將原始的資料內容，以事先定義好的演算法、運算式或編碼方法，將資料轉換成不具任何意義的代碼，而這個處理過程就是「加密」(Encrypt)。資料在加密前稱為「明文」(Plaintext)，經過加密後則稱為「密文」(Ciphertext)。

經過加密的資料在送抵目的端後，必須經過「解密」(Decrypt)，才能將資料還原成原來的內容，而這個加／解密的機制則稱為「金鑰」(Key)。至於資料加密及解密的流程如下圖所示：

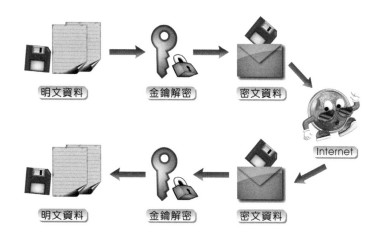

### 4-5-1　對稱鍵值加密系統

「對稱鍵值加密系統」(Symmetrical Key Encryption) 又稱「單一鍵值加密系統」(Single Key Encryption) 或「祕密金鑰系統」(Secret Key)。這種加密系統的運作方式，是由資料傳送

者利用「祕密金鑰」（Secret Key）將文件加密，使文件成為一堆的亂碼後，再加以傳送。而接收者收到經過加密的密文後，再使用相同的「祕密金鑰」，將文件還原成原來的模樣。如果使用者 B 能用這一組密碼解開文件，那麼就能確定這份文件是由使用者 A 加密後傳送過去，如下圖所示：

這種加密系統的運作方式較為單純，不論在加密及解密上的處理速度都相當快速。常見的對稱鍵值加密系統演算法有 DES（Data Encryption Standard，資料加密標準）、Triple DES、IDEA（International Data Encryption Algorithm，國際資料加密演算法）等。

## 4-5-2 非對稱鍵值加密系統

「非對稱性加密系統」是金融界應用上最安全的加密系統，或稱「雙鍵加密系統」（Double Key Encryption）又稱為公開金鑰（Public Key）加密法，由 Diffine 與 Hellman 於 1976 年提出，可降低傳送金鑰給收件者導致資料外洩風險。此種加密系統主要的運作方式，是以兩把不同的金鑰（Key）來對文件進行加 / 解密。例如使用者 A 要傳送一份新的文件給使用者 B，使用者 A 會利用使用者 B 的公開金鑰來加密，並將密文傳送給使用者 B。當使用者 B 收到密文後，再利用自己的私密金鑰解密，例如電子錢包機制會以「公開金鑰密碼系統」來實作。過程如下圖所示：

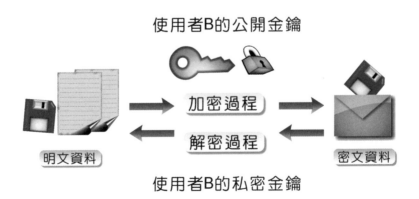

目前普遍使用的非對稱性加密法為 RSA 加密法，它是由 Rivest、Shamir 及 Adleman 所發明。RSA 加密法的鑰匙長度不固定，鑰匙的長度約在 40 位元到 1024 位元間，如果考慮安全性，可用長度較長的鑰匙；若考量到效率問題，則選擇長度較短的鑰匙。

## 4-5-3 認證

在資料傳輸過程中，為了避免使用者 A 發送資料後卻否認，或是有人冒用使用者 A 的名義傳送資料而不自知，故需要對資料進行認證的工作，也因此衍生出第三種加密方式結合上述兩種加密方式。

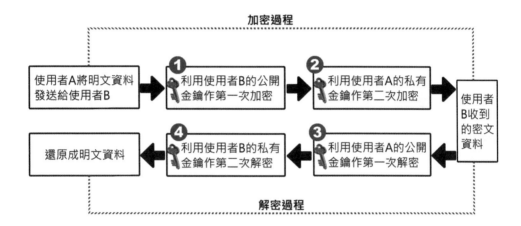

首先是以使用者 B 的公開鑰匙加密，接著再利用使用者 A 的私有鑰匙做第二次加密。使用者 B 在收到密文後，先以 A 的公開鑰匙進行解密，此舉可確認訊息是由 A 所送出。接著再以 B 的私有鑰匙解密，若能解密成功，則可確保訊息傳遞的私密性，這就是所謂的「認證」。認證的機制看似完美，但是使用公開鑰匙作加解密動作時，計算過程卻是十分複雜，對傳輸工作而言不啻是個沈重的負擔。

## 4-5-4 數位簽章

在日常生活中，簽名或蓋章往往是個人對某些承諾或文件署名的負責，而在網路世界中，「數位簽章」（Digital Signature）就是個人的「數位身分證」，可做為對資料發送的身份進行辨別。「數位簽章」的運作方式是以公開金鑰及雜湊函數互相搭配使用，使用者 A 先將明文的 M 以雜湊函數計算出雜湊值 H，接著再用自己的私有鑰匙對雜湊值 H 加密，加密後的內容即為「數位簽章」。最後再將明文與數位簽章一起發送給使用者 B。

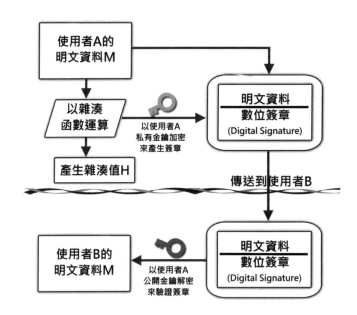

由於這個數位簽章是以 A 的私有鑰匙加密，且該私有鑰匙只有 A 才有，因此該數位簽章可以代表 A 的身份。數位簽章機制具有發送者不可否認的特性，因此能夠用來確認文件發送者的身份，使其他人無法偽造此辨別身份。

**TIPS**

> 雜湊函數（Hash Function）是一種保護資料安全的方法，它能夠將資料進行運算得到一個「雜湊值」，接著再將資料與雜湊值一併傳送。

想要使用數位簽章，第一步必須先向認證中心申請電子證書（Digital Certificate），可用來證明公開金鑰為某人所有及訊息發送者的不可否認性，而認證中心所核發的數位簽章則包含在電子證書上。通常每一家認證中心的申請過程都不相同，跟著網頁上的指引步驟即可完成。

**TIPS**

> 憑證管理中心（Certification Authority, CA）為一個具公信力的第三者身分，負責憑證申請註冊、憑證簽發、廢止等等管理服務。國內知名的憑證管理中心如下：
> * 政府憑證管理中心：http://www.pki.gov.tw
> * 網際威信：http://www.hitrust.com.tw/

**TIPS**

數位信封（Digital Envelop）是結合了對稱式金鑰加密法及非對稱式金鑰加密法的優點的安全機制，作法就是將加密的信件與鑰匙寄給收信，使用收訊人的公開金鑰對某些機密資料作加密，收訊人收到後再使用自己的私密金鑰解密而讀取資料。

## 4-6 電子商務交易安全機制

目前電子商務的發展受到的最大考驗是線上交易安全性。由於線上交易時，必須在網站上輸入個人機密的資料，例如身分證字號、信用卡卡號等，如果不慎被第三者截取，將造成使用者的困擾與損害。特別是在行動裝置普及後，愈來愈多使用者瀏覽網頁是透過智慧型手機、平板電腦裝置，為了讓消費者線上交易能得到一定程度的保障，也必須加強安全機制，提升用戶使用上的安全感以及信任感。

為了改善消費者對網路購物安全的疑慮，相關單位做了很多購物安全原則建議，但至今仍未發展出國際標準組織，能夠規範出完整且標準的安全機制與協定，以提供給所有的網路交易來使用。目前國際上最被商家及消費者所接受的電子安全交易機制就是 SSL 及 SET 兩種。

### 4-6-1 安全插槽層協定（SSL）/ 傳輸層安全協定（TLS）

安全插槽層協定（Secure Socket Layer, SSL）是一種 128 位元傳輸加密的安全機制，由網景公司於 1994 年提出，是目前網路交易中最多廠商支援及使用的安全交易協定，目的在協助使用者於傳輸過程中保護資料安全。SSL 憑證包含一組公開及私密金鑰，以及通過驗證的識別資訊，並且使用 RSA 演算法及證書管理架構，在用戶端與伺服器之間進行加密與解密，目前的網頁伺服器或瀏覽器，都能夠支援 SSL 安全機制。

為了提升網站安全性，像是 Google、Facebook 等知名網站，皆已陸續增添 Https 加密，例如想要防範網路釣魚首要方法，必須能分辨網頁是否安全，有安全機制的網站網址通訊協定必須是 https://，而不是 http://，https 是組合了 SSL 和 http 的通訊協定，另一個方式是在螢幕右下角，會顯示 SSL 安全保護的標記，在標記上快按兩下滑鼠左鍵就會顯示安全憑證資訊。

由於採用公鑰技術識別對方身份，受驗證方須持有認證機構（CA）的證書，其中內含持有者的公共鑰匙。必須注意的是，使用者的瀏覽器與伺服器都必須支援才能使用這項技術，由於

加密演算法較為複雜,為避免處理時間過長,通常購物網站只會選擇幾個重要網頁設定 SSL 安全機制。當連結到具有 SSL 安全機制的網頁時,在瀏覽器下網址列右側會出現一個類似鎖頭的圖示,表示目前瀏覽器網頁與伺服器間的通訊資料均採用 SSL 安全機制:

使用 SSL 最大的好處是消費者不需事先申請數位簽章或任何的憑證,就能解決資料傳輸的安全問題。最新推出的傳輸層安全協定(Transport Layer Security, TLS)是由 SSL 3.0 版本為基礎改良而來,會利用公開金鑰基礎結構與非對稱加密等技術來保護在網際網路上傳輸的資料,使用該協定將資料加密後再行傳送,以保證雙方交換資料之保密及完整,在通訊的過程中確保對象的身份,提供了比 SSL 協定更好的通訊安全性與可靠性,避免未經授權的第三方竊聽或修改,可以算是 SSL 安全機制的進階版。

## 4-6-2 安全電子交易協定(**SET**)

由於 SSL 不是最安全的電子交易機制,為了達到更安全的標準,VISA 及 MasterCard 於 1996 年共同制定並發表的「安全交易協定」(Secure Electronic Transaction, SET),透過系統持有的公鑰與使用者的私鑰進行加解密程序,以保障傳遞資料的完整性與隱密性,後來陸續獲得 IBM、Microsoft,HP 及 Compaq 等軟硬體大廠的支持,加上 SET 安全機制採用非對稱鍵值加密系統的編碼方式,並採用知名的 RSA 及 DES 演算法技術,讓傳輸於網路上的資料更具安全性,將可以滿足身份確認、隱私權保密資料完整和交易不可否認性的安全交易需求。

SET 機制的運作方式是消費者與網路商家無法直接在網際網路上進行單獨交易，雙方都必須在進行交易前，預先向憑證管理中心取得各自的 SET 數位認證資料，進行電子交易時，持卡人和特約商店所使用的 SET 軟體會在電子資料交換前確認雙方的身份。

**TIPS**

「信用卡 3D」驗證機制是由 VISA、MasterCard 及 JCB 國際組織所推出，作法是信用卡使用者必須在信用卡發卡銀行註冊一組 3D 驗證碼完成註冊之後，當使用者在提供 3D 驗證服務的網路商店使用信用卡付費時，必須在交易的過程中輸入這組 3D 驗證碼，確保只有您本人才可以使用自己的信用卡成功交易，完成線上刷卡付款動作。

# 區塊鏈與比特幣

　　區塊鏈（Blockchain）技術自 2009 年問世以來，最知名的應用就是比特幣（Bitcoin），比特幣也是區塊鏈的一個應用。區塊鏈可以理解成是一個全民皆可參與的去中心化分散式資料庫與電子記帳本，每筆交易資料都可以被記錄，簡單來說，就是一種全新記帳方式，也將一連串的記錄利用分散式帳本（Distributed Ledger）概念與去中心化的數位帳本來設計，能讓所有參與者的電腦一起記帳，可在商業網路中促進記錄交易與追蹤資產的程序。區塊鏈藉由分散式節點進行數據儲存、驗證、傳輸，節點能不停驗證所有交易資料，並保存交易記錄，資料一旦新增，便無法變更，並且隨之分佈到網路中的多個位置，最重要是只要資料被驗證完就永久的寫入該區塊中。簡單來說，區塊鏈主要特徵有四種：去中心化、加密、透明流程與不可篡改的重要特性。

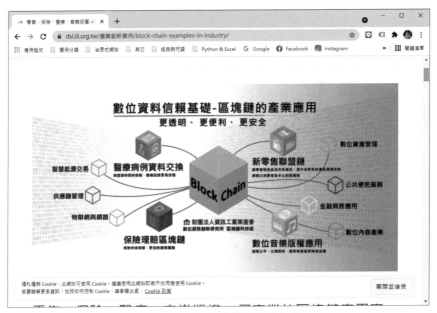

　區塊鏈是全新的數位記帳方式

圖片來源：https://dsi.iii.org.tw/

　　比特幣是一種全球通用加密電子貨幣，和線上遊戲虛擬貨幣相比，比特幣可說是虛擬貨幣的進階版，因為可以直接購買和販賣比特幣。比特幣是透過特定演算法大量計算產生的一種虛擬貨幣，透過區塊鏈技術，用分散式帳本跳過中介銀行，由多個加密的區塊鏈連接，其中每個區塊都含有最近的所有交易及該區塊交易前的記錄列表，讓所有參與者的電腦一起記帳與確認。這個交易系統上有兩種人，一種是交易者，一種是礦工，礦工不需要實際動手計算，都是藉由電腦在進行運算操作－挖礦（Mining）。

任何人都可以下載比特幣的錢包軟體，交易雙方需要類似電子信箱的「比特幣錢包」和類似電郵位址的「比特幣位址」，這像是一種虛擬的銀行帳戶，並以數位化方式儲存於雲端或是用戶的電腦。這個網路交易系統由一群網路用戶所構成，和傳統貨幣最大的不同是，比特幣執行機制不依賴中央銀行、政府、企業的支援或信用擔保，而是依賴對等網路中種子檔案達成的網路協定，持有人可以匿名在這個網路上進行轉賬和其他交易。對於任何一種貨幣來說，最重要的功能就是流通與儲值，簡單來說，越多消費者願意接

受一個貨幣，它所具有的價值就越穩定。隨國際著名集團或商店陸續宣布接受比特幣為支付工具後，比特幣目前市價不斷創新高，，不但被看成是新興投資工具，更被視為可被實體市場接受的支付工具，廣泛吸引全球投資人目光，目前已經有許多國家開始接受比特幣交易。

1. 試簡述超商代碼繳費的流程。

2. 請說明電子資金移轉（EFT）與金融電子資料交換（FEDI）。

3. 電子支付系統的架構有哪些？

4. 付款閘道（Payment Gateway）是什麼？請舉例說明。

5. 現代電子支付系統必須具備以下哪四種特性？

6. 何謂虛擬信用卡？

7. 何謂電子錢包（Electronic Wallet）？

8. 請簡介「WebATM」的功能。

9. 請簡述電子現金。

10. 比特幣主要功用為何？

11. 請說明如何防止駭客入侵的方法，至少提供四點建議。

12. 什麼是零時差攻擊（Zero-day Attack）？

13 試簡單說明密碼設置的原則。

14. 何謂點擊欺騙（Click Fraud）？

15. 請跨網站腳本攻擊（XSS）的內容。

16. 您知道防火牆有那些分類嗎？

17. 請簡述加密（Encrypt）與解密（Decrypt）。

18. 請說明「對稱性加密法」與「非對稱性加密法」間的差異性。

19. 試簡述數位簽章的內容。

20. 請列出常見兩種二種安全加密機制。

21. 請簡介「信用卡 3D」驗證機制。

22. 請說明 SET 與 SSL 的最大差異在何處？

# 行動商務導論與
# 創新應用

**05**

CHAPTER

在 5G 行動寬頻、網路和雲端服務產業的帶動下,「新眼球經濟」所締造的市場經濟效應,正快速連結身邊所有的人、事、物,改變著生活習慣,讓現代人在生活模式、休閒習慣和人際關係上有了前所未有的全新體驗。

「後行動時代」的消費者在網路上的行為越來越複雜,帶動電商市場的競爭愈趨激烈,越來越多消費者使用行動裝置購物,行動上網成為網路服務之主流,連帶也使行動商務成為兵家必爭之地,商業的活動從線上(on-Line)延伸到線下(off-line)生活。PChome 的詹宏志先生曾說:「越來越多消費者使用行動裝置購物,這件事極可能帶來根本性的轉變,甚至讓電子商務產業一切重來。」

◉ PChome24h 購物 App,可隨時隨地輕鬆購

<h2>5-1 行動商務簡介</h2>

行動商務(Mobile Commerce, m-Commerce)不但促進了許多商機的興起,更有可能改變現有的產業結構。自從 2015 年開始,行動商務的使用者人數,開始呈現爆發性的成長,消費螢幕從電腦轉移到智慧型手機上,成為電子商務的銷售主流,所帶來的快速到位、互動分享後所產生產品銷售商機,真正創造出無縫行動服務及跨裝置體驗的時代。

**TIPS**

日本服飾品牌優衣褲(UNIQLO)曾推出多款品牌 App 與消費者互動,例如 UT CAMERA App 能讓世界各地的消費者在試穿時用智慧型手機拍攝短片,再將短片上傳至活動官網,並在 Facebook 上與朋友分享,這充分利用消費者平日愛秀的個性來介紹品牌,吸引更多消費者到實體門市購買。

◉ 世界知名 UNIQLO 服飾相當努力經營行動商務

　　行動商務（Mobile Commerce, M-Commerce）最簡單的定義是行動通訊結合電子商務的資訊化商業服務，使用者隨時以行動化的終端設備透過行動通訊網路來從事商品、服務、資訊及知識等具有貨幣價值的交易，而且不受地理限制。事實上，從網路優先（Web First）向行動優先（Mobile First）靠攏的數位浪潮跟所有其他商務平台相比，行動商務的轉換率（Conversation Rate）及投資報酬率 ROI（Return of Investment）最高。

**TIPS**

- 轉換率（Conversion Rate）是指網路流量轉換成實際訂單的比率，訂單成交次數除以同個時間範圍內帶來訂單的廣告點擊總數。
- 投資報酬率（ROI）指透過投資一項行銷活動所得到的經濟回報，以百分比表示，計算方式為淨收入（訂單收益總額 – 投資成本）除以「投資成本」。

　　行動商務爆炸性的成長，已經成為全球品牌關注的下一個戰場，相較於傳統的電視、平面，甚至桌上型電腦，行動媒體除了讓消費者在使用時的心理狀態和過去大不相同，而且還能夠創造與其他傳統媒體相容互動的加值性服務。現代的行動商務市場必須具備如下圖的四項特性（Clarke, 2001）。

## 5-1-1 個人化

　　行動設備將是一種比桌上型電腦更具個人化（Personalization）特色的裝置，當消費者使用行動裝置時，由於眼球能面向的螢幕方向只有一個，故有助於協助廣告主更精準鎖定目標顧客，達到傳播效果，讓消費者得到賓至如歸與獨特感。以年輕族群為主的滑世代，已經從過往需要被教育的角色，轉變到主動搜尋訊息來主導買方市場，行動商務的最大價值就是可以配合個人經驗所打造專屬行銷內容和服務，因此增加許多行銷策略與活動的可能性。

最普遍的是讓消費者在行動時能同步獲得資訊，讓他覺得網站與商品是專門為我設計，增加顧客的忠誠度。例如運動品牌 NIKE 在 NIKEiD.com（Nike by you）官網上，顧客可以選擇鞋款、材質、顏色等選項，自己設計產品，或模擬喜歡的球鞋穿搭，打造專屬鞋款，甚至藉由 NIKEiD AR 機台，在手機或平板上進行選色後，馬上投影在眼前，最後直接到店面拿到個人專屬的鞋款。

◎ NIKE 積極提供客製化服務

## 5-1-2 便利性

行動商務相較傳統電子商務擁有更多的便利性（Convenience），擺脫了以往必須在定點上網的限制，消費者透過各種行銷管道，能立即連結產品資訊，還可延伸到更多服務的觸角，以轉換成真正消費的動力，增加購物的便利性。由於碎片化時代（Fragmentation Era）來臨，「即時滿足」成行銷關鍵，當消費者產生購買意願時，會習慣透過行動裝置這類工具達到目的，對即時性的需求與訊息持有更高期待，即時又便利的訊息可讓品牌被消費者所選擇，吸引他們對於行銷訴求的注意。

◎ 行動商務提供即時商品資訊

### TIPS

由於行動網路打破了人們原本固有的時間板塊，「時間碎片化」成了常態。所謂碎片化時代（Fragmentation Era）代表現代人的生活被很多碎片化的內容所切割，想要抓住受眾眼球越來越難，品牌接觸消費者的時間越來越短，碎片時間搖身一變成為贏得消費者的黃金時間，想在行動、分散、碎片的條件下讓消費者動心，成為今日電商的重要課題。

　　未來行動通訊的服務品質還會越來越好，網友更可用較低費用享受更便利的行動服務，例如外出旅遊時，可以利用手機搜尋天氣、路線、當地名勝、商圈、人氣小吃與各種消費資訊等等，讓消費者時時刻刻接收新資訊，增加購物的多元選擇，進一步加深品牌或產品的印象。

## 5-1-3 定位性

　　定位性（Localization）的商務與行銷活動一直是廣告主的夢想，它代表能夠透過行動裝置探知消費者目前所在的地理位置，即時將行銷資訊傳送到對的客戶手中，搭配 GPS 技術，讓購物行為根據地理位置的偵測，提供適地性行銷服務，包括傳送附近店家優惠、App 下單店內取餐等。

**TIPS**

- 全球定位系統（Global Positioning System, GPS）是透過衛星與地面接收器，達到傳遞方位訊息、計算路程、語音導航與電子地圖等功能，目前許多汽車與手機都有 GPS 作為定位與路況查詢之用。
- 定址服務（Location Based Service, LBS）或稱為「適地性服務」，是網路行銷中的環境感知創新應用，例如從定位服務、手機加值服務的消費行為分析，都可以發現地圖、定址與導航資訊。

　　台灣奧迪汽車的 Audi Service App，專業客服人員提供全年無休的即時服務，提供車主快速且完整的行車資訊，採用最新行動定位技術，當路上有任何緊急或車禍狀況發生，只需按下聯絡按鈕，客服中心與道路救援團隊可立即定位取得車主位置。

⊘ 奧迪推出 Audi Service App，採用定位技術進行服務

### 5-1-4 隨處性

目前行動通訊範圍幾乎涵蓋現代人活動的每個角落，行動化已經成為不可擋的力量，消費者在哪裡，通路就在哪裡！當隨經濟無所不在時，就該回到以人為本，因為隨處性（Ubiquity）能夠清楚連結任何地域位置，不僅有隨處可見的行銷訊息，還能協助客戶隨處了解商品及服務，滿足使用者對即時資訊與通訊的需求。當行動購物已成趨勢，下一步將朝向「隨經濟」（Ubiquinomics）的走向來發展。

TIPS

- 打卡（在 Facebook 上標示所到之處的地理位置）與分享照片，讓周遭朋友獲悉個人曾去過的地方和近況。由於去到哪裡都在打卡，也讓經營店家取得提高曝光度的機會，例如餐廳給來店消費打卡者折扣優惠，利用粉絲團商店增加品牌業績…等。
- 隨經濟（Ubiquinomics）是盧希鵬教授所創造的名詞，是指因為行動科技的發展，讓消費時間不再受到實體通路營業時間的限制，行動通路成了消費者在哪裡，通路即在哪裡，隨處經濟的第一個特點，就在搶消費者的時間，因此任何節省時間的想法，都能提高隨經濟時代附加價值。

## ⊙ 5-2 行動商務的基本架構

隨著蘋果電腦推出的 iPhone、iPad 等產品後，全世界的行動商務市場也大量變化，這些行動裝置創新的友善介面，與幾乎無所不包的各種應用，使消費者能夠足不出戶即時完成各種商業交易或服務。為了讓行動商務發展者與使用者有一個更有策略與效率的開發基礎，行動商務的基本架構可區分為行動通訊基礎建設、網站建構、行動通訊設備、行動商務模式。

### 5-2-1 行動通訊基礎建設

無線通訊技術與網際網路的普及化，上網裝置已不限於傳統的個人電腦及筆電，故也產生了速度更快、範圍更廣的無線網路需求。行動通訊基礎建設是指提供使用者無線上網的媒介與處理資料的相關環境建置，也就是由電信業者提供的無線網路環境。例如 Wifly 就是可在台北市大部份區域及連鎖餐廳的付費式無線網路服務，台北市民可隨時隨地用手機發 Email、在麥當勞寫報告、大安公園裡上網或在捷運上聽網路廣播，實現了台北 e 城市的夢想。

⏍ 國內各縣市政府積極提供免費無線上網服務

## 5-2-2 行動通訊設備

　　行動通訊設備（Mobile Device）是一種口袋大小的計算機設備，能夠讓在外的使用者以行動化終端裝置，透過行動通訊網路來進行操作與上網的設備。行動通訊裝置隨著通訊技術的進步而更新，更輕薄短小、更便宜，從早期的 PDA 發展到今天，結合了相機、影音娛樂、通訊等功能的智慧型手機、筆記型電腦以及平板電腦等。

⏍ 蘋果的 iPhone 13 與 iPad Pro

圖片來源：http://www.apple.com/tw/

### 5-2-3 網站建構

網站的建構已經是現代企業必做的工作之一，建構包括行動商務網站的架設與後端資料庫資源整合。就行動商務而言，最重要的是在行動裝置上瀏覽網頁進行消費，因此建議製作行動版網頁，千萬別將網站原封不動搬上手機。而完備的後端資料庫儲存所有跟交易有關的資訊，包含下載內容以及交易記錄等，方便管理者執行與分析對顧客的服務需求。

☝ 店家建立行動版網站十分重要

### 5-2-4 商務模式

在行動通訊與資訊科技的快速發展下，行動服務廠商須扮演一個重要的角色，不僅來自於先進的科技，更涵蓋運用這些科技的商務模式。行動商務所產生的商務模式，可讓使用者透過行動通訊業者的網路上網，提高線上商務應用的範疇，並提供多元的服務，包括行動理財、行動存貨管理、顧客服務管理、產品定址與運送、線上購物、即時導航、電玩娛樂、影音播放、行動拍賣、行動辦公室等，還可提供企業員工在外業務上的協助。

雖然Amazon Go仍需要員工進行補貨、製作食物以及客戶服務等工作，還不算是真正的無人商店，但已經是商店科技上的一大進步。

Amazon 是電子商務網站的先驅與典範，除了擁有幾百萬種商品之外，成功的因素是懂得傾聽客戶需求，及不斷提升電商模式的創新作法。近年來更推出智慧無人商店 Amazon Go，當你走進 Amazon Go 時，打開手機感應，在店內不論選擇哪些零食、生鮮或飲料都會感測到，然後自動加入購物車中，除了

☝ Amazon 的智慧商店 Amazon Go

在行動平台上進行廣告行銷外，甚至於等到消費者離開時手機立即自動結帳，自動從 Amazon 帳號中扣款，讓客戶免去大排長龍之苦，享受「拿了就走」的流暢快速消費體驗。

## 5-3 行動裝置線上服務平台

智慧型手機之所以廣受歡迎，就是因為不再受限於內建的應用軟體，透過 App 的下載，擴充未來無限可能的應用。App 是 Application 的縮寫，亦即軟體開發商針對智慧型手機及平板電腦所開發的一種應用程式，App 的範疇包括圍繞於日常生活的各項需求。行動 App 是企業或品牌經營者直接與客戶溝通的管道，有了行動 App，企業就等同於建立自己的媒體，App 市場交易的成功，帶動了如憤怒鳥（Angry Bird）這樣的 App 開發公司爆紅，讓 App 下載開創了另類的行動商務模式，購物商城或網站開發專屬 App 也已成為品牌與網路店家必然趨勢。

◎ 憤怒鳥公司網頁

### 5-3-1 App Store

App Store 是蘋果公司對使用 iOS 作業系統的系列產品，如 iPod、iPhone、iPad 等，所開創的一個讓網路與手機相融合的新型經營模式，iPhone 用戶可透過手機或上網，購買或免費試用裡面 App，App Store 上面的各類 App，都必須事先經過蘋果公司嚴格的審核，確定完全沒有問題才允許放上 App Store 讓使用者下載，加上裝置軟硬體皆由蘋果控制，因此 App 不容易有相容性的問題。目前 App Store 上面已有超過數百萬個 Apps。各位只需要在 App Store 程式中點幾下，就可以輕鬆的更新並且查閱任何 App 的資訊。App Store 除了將所販售軟體加以分類，讓使用者方便尋找外，還提供了方便的金流和軟體下載安裝方式，甚至有軟體評比機制，讓使用者有選購的依據。店家如果將 App 上架 App Store 銷售，就好像在百貨公司租攤位銷售商品一樣，每年付給 Apple 年費 $99 美金，你要上架多少個 App 都可以。

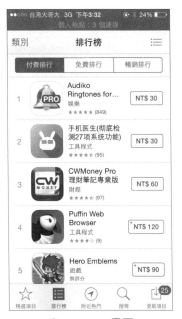

◎ App Store 畫面

**TIPS**

Apple 公司的 iPhone 是使用原名為 iPhone OS 的 iOS 智慧型手機嵌入式系統,可用於 iPhone、iPod touch、iPad 與 Apple TV,為封閉的系統,並不開放給其他業者使用。而最新的 iPhone 14 所搭載的 iOS 16 是一款全面重新構思的作業系統。

## 5-3-2 Google Play

Google 也推出針對 Android 系統所開發 App 的線上應用程式服務平台－ Google Play,透過 Google Play 網頁可以尋找、購買、瀏覽、下載及評級,使用手機免費或付費的 App 和遊戲,包括提供音樂、雜誌、書籍、電影和電視節目…等數位內容。

Google Play 為一開放性平台,任何人都可上傳其所開發的應用程式,Google Play 的搜尋除了比 Apple Store 多了同義字結果以外,還能夠處理錯字,基於 Android 平台的手機設計各種優點,App 的開發將像今日的 PC 程式設計一樣普及,採取開放策略的 Android 系統不需要經過審查程序即可上架,因此進入門檻較低。不過由於 Android 陣營的行動裝置採用授權模式,因此在手機與平板裝置的規格及版本上非常多元,開發者需要針對不同品牌與機種進行相容性測試。

Google Play 畫面

 **TIPS**

Android 是 Google 公佈的智慧型手機軟體開發平台,結合了 Linux 核心的作業系統,擁有的最大優勢就是跟各項 Google 服務的完美整合,不但能享有 Google 上的優先服務,憑藉著開放程式碼優勢,愈來愈受手機品牌及電訊廠商的支持。Android 已成為許多嵌入式系統的首選,目前 Android SDK 的版本已經到 Android 12 的版本,包括應用快捷方式、圖像鍵盤等新增功能,使用者可以自行上網下載。

## 5-4 行動支付熱潮

行動商務的興起將使未來有更多樣化的無店舖銷售型態通路。根據數據顯示消費者已習慣用手機來包辦處理生活中的大小事情,包括行銷、購物與付款,特別是行動支付(Mobile Payment)這個新興商務模式,為零售業帶來相當大的便捷性改變。所謂行動支付是指消費者透過行動裝置對所消費的商品或服務進行款項支付的一種方式,可藉由綁定信用卡、電子票證或是儲值等方式進行支付,很多人以為行動支付就是用手機付款,其實手機只是媒介,平板電腦、智慧手錶,只要可以行動聯網都能做為行動支付。

🔲 目前行動支付模式多到令人暈頭轉向

圖片來源:https://www.womstation.com/archives/10692

自從金管會宣布開放金融機構申請辦理手機信用卡業務開始,行動支付的商機熱潮也正式展開,真正出門不用帶錢包的時代來臨!而目前行動支付主要是以 QR Code、條碼支付與 NFC 三種方式為主。

## 5-4-1 QR Code 支付

在 QR Code 被廣泛應用的時代，商品也可以透過 QR Code 結合行動支付應用，QR Code 行動支付的優點具有製作容易、快速讀取且儲存資料容量大等特性，還能免辦新卡，突破行動支付對手機廠牌的仰賴，不管 Android 或 iOS 都適用，還可設定多張信用卡，等於把多張信用卡放在手機內，購物時只要以手機掃描店內 QR Code 即可付款。QR Code 行動支付有別傳統支付應用，不但可應用於實體與網路商店等傳統型態通路，更能開拓多元化的非傳統型態通路，中華電信推出 QR Code 信用卡行動支付 App－「QR 扣」，與玉山銀行、國泰世華、萬泰銀行、中國信託、元大銀行、台灣銀行、合作金庫及台新銀行等 8 家銀行信用卡合作，只要用手機或平板電腦拍攝商品 QR Code，並串接銀行信用卡收單系統完成付款，就可以輕鬆完成購物。

🖸 玉山銀行 QR Code 行動支付－機在手即拍即付

**TIPS**

QR Code（Quick Response Code）是由日本 Denso-Wave 公司發明的二維條碼，利用線條與方塊所結合而成的黑白圖紋，不但比以前的一維條碼有更大的資料儲存量，除了文字之外，還可以儲存圖片、記號等資訊。QR Code 隨著行動裝置的流行，越來越多企業使用它來推廣商品。因為製作成本低且操作簡單，只要利用手機內建的相機鏡頭「拍」一下，馬上就能得到想要的資訊，或是連結到該網址進行內容下載，讓使用者將資料輸入手持裝置的動作變得簡單。

這就是 QR Code

🖸 QR Code 在行動商務的使用越來越普遍

## 5-4-2 條碼支付

條碼支付不需要額外申請信用卡,支援 Android、iOS 系統,也不需額外申請 SIM 卡,免綁定電信業者,只要下載 App 後,以手機號碼或 Email 註冊,接著綁定手邊信用卡或是現金儲值,付款時將手機出示條碼給店員掃描即可。條碼支付現在最廣泛被用在便利商店,不僅可接受現金、電子票證、信用卡,還與多家行動支付業者合作,包括 GOMAJI、歐付寶、Pi 行動錢包、街口支付、LINE Pay 及 YAHOO 超好付⋯等。

例如 LINE Pay 主要以網路店家為主,將近 200 個品牌都可以支付,LINE Pay 支付的通路相當多元化,越來越多商家加入 LINE 購物平台,可使用信用卡或現金儲值,信用卡只需註冊一次,同時支援線上與實體付款,而且 LINE Pay 累積點數非常快速,許多通路都可以使用點數折抵。至於 PChome Online 旗下的行動支付軟體「Pi 行動錢包」,與 7-ELEVEn、中國信託銀行合作,可以利用 Pi 行動錢包在全台 7-ELEVEn 完成行動支付。

◎ LINE Pay 行動錢包,可以快速累積點數

## 5-4-3 NFC 行動支付－ **TSM 與 HCE**

NFC 感應式支付在行動支付的市場可謂後發先至,越來越多的行動裝置配置這個功能,只要您的手機具備 NFC 傳輸功能,就能向電信公司申請 NFC 信用卡專屬的 SIM 卡,再將 NFC 行動信用卡下載於您的數位錢包中,購物時透過手機感應刷卡,輕輕一嗶,結帳快速又安全。對於行動支付來說,都會以交易安全為優先考量,目前 NFC 行動支付有兩套較為普遍的解決方案,分別是 TSM(Trusted Service Manager)信任服務管理方案與 Google 主導的 HCE(Host Card Emulation)解決方案。

TSM 平台的運作模式主要是透過與所有行動支付的相關業者連線後,使用 TSM 必須更換特殊的 TSM-SIM 卡才能順利交易,NFC 手機用戶只要花幾秒鐘下載與設定 TSM 系統,經 TSM 系統及銀行驗證身分後,將信用卡資料傳輸至手機內 NFC 安全元件(secure element)中,便能以手機進行消費。

◎ 台灣行動支付推出 PSP TSM 平台

**TIPS**

信任服務管理（TSM）是銀行與商家之間的公正第三方安全管理系統，也是一個專門提供 NFC 應用程式下載的共享平台，主要負責中間的資料交換與整合，商家可直接向 TSM 請款，銀行則付款給 TSM，未來的 NFC 手機可以透過空中下載（over-the-air, OTA）技術，將 TSM 平台上的服務下載到手機中。

HCE（主機卡模擬）是 Google 於 2013 年底所推出的行動支付方案，可以透過 App 或是雲端服務來模擬 SIM 卡的安全元件。HCE（Host Card Emulation）僅需 Android 5.0（含）版本以上且內建 NFC 功能的手機，申請完成後卡片資訊（信用卡卡號）將會儲存於雲端支付平台，交易時由手機發出一組虛擬卡號與加密金鑰來驗證，驗證通過後才能完成感應交易，能避免刷卡時卡片資料外洩的風險。

HCE 的優點是不限定電信門號，不用在手機加入任何特定的安全元件，因此無須行動網路業者介入，也不必更換專用 SIM 卡、一機可綁定多張卡片，僅需要有網路連上雲端，降低了一般使用者申辦的困難度。基本上，無論哪一種方案，NFC 行動支付要在台灣蓬勃發展，關鍵還是支援 NFC 技術的手機在台灣能越來越普及才好。

**TIPS**

Apple Pay 是 Apple 的手機信用卡付款方式，只要使用該公司推出的 iPhone 或 Apple Watch（iOS 9 以上）相容的行動裝置，並將自己卡號輸入 iPhone 中的 Wallet App，經過驗證手續完畢後，就可以使用 Apple Pay 來購物，比傳統信用卡來得安全。

## 5-5 行動商務與創新應用

科技是影響企業未來營運的最大革新因素，行動商務的創新發展已經超乎了你我的想像，各種行銷與服務型態日漸擴大，行動行銷更重新詮釋了電商市場行銷型態。同樣是網路行銷，換到行動裝置就是完全不同的戰場，要了解消費者行為，就必須進入其日常情境。行動行銷最重要的目標是在低頭族們快速滑手機的當下，吸引消費者的目光，在短時間內認識品牌訊息或進一步消費。

⊙ 使用 App 行動購物已經成為現代人的流行風潮

　　行動購物族有三高：黏著度高、下單頻率高、消費金額也比一般網路消費者高。對於企業或店家來說，這種利用行動裝置來行銷的策略，將可以為企業業績帶來全新的商業藍海。在投入行動行銷前，思考重心應放在如何滿足與創新客戶的體驗和興趣。

　　當前許多實體零售店想切入行動商務的領域，或是小型品牌商想開拓 App 商機，顯然行動商務的應用程式，已經從過去單純的訊息傳遞，變成引導消費者完成消費過程的行銷工具。為了因應新興行動應用服務模式的演進，許多行動行銷的型態已日新月異，接下來介紹目前幾項最當紅行動商務與科技的創新應用。

## 5-5-1　穿戴式裝置

　　電腦設備的核心技術不斷往輕薄短小與美觀流行等方向發展，備受矚目的穿戴式裝置（Wearables）為行動裝置帶來多樣化的選擇，促使行動商機升溫，被認為是下一世代的最火紅產品。與手機搭配的穿戴式裝置也越來越吸引消費者，就是希望與個人的日常生活產生多元連結。

　　穿戴式裝置未來的發展重點，取決於可攜式與輕便性，簡單的滑動操控介面和創新功能，持續發展出吸引消費者的應用便利性，其中又以腕帶、運動手錶、智慧手錶為大宗。穿戴式裝置的特殊性，並非裝置本身，而是在於所帶來的全新行動商業模式，實際上在倉儲、物流中心等商品運輸領域，早已可見工作人員配戴各類穿戴式裝置協助倉儲相關作業，或同時扮演連結者的角色。

在行動跨螢時代下，資訊的傳送與接收不再只限於單一的載具，各種穿戴式裝置都可以是被傳遞行銷資訊的載體。例如準備用餐的消費者戴著 Google 眼鏡在速食店前停留，虛擬優惠套餐清單立刻就會呈現給他參考，或者透過穿戴式裝置，乘客不必經由車隊客服中心轉接，而是能直接向司機叫車。從消費者的食衣住行著手，開發更多穿戴式裝置工具，而基於更多想像和實踐的可能性，可預期的潛在廣告與行銷收益將不容小覷，目前已有越來越多的企業搭上穿戴裝置的創新列車。

◎ 三星推出時尚實用的穿戴式裝置

> **TIPS**
>
> 所謂的「跨螢」就是指使用者擁有兩個以上的裝置數，遇到要購買商品時會先在手機上瀏覽電商網站的商品介紹，並將商品一一放入購物車，等所有商品選齊後，消費者可以選擇在手機、平板、或在桌上型電腦，到同一個網站、同一個帳號中進行下單動作。

## 5-5-2　擴增實境

寶可夢（Pokemon Go）大概是行動行銷領域中熱門話題之一，每到平日夜晚，各大公園或街頭巷尾總能看到一群要抓怪物的玩家們，整個城市都是狩獵場，各種可愛的神奇寶貝活生生在現實世界中與玩家互動。精靈寶可夢遊戲是由任天堂公司所發行的結合智慧手機、GPS 功能及擴增實境（Augmented Reality, AR）的尋寶遊戲，其實本身仍然是一款手游。只不過比一般的手機遊戲游多了兩個屬性：定址服務（LBS）和擴增實境（AR），也是一種從遊戲趣味出發，透過手機鏡頭來查看周遭的神奇寶貝，再動手捕抓，迅速帶起全球神奇寶貝迷抓寶的熱潮。

⊙ 不分老少對抓寶都為之瘋狂

　　擴增實境是一種將虛擬影像與現實空間互動的技術，能夠把虛擬內容疊加在實體世界上，並讓兩者即時互動，也就是透過攝影機影像的位置及角度計算，在螢幕上讓真實環境中加入虛擬畫面，強調的不是要取代現實空間，而是在現實空間中添加一個虛擬物件，並且能夠即時產生互動。各位應該看過電影鋼鐵人在與敵人戰鬥時，頭盔裡會自動跑出敵人路徑與預估火力，就是一種 AR 技術的應用。

⊙ 鋼鐵人電影中使用了許多擴增實境的技術

從寶可夢成功的運用擴增實境結合了遊戲與實體世界，進而增加消費者與品牌之間的黏著性，最後全面提高行銷效益的方法，大量啟動了 AR 在網路行銷上的應用風潮。目前 AR 運用在各產業間有著十分多元的型態，多數做為企業網路行銷的利器，包括讓用戶隨時隨地掃描與翻譯文字的 App、相片濾鏡，以及讓用戶實境試衣功能等，可以透過手機或其他連網設備，無所不在的抓取更多動態訊息，例如時裝品牌 ZARA 提供消費者另類的店內試衣體驗，只要透過手勢操控，並用手機掃描店舖或網路商店的特定標誌，就能在手機上看到模特兒魔法般的試衣效果，盡情試穿中意的服裝。

ⓩ ZARA 提供消費者另類的店內 AR 試衣體驗

## 5-5-3 虛擬實境

隨著虛擬實境（Virtual Reality Modeling Language, VRML）的軟硬體技術逐漸走向成熟，將為廣告和品牌行銷業者創造未來無限可能，從娛樂、遊戲、社交平台、電子商務到網路行銷，全球又再次掀起了虛擬實境相關產品的搶購熱潮，許多智慧型手機大廠 HTC、Sony、Samsung 等都積極推出新的虛擬實境裝置，創造出新的消費感受與可能的商業應用。不同於 AR 為現有的真實環境添增趣味，VR 則是將用戶帶到全新的虛擬異想世界，享受沉浸式的異想互動體驗，用戶能在虛擬世界中聯繫互動。

例如大夥一同觀看遊戲電競大賽，或是一起參加阿妹現場演唱會。我們知道網路商店與實體商店最大差別就是無法提供產品觸摸與逛街的真實體驗，未來虛擬實境更具備了顛覆電子商務市場的潛力，就是要以虛擬實境技術融入電子商場來完成線上交易功能，這種方法不僅可以增加使用者的互動性，改變了以往 2D 平面呈現方式，讓消費者有真實身歷其境的感覺，大大提升虛擬通路的購物體驗。

儘管網路購物日益普及，大部分消費者還是會希望在購買前親身試用產品，阿里巴巴旗下著名的購物網站淘寶網，將發揮其平台優勢，全面啟動「Buy⁺」計畫引領未來購物體驗，結合了網路購物的便利性，以及實體店面的真實感，向世人展示了利用虛擬實境技術改進消費體驗的構想，戴上連接感應器的VR 眼鏡，直接感受在虛擬空間購物，帶給用戶身歷其境的體驗。不但能讓使用者進行互動以傳遞更多行動行銷資訊，還能

◎「Buy⁺」計畫引領未來虛擬實境購物體驗

增加消費者參與的互動和好感度，同時提升品牌的印象，為市場帶來無限商機，也優化了買家的購物體驗，進而提高用戶購買慾和商品出貨率，由此可見建立個性化的 VR 商店將成為未來消費者購物的新潮流。

## 5-5-4 智慧家電

隨著物聯網與人工智慧科技的發展，網路也開始從手機、平板的裝置滲透至我們生活的各個角落，民眾生活中常用的家電也和過去大不相同，「智慧家電」（Information Appliance）已然成為家家戶戶必備的設備之一。科技不只來自人性，更須適時回應人性，「智慧家電」是從電腦、通訊、消費性電子產品 3C 領域匯集而來，智慧家電訴求的不是酷炫外觀或技能，而是能幫使用者解決生活問題的實用工具。愈來愈多廠商推出各種標榜「智慧家庭」的裝置，未來將從符合人性智慧化操控，能夠讓智慧家電自主學習，並且結合雲端應用的發展，希望能讓使用者自此過著更便利的生活。各位在家透過智慧電視就可以上網隨選隨看影視節目，或是登入社群網路即時分享觀看的電視節目和心得，甚至於透過手機就可以遠端搖控家中的智慧家電。

🎬 掃地機器人是目前最夯的智慧家電

　　智慧家庭（Smart Home）堪稱是利用網際網路、物聯網、雲端運算、智慧終端裝置等新一代技術，智慧型手機成了促成物聯網發展的入門監控及遙控裝置，還可以將複雜的多個動作簡化為一個單純的按鈕、揮手動作，所有家電都會整合在智慧型家庭網路內，可以利用智慧手機 App，提供更為個人化的操控，甚至更進一步做到能源管理。例如家用洗衣機也可以直接連上網路，從手機 App 中進行設定，只要把髒衣服通通丟進洗衣槽，就會自動偵測重量以及材質，協助判斷該用多少注水量、轉速需要多快，甚至用 LINE 和家電系統連線，馬上就知道現在冰箱庫存，就連人在國外，手機就能隔空遙控家電，輕鬆又省事，家中音響連上網，結合音樂串流平台，即時了解使用者聆聽習慣，推薦適合的音樂及網路行銷廣告。

🎬 按下啟動，智慧洗衣機就自動選擇洗衣模式

居家防疫時間一久，人們更頻繁打掃家中環境，便利一直是消費者最關心的議題，談到智慧家庭與消費之間的連動應用，可以透過每家每戶的智慧家庭平台各種裝置聯網的數據，掌握用戶即時狀態及習性，從使用情境出發，讓使用者有感，進一步用 AI 科技打造專屬自己的行銷利基市場，提供精準廣告或導購訊息來行銷產品。網路所串起的各項服務也能替當下情境提供回饋；其中記錄各種時間、使用頻率、用量及使用者習慣的特點也發展出了另一種行銷手法。例如聲寶公司首款智能冰箱，就具備食材管理、App 下載等多樣智慧功能。只要使用者輸入每樣食材的保鮮日期，當食材快過期時，會自動發出提醒警示，未來若能透過網路連線，也可透過電子商務與網路行銷，讓使用者能直接下單採買食材。

# 元宇宙與電子商務

隨著互聯網、AI、AR、VR、3D 與 5G 技術的高度發展與到位,科幻小說家筆下的元宇宙(Metaverse)構想距離實現也愈來愈近。元宇宙(Metaverse)的概念最早出自 Neal Stephenson 於 1992 年所著的科幻小說《潰雪》(Snow Crash)。在這個世界裡,用戶可以成為任何樣子,主要是形容在「集體虛擬共享空間」裡,每個人都在一個平等基礎上建立自己的虛擬化身(avatar)及應用,透過這個化身在元宇宙裏面從事各種活動,例如可以工作、朋友相聚、看演唱會、看電影等,就和在真實世界中的生活一樣,只是在虛擬平行的宇宙中發生。談到元宇宙,多數人會直接聯想到電玩遊戲,因為目前元宇宙概念多從遊戲社群延伸,玩家不只玩遊戲本身,虛擬社交行為也很重要,不少角色扮演的社群遊戲已具備元宇宙的雛形,讓虛擬世界與實體世界間那條界線更加模糊。

元宇宙可以看成是一個與真實世界互相連結、與多人共享的虛擬世界,今天人們可以使用高端的穿戴式裝置進入元宇宙,而不是螢幕或鍵盤,並讓佩戴者看到自己走進各式各樣的 3D 虛擬世界,元宇宙能應用在任何實際的現實場景與在網路空間中越來越多元豐富發生的人事物。現在人們所理解的網際網路,未來也會進化成為元宇宙,Facebook 的 Mark Zuckerberg 就曾表示「元宇宙就是下一世代的網際網路(Internet),並希望要將 Facebook 從社群平台轉型為 Metaverse 公司。」因為元宇宙是比現在的 Facebook 更能互動與優化你的真實世界,並且串聯不同虛擬世界的創新網際網路模式。

元宇宙可以看成是下一個世代的網際網路
圖片來源:https://reurl.cc/L7yErx

「一級玩家」寫實地描繪了元宇宙世界
圖片來源:https://reurl.cc/emRr4R

　　虛擬與現實世界間的界線日益模糊，已經是不可逆的趨勢，在元宇宙中可以跨越所有距離限制，完成現實中任何不可能達成的事，並且讓品牌與廣告提供足夠好的使用者介面（User Interface, UI）及如同混合實境（Mixed Reality）般真假難辨的沉浸式體驗感，因此也為電子商務與網路行銷領域帶來嶄新的契機。從網路時代跨入元宇宙時代的過程中，愈來愈多企業或品牌都在以元宇宙（Metaverse）技術，來提供新服務、宣傳產品及吸引顧客，品牌與廣告主如果有興趣開啟元宇宙行銷，或者也想打造屬於自己的專屬行銷空間，未來可以思考讓品牌形象，高度融合品牌調性的完美體驗，透過賦予人們在虛擬數位世界中的無限表達能力，創造出能吸引消費者的元宇宙世界。

○ Vans 服飾與 ROBLOX 合力推出滑板主題的元宇宙世界 -Vans World 來行銷品牌

圖片來源：https://reurl.cc/zN8ozQ

**TIPS**

混合實境（Mixed Reality）是一種介於 AR 與 VR 之間的綜合模式，打破真實與虛擬的界線，同時擷取 VR 與 AR 的優點，透過頭戴式顯示器將現實與虛擬世界的各種物件進行更多的結合與互動，產生全新的視覺化環境，並且能夠提供比 AR 更為具體的真實感，未來很有可能會是視覺應用相關技術的主流。

1. 請說明行動商務的定義。

2. 請簡介行動商務的四種特性。

3. 何謂全球定位系統（GPS）？

4. 請簡介行動商務的基本架構。

5. 請簡介 App 的功用。

6. 請簡介定址服務（LBS）。

7. 請描述穿戴式裝置未來的發展重點。

8. 簡單說明 QR Code（Quick Response Code）。

9. 何謂行動支付（Mobile Payment）？

10. QR Code 行動支付的優點有哪些？

11. 試簡述信任服務管理平台（TSM）的功用。

12. 什麼是 Apple Pay ？

13. 請簡述虛擬實境技術（VRML）與其特色。

14. 請簡介擴增實境（AR）。

15. 請簡介元宇宙（Metaverse）。

# 電商網站建立與 App 設計實務

## 06
CHAPTER

» 電商網站製作流程

» UI/UX 新視角

» 開發爆紅 App 的設計腦

» 電商網站成效評估

» 焦點專題：響應式網頁（RWD）

電子商務是涵蓋十分廣泛的商業交易，透過網路的便利性提供新的經營模式來行銷或賺錢，隨著電子交易方式機制的進步，24 小時購物已經是輕鬆平常的消費方式。對企業而言，在越來越多的網路競爭下，網頁與 App 設計、推廣也更為重要，最好能提供購物、學習、新聞等應有盡有的功能，亦即好的網站不只是有動人的內容，網站設計方式、編排和載入速度、廣告版面和表達型態都是影響訪客抉擇的關鍵因素。

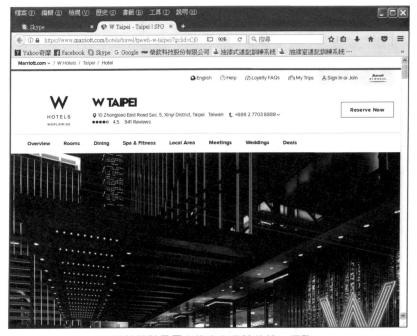

🔘 網站設計是電商集客與吸睛的第一要務

店家或品牌如何開發出符合消費者習慣的介面與系統機制，成為設計電商網站與品牌 App 的一大課題，也是電商從業人員的重要課題。雖然現在的網站與 App 設計都是強調專業分工，可是如果團隊中的每一位成員，都能具有製作與開發的基本知識，對於團隊的合作效率絕對有加分的作用。

**TIPS**

透過瀏覽器在 Web 上所看到的每一個頁面都可以稱為網頁（Web Page），網頁可分為「靜態網頁」與「動態網頁」兩種。若網頁內容只呈現文字、圖片與表格的，就屬於靜態網頁；若 HTML 語法再搭配 CSS 語法等等，不僅能讓網頁產生絢麗多變的效果，還能與瀏覽者進行互動的，就屬於動態網頁。

## ⊘ 6-1 電商網站製作流程

在進行網站建立與企劃前，首先要對網站建置目的、目標顧客、製作流程、網頁技術及資源需求要有初步認識，同時也要考量到頁面佈局及配色的美觀性，讓每位瀏覽的顧客都能對參觀的網站印象深刻。接下來將會對電商網站製作與規劃作完整說明，並提出網站建置完成後的績效評估依據。右圖為網站設計的主要流程結構及其細部內容：

**規劃時期**
- 設定網站的主題及客戶族群
- 多國語言的頁面規劃
- 繪製網站架構圖
- 瀏覽動線設計
- 設定網站的頁面風格
- 規劃預算
- 工作分配及繪製時間表
- 網站資料收集

**設計時期**
- 網頁元件繪製
- 頁面設計及除錯修正

**上傳時期**
- 架設伺服器主機或是申請網站空間
- 網站內容宣傳

**維護更新時期**
- 網站內容更新及維護

### 6-1-1 網站規劃

品牌或店家的網站不只作為一個門面，更是虛擬數位電商的網路入口，在進行網站架設時，網站規劃可以說是網站藍圖，規劃時期是網站建置的先前作業，不論是個人或公司網站，都少不了這個步驟。其實網站設計就好比專案製作一樣，必須經過事先的詳細規劃及討論，然後才能藉由團隊合作的力量，將網站成果呈現出來。

### 🛍 設定網站的主題及客戶族群

「網站主題」是指網站的內容及主題訴求，以公司網站為例，具有線上購物機制或僅提供產品資料查詢就是二種不同的主題訴求。

↗ 具有線上購物機制的商品網站

圖片來源：http://www.momoshop.com.tw/main/Main.jsp

↗ 僅提供商品資料查詢的網站

圖片來源：http://www.acer.com.tw/

「客戶族群」可以解釋為會進入網站內瀏覽的主要對象，這就好像商品販賣的市場調查一樣，一個愈接近主客戶群的產品，其市場的接受度也愈高。如下圖所示，同樣的主題，針對一般大眾或是兒童，所設計的效果就要有所不同。

↗ 高雄市稅捐稽徵處的兒童網站

圖片來源：http://www.kctax.gov.tw/kid/index.htm

↗ 高雄市稅捐稽徵處的中文網站

圖片來源：http://www.kctax.gov.tw/tw/index.aspx

　　雖然我們不可能為了建置一個網站而進行市場調查，但是若能在網站建立之前，先針對「網站主題」及「客戶族群」多與客戶及團隊成員討論，以取得一個大家都可以接受的共識，必定可以讓這個網站更加的成功，同時，也不會因為網站內容不合乎客戶的需求，而導致人力、物力及財力的浪費。

### 多國語言的頁面規劃

在國際化趨勢之下，網站中同時具有多國語言的網頁畫面是一種設計的主流，也能讓搜尋引擎正確將搜尋結果提供給不同語言的用戶。如果有設計多國語言頁面的需求時，也必須要在規劃時期提出，因為產品資料的翻譯、影像檔案的設計都會額外再需要一些時間及費用，先做好詳細規劃才不容易發生問題。如果有提供多國語言的設計，通常都會在首頁放置選擇語言的連結，以方便瀏覽者做選擇。

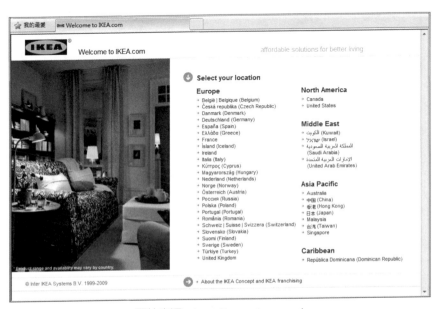

圖片來源：http://www.ikea.com/

**TIPS**

進入網站時所看到的第一個網頁，通稱為首頁，由於是整個網站的門面，因此網頁設計者通常會在首頁上加入吸引瀏覽者的元素，例如動畫、網站名稱與最新消息等等。

### 繪製網站架構圖

店家決定好網站要放哪些主題與頁面後，我們就可以來進一步談談要如何安排網站架構。網站架構圖主要是要讓你把網站內容架構階層化，後續可以根據這個架構，再去規劃如下圖中的組織結構，也可稱為是網站中資料的分類方式，基本上包含了頁首，頁尾，多層選單，側欄、主頁、個別頁面內容和網址，我們可以根據「網站主題」及「客戶族群」來設計出網站中需要哪些頁面來放置資料。

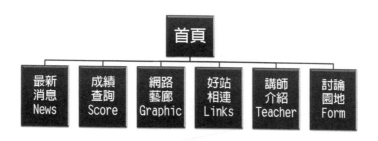

# 網站架構圖

　　除了應用在網站設計以外，網站架構圖同時也是導覽頁面中連結按鈕設計的依據，當各位進入到網站之後，就是根據頁面上的連結按鈕來找尋資料頁面，所以一個分類及結構性不完備的網站架構圖，不僅會影響設計過程，也連帶會影響到使用者瀏覽時的便利性。至於選單（menu）是導引用戶於不同網頁的重要指引功能，可以區分為主選單和子選單，當網站有許多頁面時，用選單來妥善收納整理，對於用戶體驗可以造成好的效果。一般來說，選單不會超過三層，從首頁進來的消費者才能盡快到達所需要的頁面。

實用的導覽列，有助於網友了解網站架構及瀏覽資料

圖片來源：http://www.kcg.gov.tw/

## 瀏覽動線設計

　　瀏覽動線就像是車站或機場中畫在地上的一些彩色線條，這些線條會導引各位到想要去的地方而不會迷失方向。不過網頁上的連結就沒有這些線條來導引瀏覽者，此時連結按鈕的設計就顯得非常重要。

↗ 只有垂直連結順序：此種連結順序是將所有的導覽功能放置於首頁畫面，使用者必須回到
首頁之後，才能繼續瀏覽其他頁面，優點是設計容易，缺點則是在瀏覽上較為麻煩，圖中
的箭號就是代表瀏覽者可以連結的方向順序。

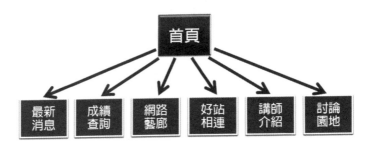

↗ 水平與垂直連結順序：同時具有水平及垂直連結順序的導覽動線設計擁有瀏覽容易的優
點，缺點是設計上較為繁雜。

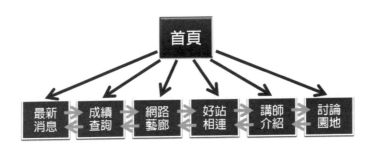

　不管各位想要採用何種設計，都一定要經過詳細的討論與規劃，有些頁面是熱門的明星頁
面，可以成功吸引搜尋流量，而有些頁面並未能成功吸引流量但很可能具有潛力，最好能與熱
門頁面連結，而且除了瀏覽動線的規劃外，在每個網頁中都放置可直接回到首頁的連結，或是
另外獨立設計一個網站目錄頁面，都是不錯的好方法。

### 設定網站的頁面風格

　頁面風格就是網頁畫面的美術效果，這裡可再細分為「首頁」及「各個主題頁面」的畫面
風格，其中「首頁」屬於網站的門面，所以一定要針對「網站主題」及「客戶族群」二大需求

進行設計，同時也相當強調美術風格。至於「各個主題頁面」因為是放置網站中的各項資料，所以只要風格和「首頁」保持一致，畫面不需要太花俏。

↗ 首頁

圖片來源：http://www.icoke.hk/

↗ 各主題頁面

　　另外各個頁面中的連結文字或圖片數量則是依據「瀏覽動線」的設計來決定。在此建議各位先在紙上繪製相關草圖，再由店家及團隊成員共同決定。

## 規劃預算

　　預算費用是網站設計中最不易掌控及最現實的部份，不論是架設伺服器或是申請網站空間，還是影像圖庫與請專人設計程式、動畫及資料庫等等，都是一些必須支出的費用。不論如何，各位都要將可能支出的費用及明細詳列出來，以便進行預算費用的掌控。

### 工作分配及繪製時間表

專業分工是目前市場的主流，在設計團隊中每個人依據自己的專長來分配網站開發的各項工作，除了可以讓網站內容更加精緻外，更可以大幅度的縮減開發時間。不過專業分工的缺點是進度及時間較難掌控，也因此在分工完成後，還要再繪製一份開發進度的時間表，將各項設計的內容與進度作詳細規劃，同時在團隊中，也要有一個領導者專司進度掌控、作品收集及與客戶的協調作業，以確保各個成員的作品除了風格一致外，也可滿足客戶的需求。

### 網站內容與資料收集

網站內容絕對會是所有設計過程中最為關鍵的重中之重，以建構一個購物網站為例，商品照片、文字介紹、公司資料及公司 Logo 等，都是必須要店家提供。各位可以根據網站架構中各個頁面所要放置的資料內容，來列出一份詳細資料清單，然後請客戶提供，此時可以請團隊中的領導者隨時和客戶保持連絡，作為成員與客戶之間溝通的橋梁。

需要較多商品資訊及圖片的網站

圖片來源：http://www.nokia.com.tw/find-products/products

## 6-1-2 網站設計

網站設計時期已經進入到網站實作的部份，這裡最重要的是後面的整合及除錯，如何讓客戶滿意整個網站作品，都會在這個時期決定。除了內容主題的文字之外，同時也要考量到頁面

佈局及配色的美觀性，店家都應該透過觀察訪客在網路商店上的活動路線，調整版面設計以方便顧客的瀏覽體驗，讓付款過程更加順暢，每位瀏覽者都能對設計的網站印象深刻。

　　各位在逛百貨公司時經常會發現對於手扶梯設置、櫃位擺設、還有讓顧客逛店的動線都是特別精心設計，就像網站給人的第一印象非常重要，尤其是首頁（Home Page）與到達頁（Landing Page），通常店家都會用盡心思來設計和編排，首頁的畫面效果若是精緻細膩，瀏覽者就更有意願進去了解。以商品網站來看，不外乎是商品類型、特價活動與商品介紹等幾大項，我們可以將特價活動放置在頁面的最上方，以吸引消費者目光，也能在最上方擺放商品類型的導覽按鈕，以利消費者搜尋商品之用。例如導覽列按鈕有位在頁面上端，也有置於左方的布局，另外，許多的網站由於規劃的內容越來越繁複，所以導覽按鈕擺放的位置，可能左側和上方都同時存在，請看以下範例參考：

**TIPS**

網路上每則廣告都需要指定最終到達的網頁，到達頁（Landing Page）就是使用者按下廣告後到直接到達的網頁，到達頁和首頁最大的不同，就是到達頁只有一個頁面就要完成讓訪客馬上吸睛的任務，通常這個頁面是以誘人的文案請求訪客完成購買或登記。

↗ 將導覽列按鈕置於上方的頁面佈局

↗ 將導覽列按鈕置於左側的頁面佈局

做網站設計的時候，色彩也是一個非常重要的設計要點，色彩也是以「專業」特質為配色效果來看，要隨著不同的頁面佈局，而適當的針對配色效果中的某個顏色來加以修正，看看怎樣的顏色搭配，才能呈現網站風格特性，下面就是一些配色的網站範例：

↗ 冷色系給人專業 / 穩重 / 清涼的感覺

↗ 暖色系帶給人較為溫馨的感覺

↗ 顏色對比強烈的配色會帶給人較有活力的感覺

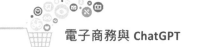

## 6-1-3 網站上傳

網站完成後總要有一個窩來讓使用者可以進入瀏覽，因此網站上傳工作就單純許多，這裡只是將整個網站內容，放置到伺服器主機或是網站空間上。成本及主機功能是這個時期要考量的因素，如何讓成本支出在容許的範圍內，又可以使得網站中的所有功能能夠順利使用，就是這個時期的重點。

目前使用的方式有「自行架設伺服器」、「虛擬主機」及「申請網站空間」等三種方式可以選擇，如果以功能性而言，自行架設伺服器主機當然是最佳方案，但是建置所花費的成本就是一筆不小的開銷。如果以一般公司行號而言，初期採用「虛擬主機」是一個不錯的選擇，而且可以視網站的需求，選用主機的功能等級與費用，將自行架設伺服器主機當作公司中長期的方案，其中的差異請看如附表中的說明。

> **TIPS**
>
> 虛擬主機（Virtual Hosting）是網路業者將一台伺服器分割模擬成為很多台的「虛擬」主機，讓很多個客戶共同分享使用與平均分攤成本，也就是請網路業者代管網站的意思，對使用者來說，就可以省去架設及管理主機的麻煩。網站業者會提供給每個客戶一個網址、帳號及密碼，讓使用者把網頁檔案透過 FTP 軟體傳送到虛擬主機上，如此世界各地的網友只要連上網址，就可以看到網站了。

| 項目 | 架設伺服器 | 虛擬主機 | 申請網站空間 |
|---|---|---|---|
| 建置成本 | 最高<br>（包含主機設備、軟體費用、線路頻寬和管理人員等多項成本） | 中等<br>（只需負擔資料維護及更新的相關成本） | 最低<br>（只需負擔資料維護及更新的相關成本） |
| 獨立 IP 及網址 | 可以 | 可以 | 附屬網址<br>（可申請轉址服務） |
| 頻寬速度 | 最高 | 視申請的虛擬主機等級而定 | 最慢 |
| 資料管理的方便性 | 最方便 | 中等 | 中等 |
| 網站的功能性 | 最完備 | 視申請的虛擬主機等級而定，等級越高的功能性越強，但費用也越高 | 最少 |

| 項目 | 架設伺服器 | 虛擬主機 | 申請網站空間 |
|---|---|---|---|
| 網站空間 | 沒有限制 | 也是視申請的虛擬主機等級而定 | 最少 |
| 使用線上刷卡機制 | 可以 | 可以 | 無 |
| 適用客戶 | 公司 | 公司 | 個人 |

如下所示的網站，就有提供付費的虛擬主機服務的網站。

圖片來源：http://www.nss.com.tw/index.php

圖片來源：http://hosting.url.com.tw/

## 6-1-4 網站維護及更新

電商網站的交易與行銷過程大都是數位化方式，所產生的資料也都儲存在後端系統中，因此後端系統維護管理相當重要。對網站運行狀況進行監控，發現運行問題及時解決，並將網站運行的相關情況進行統計，後端系統必需提供相關的資訊管理功能，如客戶管理、報表管理、資料備份與還原等，才能確保電子商務運作的正常。

網路上誰的產品行銷能見度高、消費者容易買得到，市佔率自然就高，定期對網站做內容維護及資料更新，是維持網站競爭力的不二法門。我們可以定期或是在特定節日時，改變頁面的風格樣式，這樣可以維繫網站帶給瀏覽者的新鮮感。而資料更新就是要隨時注意的部份，避免商品在市面上已流通了一段時間，但網站上的資料卻還是舊資料的狀況發生。

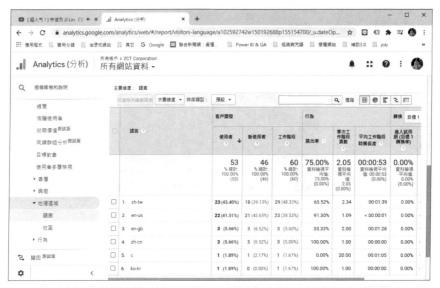

GA 會提供網站流量、訪客來源、行銷活動成效、頁面拜訪次數等訊息

網站內容的擴充也是更新的重點之一，網站建立初期，其內容及種類都會較為單純。但是時間一久，慢慢就會需要增加內容，讓整個網站資料更加的完備。對於已經運行一段時間的網站，則可以透過 Google Analytics（GA）知道哪些頁面是熱門頁面。對於一些沒有帶來多少人流的過氣頁面，如果網頁內容已經過時，可以考慮更新或改善該網頁的內容。關於這方面，建議多去參考其他同類型的網站，才能真正的讓網站長長久久。

## 6-2 UI/UX 新視角

電商網站設計趨勢通常可以反映當時的技術與時尚潮流，由於視覺是人們感受事物的主要方式，近來在電商網站的設計領域，如何設計出讓用戶能簡單上手與高效操作的用戶介面式設計的重點，短短數年光陰，因為行動裝置的普及，讓 App 數量如雨後春筍般的蓬勃發展，因此近來對於電商網站與 App 設計有關 UI/UX 話題重視的討論大幅提升，畢竟網頁的 UI/UX 設計與動線規劃結果，扮演著能否留下用戶舉足輕重的角色，也是顧客吸睛的主要核心依據。

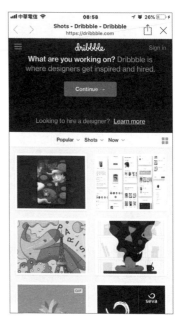

◎ Dribbble 網站有許多最新潮的 UI/UX 設計樣品

### 6-2-1 UI/UX 的集客設計

UI（User Interface，使用者介面）是屬於一種數位虛擬與現實互換資訊的橋梁，也就是使用者和電腦之間輸入和輸出的規劃安排，App 設計應該由 UI 驅動，因為 UI 才是人們真正會使用的部份，我們可以運用視覺風格讓介面看起來更加清爽美觀，因為流暢的動態設計可以提升 UI 操作過程中的舒適體驗，減少因等待造成的煩躁感。

設計時除了維持網站上視覺元素的一致外，盡可能著重在具體的功能和頁面的設計。同時在 App 開發流程中，UX（User Experience，使用者體驗）研究所佔的角色也越來越重要，UX 的範圍則不僅關注介面設計，更包括所有會影響使用體驗的所有細節，包括視覺風格、程式效能、正常運作、動線操作、互動設計、色彩、圖形、心理等。真正的 UX 是建構在使用者的

◎ UI Movement 專門收錄不同風格的 App 頁面設計

需求之上，是使用者操作過程當中的感覺，主要考量點是「產品用起來的感覺」，目標是要定義出互動模型、操作流程和詳細 UI 規格。

全世界公認是 UX 設計大師的蘋果賈伯斯有一句名言：「我討厭笨蛋，但我做的產品連笨蛋都會用。」一語道出了 UX 設計的精髓。通常不同產業、不同商品用戶的需求可能全然不同，就算商品本身再好，如果用戶在與店家互動的過程中，有些環節造成用戶不好的體驗，例如 App 介面內容的載入，一直都是令開發者頭痛的議題，如何讓載入過程更加愉悅，絕對是努力的方向，因為也會影響到用戶對店家的觀感或購買動機。

談到 UI/UX 設計規範的考量，也一定要以使用者為中心，例如視覺風格的時尚感更能增加使用者的黏著度，近年來特別受到扁平化設計風格的影響，極簡的設計本身並不是設計的真正目的，因為乾淨明亮的介面往往更吸引用戶，讓使用者的注意力可以集中在介面的核心訊息上，在主題中使用更少的顏色變成了一個流行趨勢，而且講究儘量不打擾使用者，這樣可以使設計變得清晰和簡潔，請注意！千萬不要過度設計，打造簡單而更加富於功能性的 UI 才是終極的目標。

設計師在設計網站或 App 的 UI 時，必須以「人」作為設計中心，傳遞任何行銷訊息最重要的就是讓人「一看就懂」，所以儘可能將資訊整理得簡潔易懂，不用讀文字也能看圖操作，同時能夠掌握網站服務的全貌。尤其是智慧型手機，在狹小的範圍裡要使用多種功能，設計時就得更加小心，例如放棄使用分界線就是為了帶來一個具有現代感的外觀，讓視覺體驗更加清晰，或者當文字的超連結設定過密時，常常讓使用者有「很難點選」的感覺，適時的加大文字連結的間距就可以較易點選到文字。

文字連結過於密集，很難點選

加大的間距很容易點選到目標物

特別是手機螢幕所能呈現的內容有限，想要將資訊較完整的呈現，那麼折疊式的選單就是不錯的選擇。如下所示，在圖片上加工文字，可以讓瀏覽者知道圖片裡還有更多資訊，可以一層層的進入到裡面的內容，而非只是裝飾的圖片而已。（如左下圖所示）而主選單文字旁有三角形的按鈕，也可以讓瀏覽者一一點選按鈕進入到下層。（如右下圖所示）：

由此路徑可知道目前所在的階層，也方便回到最上層做其他選擇

圖片上加入文字標題和符號，讓使用者知道裡面還有隱藏的內容

折疊式選單，透過三角形的方向，讓使用者知道還有隱藏的內容

## ⏰ 6-3 開發爆紅 App 的設計腦

App 設計的發展已經超越了傳統網頁設計，因為智慧型手機目前已經是取代 PC 的主要上網媒體，給用戶帶來前所未有的體驗，企業想要製作專屬的 App 來推廣公司的產品也並不困難，所謂「戲法人人會變，各有巧妙不同」，要開發一款成功爆紅的 App，關鍵在於是否提供用戶物超所值的體驗與跟消費需求，以下我們將說明 App 的開發設計過程中，助你衝高下載量的四大基本設計技巧。

## 6-3-1 清楚明確的開發主題

主題將會是決定 App 是否暢銷的一個很大因素，App 就跟一般商品一樣，你必須先決定一個方向，App 行銷的核心價值在於「人」，當然希望產品能滿足目標使用者的需求。在開發 App 前，請先想想到底是為誰開發？最後鎖定目標受眾，再決定一個你覺得最有可能成功的主題來製作與發想。簡單來説，就是要打造以目標為導向的 App。

沒有被找到的 App 就沒有價值，App 主題必須留意重點的表達和效果，在用戶使用 App 時，能在最短時間內搜尋到這款產品的用途和特性，特別是在擁有超過幾百萬款 App 的網路商店中挑選實在讓人眼花撩亂，搜尋到想要的 App 並不是一件很容易的事，一個有明確主題的 App，一定會更容易被用戶搜尋。

🔄 成功的 App 首先要明確主題

## 6-3-2 迅速吸睛與容易操作

App 可以説是行動裝置與客戶接觸最重要的管道，尤其是在功能及使用上顯著和網站使用有所不同，不但必須充分理解行動裝置的限制與特性，讓他們更好操作。由於視覺及介面設計是讓用戶打開之後決定 App 去留的關鍵，要盡可能把握黃金 3 秒，成功吸引用戶的目光，特別是從原本的電腦網頁轉變成為 App 時，消費者的耐心也會更少了，各位不妨透過採用一些設計小技巧，減輕等待感所帶來的負面情緒。例如透過放大的字體和更加顯眼的色彩來凸顯，不然他們也不會想從 App Store 或 Google Play 中下載。

開發 App 時，千萬不要用複雜的介面為難用戶，直觀好上手的原則絕對是王道。Yahoo 執行長 Marissa Mayer 提出「兩次點擊原則」（The Two Tap Rule），表示一旦你打開 App，如果要點擊兩次以上才能完成使用程序，就應該馬上重新設計。此外，下載到難用的 App，就像遇到恐怖情人一樣，如果用戶無

🔄 把握黃金 3 秒，成功吸引用戶的目光

法輕易使用你的 App，也絕對不會想長期使用，根據統計，在用戶註冊後不到 3 天時間內，有約 7 成的用戶都選擇了解除安裝。事實上，當用戶下載 App 後，才是與其真正關係的建立，還有複雜的登入流程也可能讓使用者想都不想就直接放棄。

## 6-3-3 簡約主義的設計風格

行動裝置的設計受到不同廠牌間的差異而有所影響，不過手機螢幕的尺寸還是始終有限，因此在 App 設計中，精簡是一貫的準則，現在 App 設計中使用簡約主義風格是主流，容易給人一種「更輕」的體驗，必須想方設法讓用戶的眼睛集中專注在有意義的訊息，因為簡約設計會讓人看起來寧靜清爽，也同時降低了使用者在該介面的導航成本，讓使用者能更舒適直覺地操作 App。

例如太多的色彩也會給用戶以負面影響，所以盡量簡化配色方案，透過真實的背景圖片與簡短的文案互相搭配，也可以簡單而有整體感。從某種意義上説，怎麼從一個操作的小按鈕，到跳出的提醒視窗都能符合這些條件，保留簡單的核心元素才是成功吸引用戶的關鍵，而且要盡量以圖形代替文字，提升用戶體驗。

◎ 簡約主義風格是形式和功能的完美融合

## 6-3-4 做好 ICON 門面設計

在數以百萬 App 當中，通常最能夠在一瞬間，第一時間抓住使用者目光的是什麼？就是 ICON（圖標）。要讓用戶選擇下載的話，ICON 的辨識度和色彩感就變得極為重要了，身為 App 開發者的各位，怎能小看這看似簡單的 ICON 設計？

ICON 是 App 設計的重要元素，可以嘗試轉換成具有商家特色的小圖標，只需搭配簡易的 LOGO，讓用戶更加清晰的了解到該商家的特點，也可以很容易聯想到這支 App 的用途。一個有寓意的圖標或文字都可以成為介面的唯一重點，也是視覺傳達的主要手段之一，當然 ICON 和介面設計的統一性也相當重要。例如以下透過這些代表 App 的臉，用簡潔的一個 ICON 來表現，就能給人一種很舒適立體的感覺，會讓使用者在第一時間內有關聯性的想像，進而從 ICON 感受到該款 App 所要表達特定遊戲的氛圍。

◎ 好的 ICON 是一套受歡迎 App 的吸睛門面

# 6-4 電商網站成效評估

在網路經濟時代，全球電子商務發展並不受景氣影響，讓許多傳統企業老闆都看到一道曙光，國際品牌到個人創業者，投入電子商務經營不僅僅是一股熱潮，而且正改變人們長久以來的消費習慣與企業經營型態。

電商網站的種類與技術不斷地推陳出新，使得電子商務走向更趨於多元化，不可諱言在日趨競爭的現在，電商網站想要獲取每個會員的成本日益增高，因此電商網站經營已經成為極具挑戰性的任務。由於不同性質網站所設定的目標不同，店家對於網站經營結果的評估，往往都是憑藉著自己的感覺來審視冰冷的數據，然而如果透過網站客觀可視的數據，我們更能夠全面了解一家電商網站的成效，因為電商網站設計不只是一種創作，如何在過程中找出關鍵數據，也就是透過商業轉換與績效來做為最後檢驗的標準。以下是我們建議的四項電商網站成效評估指標：

⊙ 電商網站的四項成效評估指標

## 6-4-1 網站轉換率

電商網站首先就是看流量，誰有流量誰就是贏家，無論電商網站的模式如何變，關鍵永遠都是流量，來商店逛逛的人多了，成交的機會相對就較大。流量的成長代表網站最基本的人氣指標，這也是評估有關網站能見度（visibility）一個很重要的因素。由於網路數據具備可偵測性，我們可以透過網站流量（web site traffic）、點擊率（Clicks）、訪客數（Visitors）來判斷。點擊數則是一個沒有實際經濟價值的人氣指標，網站並無法藉由點擊數來賺錢，最多只能增加網站的流量數字。

網站轉換率，也就是流量轉換率（Conversion Rate），是各家電商網站十分重視的一個獲利指標，近年來平均顧客轉換成訂單的比率不斷下降，電商網站的轉換率往往依產業別而異，公式就是將訂單數 / 總訪客數，算出平均多少訪客可以創造出一張訂單，轉換率如果越高，店家才能持續獲利與成長，越能達成期待的獲利目標，在相同流量的情況下，只需要提升轉換率，就可以提升整體收入。

網路商店數據分析是用來衡量網路商店的表現，數據能顯示流量、點擊率、轉化率、交易量、停留時間，過濾用戶行為、追蹤用戶回饋等，因為網路上有許多免費的流量分析統計工具，如果各位想查詢自己或公司網站的流量排名時，建議可以直接採用免費的 Alexa 網站分析工具來對網站做流量分析。

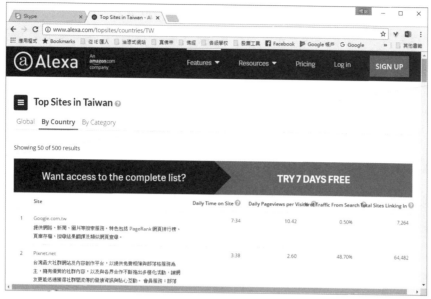

Alexa 也可以查詢網站數據的綜合分析

## 6-4-2 網站獲利率

　　通常電商網站會因為定位跟策略不同，當然在獲利的來源上有著不同的差異性。任何電商網站的最大的價值都在於藉由新的網路交易平台，以增加企業的獲利績效，經營電商網站首重營業額，必須要像開實體店面一般，使用更精確的財務數字來評估經營績效，到底能夠帶進多少訂單或業績來判斷。

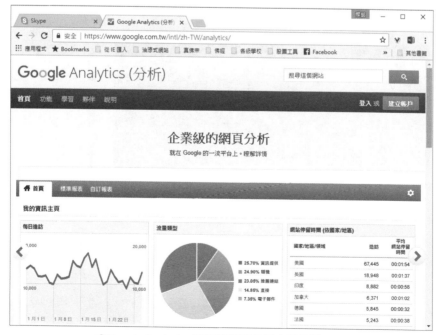

Google Analytics 是網站數據分析人員必備工具

　　網路雖然可以讓產品在極短時間內爆紅，帶來大幅營收成長，但也意味著產品一登上網路，就必須面對數以千計的競爭對手，因為價格競爭因素，而帶來毛利率下滑也是不爭的事實，進而影響獲利目標。畢竟對電商網站而言，總希望把錢花在刀口上，因此必須考量電商網站營運最重要的三個成本，包括平均流量獲取成本、平均會員獲取成本，平均訂單獲取成本，當然最實際的就是網站帶來訂單數的真正網站獲利率（亦即淨利與成本的比率）。

### 6-4-3 網站回客率

　　「得到流量並不代表一切！」現在的電子商務跟以往有很大不同，不少店家剛開始只在乎網路商店能不能為他帶來流量，但往往卻忽略了其他有價值的數據，除了流量之外，保留客戶絕對是各電商網站的第一目標，網站的回客率（Back -off rate）更是重要評估指標之一。正確的集客順序應該是先提升回客率，接著才是招攬新顧客，如何提高回客率是一家網路商店獲利與成效的基礎。店家透過追蹤訪客的行為模式以及他們的背景資料，我們可以找出他們的共同特點，縮小顧客的搜尋範圍，進而導入外部客戶回流並提升新訪客的加入，讓網站不斷的有更多新會員成長壯大，增加網站的購買率。

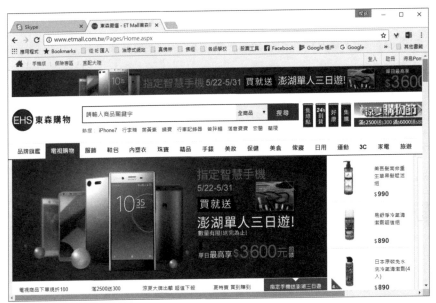

🅐 東森購物網有很高的回客率

## 6-4-4 網站安全性

隨著 E 化時代的來臨，使用電商網站已變成企業重要的獲利工具之一，每個網站或多或少都會有風險因素存在。近年網站使用之安全性屢遭挑戰、個人安全意識的提升，許多消費者在網路上進行瀏覽及交易，最重視的就是網站是否安全，建立網友對網站的信任感與安全的交易環境，也是電商網站成效評估的重要指標之一尤其是電子商務的經營者，網路安全與品牌信譽息息相關，因這會嚴重影響到在網站上進行消費的意願，網站安全漏洞的大量存在，和不斷發現新問題仍是網路安全的最大隱憂。

在安全性方面，評估網站主要的瀏覽動作是否採用 SSL 機制及網站安全漏洞的防護程度，可確保資料在使用者的電腦和網站之間傳輸時，保有完整性和機密性。例如使用者在網站上輸入帳號密碼及下訂單，如果有提供 SSL 安全機制，隱私資料就不容易被人竊聽與盜取。SET 機制較 SSL 更安全，但使用前必須先認證，可以讓使用者先儲存金額至電子錢包中，在網路上消費時再從電子錢包中扣款。一般網站安全漏洞的防護程度則包括架設防火牆（Firewall）、入侵偵測系統、防毒軟體及作業系統、網路伺服器、資料庫，資料外洩與資料損毀問題的危機處理。

# 響應式網頁（RWD）

　　隨著行動交易機制的進步，全球行動裝置的數量將在短期內超過全球現有人口，在行動裝置興盛的情況下，24 小時隨時隨地購物似乎已經是一件輕鬆平常的消費方式，客戶可能會使用手機、平板等裝置來瀏覽你的網站，消費者上網習慣的改變也造成企業行動行銷的巨大變革，如何讓網站可以跨不同裝置與螢幕尺寸順利完美的呈現，就成了網頁設計師面對的一個大難題。

◎ 相同網站資訊在不同裝置必需顯示不同介面，以符合現代消費者需求

　　電商網站的設計當然會影響到行動商務業務能否成功的關鍵，一個好的網站不只是侷限於有動人的內容、網站設計方式、編排和載入速度、廣告版面和表達型態都是影響訪客抉擇的關鍵因素。因此如何針對行動裝置的響應式網頁設計（Responsive Web Design, RWD），或稱「自適應網頁設計」，讓網站提高行動上網的友善介面就顯得特別重要，當行動用戶進入你的網站時，必須能讓用戶順利瀏覽、增加停留時間，也方便的使用任何跨平台裝置瀏覽網頁。

　　響應式網頁設計（RWD）被公認為是能夠對行動裝置用戶提供最佳的視覺體驗，特點是不論在手機、平板或桌上電腦的網址 URL 都是不變，還可以讓網頁中的文字以及圖片甚至是網站特殊效果，自動適應使用者正在瀏覽的手機螢幕大小。由於傳統的網頁設計無法滿足所有的網頁瀏覽裝置，因為每種裝置的限制或系統規範都不相同，當裝置越小時網頁就顯示的越小，此時容易發生難以閱讀的問題。所以在桌上型電腦或平板電腦上所瀏覽的版面，若以智慧型手機瀏覽時，就必須要隨裝置畫面的寬度進行調整。如下圖所示：

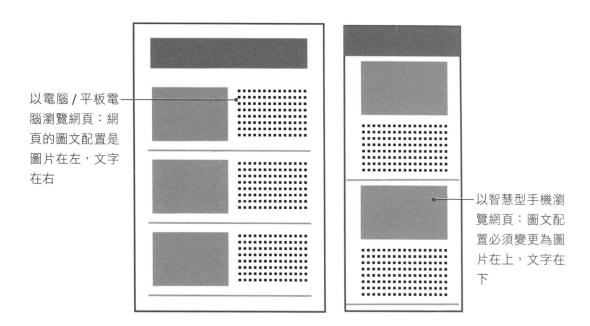

以電腦/平板電腦瀏覽網頁：網頁的圖文配置是圖片在左，文字在右

以智慧型手機瀏覽網頁：圖文配置必須變更為圖片在上，文字在下

響應式網頁設計的原理是使用 CSS，以百分比的方式來進行網頁畫面的設計，在不同解析度下能自動去套用不同的 CSS 設定。簡單來說，就是透過 CSS，可以使得網站透過不同大小的螢幕視窗來改變排版的方式，讓不同裝置（桌機、筆電、平板、手機）等不同尺寸螢幕瀏覽網頁時，整個網頁頁面會對應不同的解析度，不僅手機版本，就連平板電腦如 iPad 等的平台也都能以最適合閱讀的網頁格式瀏覽同一網站。

TIPS

CSS 的全名是 Cascading Style Sheets，一般稱之為串聯式樣式表，其作用主要是為了加強網頁上的排版效果（圖層也是 CSS 的應用之一），可以用來定義 HTML 網頁上物件的大小、顏色、位置與間距，甚至是為文字、圖片加上陰影等等功能。具體來說，CSS 不但可以大幅簡化在網頁設計時對於頁面格式的語法文字，更提供了比 HTML 更為多樣化的語法效果。

過去當我們使用手機瀏覽固定寬度（例如：960px）的網頁時，會看到整個網頁顯示在小小的螢幕上，如果想看清楚網頁上的文字必須不斷地用手指在頁面滑動才能拉近（zoom in）順利閱讀，相當不方便。由於響應式設計的網頁能順應不同的螢幕尺寸重新安排網頁內容，完美的符合任何尺寸的螢幕，並且能看到適合該尺寸的文字，不用一直忙著縮小放大拖曳，不但給使用者最佳瀏覽畫面，還能增加訪客停留時間，當然也增加下單機率。

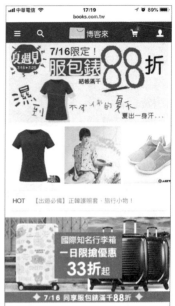

響應式網頁設計相較於手機 App 的最大優勢，RWD 網站一律使用相同的網址和網頁程式碼，同一個網站適用於各種裝置，當然不需要針對不同版本設計不同視覺效果，簡單來説，只要做一個網站的費用，就可以跨平台使用，解決多種裝置瀏覽的問題。App 必須根據不同手機系統（iOS、Android）分別開發，而且設計者一定要先從應用程式商店下載安裝才有辦法使用，加上 App 完成之後需要不定期針對新版本測試，才能讓 App 在新出廠的手機上運作順暢。此外，未來只需要維護及更新一個網站內容，不需要為了不同的裝置設備，再花時間找人編寫網站內容，每次連上網頁都會是最新版本，代表著我們的管理成本也能夠同步節省許多。

## 問題討論

1. 請簡介網頁。

2. 請簡介網站製作流程。

3. 什麼是到達頁（Landing Page）？

4. 請問有哪些常見的架站方式？

5. 何謂虛擬主機（Virtual Hosting）？有哪些優缺點？請說明。

6. 電商網站有哪四項成效評估指標？

7. 請介紹 UI（使用者介面）/UX（使用者體驗）。

8. 請簡介響應式網頁設計（RWD）。

9. 試簡述 CSS 的特色。

10. 請列舉 App 的設計過程中，能夠衝高下載量的四大基本設計技巧。

11. 請簡介 ICON 與 App 開發的重要性？

# MEMO

# 企業電子化與
# 企業資源規劃

**07**

CHAPTER

» 認識企業電子化

» 企業電子化的應用範圍

» 認識企業資源規劃

» ERP 的演進過程

» ERP 系統導入方式

» 焦點專題:台塑集團與企業電子化

電腦與網路科技的蓬勃發展，將資訊科技的應用帶入了企業體系中，透過新興電子化工具與策略的應用，許多企業均開始嘗試將企業內部作業流程最佳化。從早期單純的作為資料處理的工具，到今日支援知識工作，甚至協助高層管理者應用充份資訊來進行決策活動。

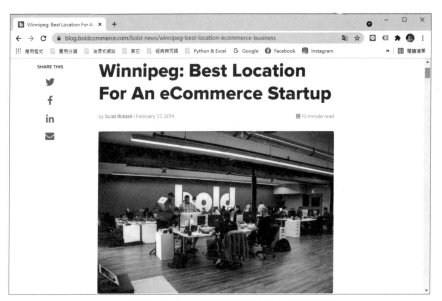

☝企業電子化是企業實行電子商務的重要基礎

圖片來源：https://reurl.cc/oQL4kl

在強調知識經濟的今天，擁有快速、正確、適合自己的資訊是每位現代人所追求的目標，由於資訊科技的進步，企業經營的面向與手法也不斷更新，企業電子化（Electronic Business）就是將企業內部資訊化過程與企業管理融合為一，使經營管理者從中獲得層次及種類不同的經營情報與策略，並且有利於企業電子商務的推行。

當知識大規模的參與影響社會經濟活動，創造知識和應用知識的能力與效率正式凌駕於土地、資金等傳統生產要素之上，就是以知識作為主要生產要素的經濟型態，並且擁有、分配、生產和著重使用知識的新經濟模式，就是所謂的「知識經濟」（Knowledge Economy）。

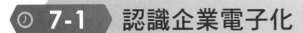

## 7-1 認識企業電子化

21世紀是網路時代,也是電子商務時代。電子商務算是企業電子化的一部分,也就是可以供廠商在網路上完成買賣交易的系統。企業電子化的目標在於提升企業運作效益與擴展商機,包括從內部文件處理,擴張到交易夥伴之間的訊息交換,達到企業內部資源運用更加有效及透明化,更涵蓋改造企業或其上下游商業夥伴間的游供應鏈運作與流程,對於整體產業發展將會產生良好互動與影響,進而提高顧客服務品質。

當企業處在國際經營環境迅速改變過程中,唯有電子化實施的成功,才能夠增加企業接單速度,並與國內外客戶或顧客維持更好的商務關係。綜合來說,企業電子化的願景是以建立「企業創新應用」和「網路化交易環境」為主,並具備以下四種特性。

### 7-1-1 人機整合的呈現

企業電子化(企業e化)系統是一個人機整合系統,必須所有參與的人員及電子化流程都能配合良好,才能運作順利。隨著資訊技術日新月異,資訊環境需要付出相當大的心力進行維護工作,許多電子化系統過份重視電腦硬體,而忽略了人員訓練與溝通,導致人工作業流程失敗與人員反彈,影響整體績效。

企業電子化的功能主要就是在完成企業組織內的「資訊資源管理」(Information Resource Management, IRM)與改善企業內部

作業模式。企業的資訊資源包括「內部檔案式資訊資源」、「內部文件式資源」、「外部檔案式資訊資源」、「外部文件式資訊資源」四種。資訊資源管理(IRM)是指企業組織內相關的資訊資產管理,但是從企業電子化的實施角度來看,IRM則必須包括以下兩項內容:

(1) 資訊科技產品:包括了通訊與電腦及相關軟硬體設備。

(2) 支援與使用資訊科技產品的從業人員:從業人員人員是指包括企業內部的資料提供者、資料處理者、資料使用者、決策者及使用資訊科技產品的相關專業人員,相關工作包括以e化平台整合企業內部各單位,將產品引進、銷售及服務流程的執行,並運用e化平台及相關科技與設備達成各項行銷策略之目標。

## 7-1-2 資訊系統的應用

當企業準備邁入現代化創新經濟體系時，電子化工具的後勤支援將是不可或缺的關鍵因素，例如各種資訊系統的應用扮演了相當重要的角色。所謂資訊系統，最基本的定義就是幫助企業內員工收集、儲存、組織整理及使用資訊的一套機制與軟體系統，從早期單純的作為資料處埋的工具，到今日支援企業電子化工作，使企業得以更快速精確處理相關作業模式，甚至於協助高層管理者應用充份資訊來進行決策活動與創造競爭優勢。以下簡介幾種常見的現代化資訊系統：

⊙ 現代化資訊系統帶動電子商務的發展

圖片來源：https://reurl.cc/kEdgd3

### 管理資訊系統

企業中若不同層級的員工需要存取相同類型的資訊時，將會依照不同的限制規定，讓員工依照權限查閱這些資訊。「管理資訊系統」（Management Information System, MIS）的定義就是在企業與組織內部，將內部與外部的各種相關資料，透過使用電腦硬體與軟體，進行處理、分析、規劃、控制等系統過程來取得資訊，以做為各階層管理者日後決策之參考，並達成企業整體的目標。

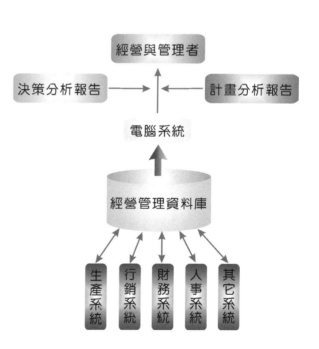

MIS 是「觀念導向」（Concept-Driven）的整合性系統，不像電子資料處理系統（EDPS）著重的是作業效率的增加，MIS 的功用則是加強改進組織的決策品質與管理方法的運用效果，它必須架構在一般電子交易系統之上，利用交易處理所得結果（如生產、行銷、財務、人事等），經由垂直與水平的整合程序，將相關資訊建立起經營管理資料庫（Business Management Database），提供給管理者作為營運上的判斷條件，例如產品銷售分析報告、市場利潤分析報告等等。

## 決策支援系統

「決策支援系統」（Decision Support System, DSS）是針對特定型態的商業資料進行資料收集及匯集報表，並幫助專業經理人制定最佳化的決策，主要是利用「電腦化交談系統」（Interactive Computer-based system）來協助企業決策者使用「資料與模式」（Data and Models）來解決企業內的「非結構化作業」，因此必須結合第四代應用軟體工具、資料庫系統、技術模擬系統、企業管理知識於一體，形成以知識資料庫（Knowledge Database）為基礎的資訊管理系統。

> **TIPS**
>
> 通常企業中的作業模式有以下兩種：
> - 結構化作業：目標明確，有一定規則可循，偏向一些日常且有重覆性的工作，例如薪資會計作業、員工出勤記錄、進出貨倉管記錄。
> - 非結構化作業：目標不明確，不能數量化或定型化的非固定性工作，例如公司營運決策、企業行銷策略、產品開發策略。

DSS 包含了許多決策選擇模式，強調的不是決策的自動化，而是提供支援，讓管理者在解決問題的過程中，能夠嘗試各種可行的途徑。也有許多學者將 DSS、MIS 與 EDPS 比擬為一個三角形關係，EDPS 視為資訊科技應用的第一個階段，MIS 則是 EDPS 的延伸系統，而 DSS 則是建立在 MIS 所提供的資訊，並未決策者提供「沙盤推演」（What-if）。如右圖所示：

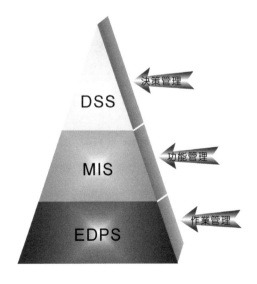

### 專家系統

專家系統是模仿人類利用各式各樣專家解決問題的模式及其所儲存的豐富知識，主要是針對特定領域，集合許多人的專業知識而成。專家系統所需資訊必須具有高度完整的資料庫來完成，稱為知識庫（knowledge base），並藉由知識庫產生獲得新且有價值的資訊，並配合稱為推論引擎（inference engine）的軟體，可以從知識庫中先檢查使用者所提出的需求，然後提供最適當的或是可能的回應訊息。目前常見的專家系統有醫療診斷系統、地震預測系統、環境評估系統等等；例如微軟 Office 軟體中常見的小幫手功能，也可看成一種小型的專家系統。

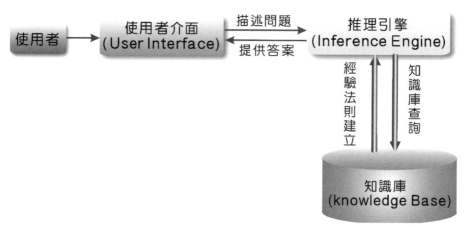

◎ 專家系統運作與結構圖

### 策略資訊系統

「策略」（Strategy）可視為是企業、市場與產業界三方面的共同交集點，而所謂「策略資訊系統」（Strategic Information System, SIS）的功用就是支援企業目標管理及競爭策略的資訊系統，或者可以看成是結合產品、市場，甚至於結合部分有效用的市場競爭利器，例如在 24 小時的 7-ELEVEn 放置的自動櫃員機（ATM），就是增加客戶服務時間與據點的創新策略導向的策略資訊系統（SIS）。

### 主管資訊系統

「主管資訊系統」（Executive Information System, EIS）的功用是使決策者擁有超強且「友善介面」的工具，以使他們對銷售、利潤、客戶、財務、生產力、顧客滿意度股、匯市變動、景氣狀況、市調狀況等領域的資訊，加以檢視和分析各項關鍵因素與績效趨勢，及提供多維分析（multi-Dimension），整合性資料來輔助高階主管進行決策。

## 7-1-3 網路科技的結合

資訊科技與網路通訊技術的結合促成了電子化企業的發展，網際網路的興起更直接解決了許多企業間相互整合上的問題，企業電子化的過程中利用網路科技，使得企業對消費者與企業對其他企業可以傳遞資訊，不僅可以節省採購時間、成本，也可以透過網路的雙向互動，提高客戶更客製化的服務及滿意度。

⊙ 企業電子化透過網路讓上中下游廠商得以充分整合

根據 Malecki（1999）對企業電子化的定義為：運用企業內網路（Intranets）、商際網路（Extranets）及網際網路（Internet），將重要企情報與知識系統與其供應商、經銷商、客戶、員工及合作夥伴緊密結合，發揮更快速的擴張與成長效果。簡單來說，就是企業如何運用網際網路的技術來改善企業的核心商業流程，提升運作效益並擴展商機。

> **TIPS**
>
> 「企業內部網路」（Intranet）則是指企業體內的 Internet，服務對象原則上是企業內部員工，而以聯繫企業內部工作群體為主，達到良好溝通的目的。「商際網路」（Extranet）則是為企業上、下游各相關策略聯盟企業間整合所構成的網路，以便客戶、供應商、經銷商以及其他公司得以存取企業網路的資源。

## 7-1-4 企業願景的導入

企業電子化的重點在於流程的改善，實務上所導入的資訊科技與網路不會直接提供任何商務的行為，因此必須以實現企業願景，運用內部的資金、人才與外部資源的整合，使得企業電子化的經濟價值連帶影響企業獲利的大幅提升。企業首應先行建立企業願景，藉此逐步將電子化企業的藍圖清楚地描繪出來。

台灣積體電路製造股份有限公司（簡稱台積電公司）為我國 IC（積體電路）產業的護國神山，在 1990 時代，台積電善用網路技術的優勢，以「e 化代工」（eFoundry）策略進行為產業垂直整合的願景，透過中央控管的系統建置，整合各商業領域的流程與資訊系統，建立能夠串聯協力廠商、客戶與供應商多樣化的企業電子化系統，進而成為全球最先進及最大的專業積體電路技術及製造服務業者。

## 7-2　企業電子化的應用範圍

　　企業電子化的發展步驟可以視為一個全面性整合與創新的過程，不但可以協助企業達成營運模式的創新，並且成為增加企業未來核心競爭力的利器。企業電子化的應用範圍主要包括了企業流程再造（BPR）、企業資源規劃（ERP）、供應鏈管理（SCM）、顧客關係管理（CRM）、商業智慧與知識管理（KM），分別簡介如下。

### 7-2-1　企業流程再造

　　「企業流程再造」（Business Process Reengineering, BPR）是目前「企業電子化」科學中相當流行的課題，所闡釋的精神是如何運用最新的資訊工具，包括企業決策模式工具、經濟分析工具、通訊網路工具、電腦輔助軟體工程、活動模擬工具等，來達成企業崇高的嶄新目標。簡單地說，就是以工作流程為中心，重新設計企業的經營、管理及運作方式，時時評核新的流程和技術為組織所帶來人事、結構及工作內涵的變化。

　　電子商務改變了傳統的商務流程，給企業流程再造提供運用的舞台，企業再造工程的目的是為了因應企業競爭環境不斷變遷，傳統企業所隱藏的不景氣問題，須靠企業流程再造以降低營運成本、提昇產業競爭力、提高客戶滿意度來永續經營。這個目標不僅是單單改善企業中的任何作業流程，還要嘗試利用資訊科技將企業內部的結構性與非結構性業務通盤改變，最後並以績效及產能為最終目標，任何的策略與改革措施的成敗，與組織領導的配套有莫大的關聯，因此要精進企業體質，以組織核心能力為焦點，針對運作流程與組織績效，同時對組織領導模式進行再造工程。

## 7-2-2 企業資源規劃

　　「企業資源規劃」（Enterprise Resource Planning, ERP）是屬於企業資訊軟體的解決方案，可以將企業行為用資訊化的方法來規劃管理，並提供企業流程所需的各項功能，配合企業營運目標，將企業各項資源整合，以提供即時而正確的資訊。ERP 會根據企業架構來運作，可能包含生產、銷售、人事、研發、財務五大管理功能，其中各個管理功能間可以整合運作，也可以分開獨立作業，甚至可以整合位於不同地理位置的企業單位。例如以往只針對企業的某項功能來進行電子化，而無法提供全面整合性的參考資訊，而 ERP 則可以全面性考量與規劃，並提供全方位的最新資訊讓決策者或專業經理人參考。

## 7-2-3 供應鏈管理

　　「供應鏈管理」（Supply Chain Management, SCM）是企業與其上下游的相關業者所構成的整合性系統，包含從原料流動到產品送達最終消費者手中的整條鏈上的每一個組織與組織中的所有成員，形成了一個層級環環相扣的連結關係，目的是在一個令顧客滿意的服務水準下，使整體系統成本最小化。

　　供應鏈管理的目標是在提昇客戶滿意度、降低公司的成本及企業流程品質最佳化的三大前提下，利用電腦與網路科技對供應鏈的所有環節，以有效組織方式進行綜合管理，對於買方而言，能降低成本，提高交貨的準確性；對於賣方而言，能消除不必要的倉儲與節省運輸成本，強化企業供貨的能力與生產力。

## 7-2-4 顧客關係管理

　　贏得一個新客戶所要花費的成本，幾乎就是維持一個舊客戶的五倍。而與客戶保持良好關係與互動的公司，通常能夠加強與客戶的關係緊密度，也能夠獲得更多的獲利回饋。「顧客關係管理」（Customer Relationship Management, CRM）就是建立一套資訊化標準模式，大量收集且儲存客戶相關資料，加以分析管理客戶資訊與改善顧客關係，提高企業效益涵蓋，並且涵蓋售前到售後的整個商業交易流程。也就是說，引入 CRM 系統時，不但應該全面整合包括行銷、業務、客服、電子商務等部門，主動了解與檢討客戶滿意的依據，並適時推出滿足客戶個人的商品，進而達成促進企業獲利的整體目標。例如零售業可將顧客關係管理系統（CRM）與進銷存系統整合，製造業則可將 CRM 與訂單、生產、進出貨、倉儲管理等子系統加以整合。

### 7-2-5 商業智慧

「商業智慧」（Business Intelligence, BI）是企業決策者決策的重要依據，屬於資料管理技術的領域。BI 一詞最早是在 1989 年由美國加特那（Gartner Group）分析師 Howard Dresner 提出，主要功用在於能協助管理者進行決策的協助，就是將企業內各種資料轉換、淬取、整合及分析企業內部與外部各資訊系統的資料資，各個獨立系統的資訊可以緊密整合在同一套分析平台，並進而轉化為有效的知識，與企業資源規劃（ERP）不同之處在於 ERP 僅強調企業資源流程的控管；BI 則重視企業分析面，支援企業決策，綜合企業營運與策略，並轉化為定量化分析資訊，進而提供線上報表、業務分析與預測，目的是為了能使使用者能在決策過程中，即時解讀出企業自身的優劣情況。

### 7-2-6 知識管理

由於知識經濟時代的來臨，使得過去追求技術為導向的生產力模式轉型為以創新運用資訊技術、導入知識管理為核心的競爭力模式。「知識管理」（Knowledge Management, KM），就是企業透過正式的途徑獲取各種有用的經驗、知識與專業能力，不僅包含取得與應用知識，還必須加以散布與衡量，讓知識轉變為企業致勝的關鍵，使其能創造競爭優勢、促進研發能力與強化顧客價值的一連串管理活動。

對企業組織而言，「知識」就是每一個員工在工作中所累積的經驗及成果，也是企業組織創造價值與利潤的種子，知識管理的目標在於提升組織的生產力與創新能力，並應用知識管理累積核心知識，通常當企業內部資訊科技愈普及時，愈容易推動知識管理。

## ⏱ 7-3　認識企業資源規劃

面對全球化競爭與企業多角化經營模式的興起，企業整體營運也將隨著產業而變動，原先阻礙商業經營的國界逐漸消弭於無形，企業莫不希望透過資訊科技的協助來提升整體競爭能力。企業資源規劃（ERP）就是利用資訊科技將企業內部各部門包括財務、會計、生產、物料管理、銷售與配銷、人力資源連結整合在一起，讓所有資訊能在線上即時揭露，並做最佳化配置的資訊系統，目的是讓組織內部的人員在一定的權限下，得知各部門的相關資訊，提升企業的營運績效與快速反應能力。

☑ 鼎新電腦是台灣 ERP 系統領導廠商

## 7-3-1 企業實施 ERP 的優點

隨著市場化程度的深化與競爭的日趨激烈，任何企業都十分關注自己的成本、生產效率和管理效能，適時導入企業資源管理系統（ERP），實現企業內部管理與 ERP 整合，可以讓企業更合理地配置企業資源與增強企業的競爭力，導入 ERP 系統的效益可分為有形效益與無形效益，整體來說，企業實施 ERP 具有以下三項優點：

☑ 甲骨文（Oracle）也是世界知名的 ERP 大廠

### 提供更好服務品質

ERP 系統比起傳統資訊系統最大特色便是達成整個企業資訊系統的整合，不僅能夠即時反映出企業資源的使用狀況，增強企業對經營環境與市場改變的快速反應能力，還可以提供客戶更好的服務品質。

### 增進企業員工競爭力

ERP 系統企業各部門間橫向的聯繫有效且緊密，使得管理績效提升，實現管理層對資訊的即時監控和查詢，也可以將各種先進的製造理論和成功的經驗快速移植到企業中來，迅速提高企業的管理水平和人員素質，進而增進企業員工競爭力，一旦員工的平均營業額增加，同樣使得員工們增加對企業的向心力。

### 提升整體作業效率

ERP 系統可以將企業運作過程中涉及到的各種內外部資源進行很好的整合，建立公司的管理體系及運作規範，由系統管理公司運作，具有嚴格的內部控制能力，可重新審視本身的作業流程，並重新思考對資訊系統的需求，並且藉由 ERP 整合的特性，以縮短反應市場需求時間，並可改善公司的存貨週轉率、應收帳款、營業額等與提升整體作業效率。

## 7-4  ERP 的演進過程

由於 ERP 是為了因應全球化經營環境所發展出來的一套資訊管理系統，它是由 1970 年代的「物料需求計畫」（MRP）與 1980 年代的「製造資源規劃」（MRP II）所逐漸演進而成。請看以下 ERP 的演進過程：

### 7-4-1 物料需求計畫

物料需求計畫（Material Requirement Planning, MRP）階段約在 1970 年代，由於消費者的要求產品簡單，需求重點是以大量生產來產生降低成本的目的，當時人工成本低廉，企業的生產管理著重在繁瑣的物料規劃及管理，MRP 的架構是應用在計算材料的需求，著重在用料需求時間點的「供給量」及「需求量」間的關係，在儘量控制庫存的前提下，保證企業生產的正常運行，並以最終「訂單」產品的出貨時間當做最後產出的時間，這種生產模式為多量少樣，需求重點以大量生產來產生降低成本的目的。

由於 MRP 的幫助，可以清楚每一個品項在每一天的需求及供給數量，一方面可以降低採購成本，並考慮現有之庫存狀況，滿足客戶對品質的要求，進而達到生產與出貨過程的順利進行。不過 MRP 系統還是有其功能不足之處，當產品的用量料件品項眾多時，所規劃出來的生產排程就必須調整，而這些規劃及計算的工作相當耗時，因為只考慮生產規劃，而未考量存貨變動的連動性，使其功能上仍然會有所限制。

## 7-4-2 製造資源規劃

製造資源規劃（Manufacturing resources Planning, MRP II）階段約在 1980 年代，當時是以消費者導向的市場成為主流，由於產業競爭加劇，企業產出的產品必須要轉化成利潤，在考慮企業實際產能的前提下，以最小的庫存保證生產計畫的完成。

MRP II 是在物料需求計畫上發展出的一種規劃方法和輔助軟體，主要是應用在所有與製造有關的資源上，以生產計畫為主線，除了必須管控物料外，產能規劃也成為企業管理的重點項目，將物料需求規劃（MRP）的範圍擴大到所有的製造業資源進行統一的計畫和控制，如物料、人力資源、機器設備、產能與資金等，希望可將機器設備及人工的產能資源納入有效的規劃與控制，主要是應用在擴大生產製造資源計畫與控制範圍，以提升製造生產效率或生產力，以達到反應整體企業績效。

## 7-4-3 企業資源規劃

1990 年代中期以後，逐漸的開始跨出區域經營模式，邁向國際化及全球佈局，市場需求的重點轉變為如何滿足顧客多樣化需求，MRP 與 MRP II 已不敷使用，因此架構在 MRP II 的發展基礎上，中大型企業紛紛開始採用強調即時反映與更高層次資源的企業資源規劃系統（ERP）。

ERP 本身是「線上交易處理系統」，除了在製造部門以外，更推廣到其他的企業功能，是一個跨部門、地區的整合工作流程，能將所有的營運資訊納為決策資訊，以提升企業營運資源管理及效能為目標的資訊應用管理工具，最主要功用能夠整合企業內各個功能部門的作業，能夠即時反應整體企業資源的使用狀況，使得企業的管理人能夠做最佳的調配，進而擴大整體的營運績效。

## 7-4-4 第二代企業資源規劃

當進入 21 世紀全球分工年代，網際網路與電子商務蓬勃發展下，企業意識到單單企業內部的資源整合已跟不上全球化競爭的速度，企業競爭也不再是單一企業之間，ERP 必須重

新思考從應用結構與多元化業務功能等諸多方面徹底改變，於是，新一代的管理系統 ERP II
（Enterprise Resource Planning II）因應而生。

ERP II 是 2000 年由 Gartner Group 公司在原有 ERP 的基礎上擴展後提出的新概念，比第一
代的 ERP 更加靈活，相較於傳統 ERP 專注於製造業應用，更能有效應用網路 IT 技術及成熟的
資訊系統工具，協助和優化企業內部和企業之間的協同運作和財務過程，ERPII 在行業的應用
深度更為專業化，ERPII 的應用軟體是依據不同產業特性加以設計與開發，還可整合於產業的
需求鏈及供應鏈中，也就是向外延伸至企業電子化領域內的其他重要流程。

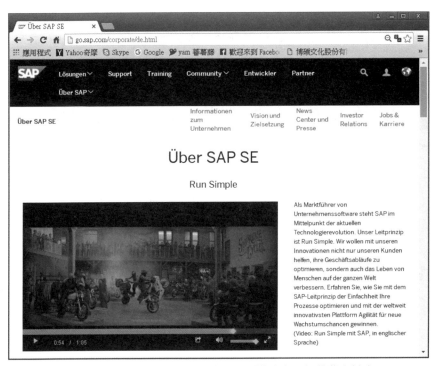

⊙ 思愛普（SAP）是世界知名的 ERP 領導廠商，但收費也較高

## ⏱ 7-5　ERP 系統導入方式

以一個簡單定義來看 ERP，它是一種「企業再造」的解決方案，藉由資訊科技的協助，將
企業的營運策略與經營模式導入以資訊系統為主幹的企業體，進而符合企業策略、組織特性以
及公司文化，以求得最佳利益。大多數 ERP 系統是一套軟體，不過導入 ERP 系統不同於一般導
入的電腦系統，ERP 系統並非只是買套軟體而已，不同行業導入 ERP 會有不同的挑戰和困難。
導入 ERP 系統的時候，必須要站在策略性的角度思考，什麼才是企業真正需要的 ERP 系統，由

於每家資訊廠商的 ERP 系統皆有其本身系統架構，加上各個企業需求上的差異，導入過程從一般現場管理到電子化流程都需要有一套嚴謹的制度，否則根本無法發揮 ERP 系統的效益。通常會以下面三種方式來實施。

## 7-5-1 全面性導入方式

對於一般企業來說，最普遍的方式莫過於全面性導入，將企業內的系統一次淘汰，直接採用整套 ERP 系統，藉由這樣大幅度的改變，調整組織的營運方式與人員編制，在很短時間內完成新舊系統的轉換，產生革命性的效果。好處是一次可以解決所有問題，同步達到企業流程再造的目標。缺點是大規模改變組織體質，也有可能造成企業內部產生嚴重的危機。

## 7-5-2 漸進式導入方式

有些企業不想為了 ERP 導入軟體而全面修改現有流程而採用之，此方式是將系統劃分為多個模組，主要是選擇企業的一個事業單位或部門，每次導入少數幾個模組或一次將所需要的模組導入，好處是可以讓企業逐步習慣新系統的作業方式，等到系統運作順暢後，再開始進行企業全面性的導入，降低不必要的風險，並且可以將導入成功的經驗與資源不斷累積。缺點是必須等待所有部門逐步導入後，才有一套整合性 ERP 系統，可能消耗較多的時間成本。但對於 ERP 經驗不足或資訊部門能力有限的企業，是考慮採行的較佳方式。

## 7-5-3 快速導入方式

在時間就是金錢的產業環境中，企業為了要增加時效性，便會參考相同產業中其他廠商的導入模式，有時候 ERP 系統廠商提供的解決方案並不完全適用，但企業可依據某些作業需求來做規劃，例如選擇導入財務、人事、生產、製造、庫存、配銷系統等部份模組，等到將來有需要時，再逐步將其他模組導入，最後推廣到全公司。好處是可以直接複製其他成功導入的企業模式，缺點是導入的眼光只侷限在單一模組，缺乏整體規劃的風險，可能有見樹不見林的副作用。

# 台塑集團與企業電子化

　　台塑集團除了是台灣石化業的龍頭外,持續不斷多角化發展下,還跨足了電子材料、機械、海陸運、醫療、教育等多角化事業。台塑關係企業源於創辦人王永慶先生對於企業 e 化管理的願景,早期就發現和上下游體系間廠商的作業流程必須進行改造,以提高作業效率,因此大力推動集團 e 化與整合,自民國 67 年開始將管理制度導入電腦作業,迄今擁有四十年的企業 e 化推動與實行的經驗,開發,國內外其他優良廠商加入台塑企業協力廠商的行列,以有效降低交易成本,企業內部對於採購,業務等相關核簽作業也同時進行流程 e 化的工作,除了對台塑企業的營運模式有所改變,還提供比其競爭對手更好的價值給其顧客,在國內製造業中堪稱推動企業電子化管理的先驅。

🔁 台塑網是台塑集團 e 化效果的最佳典範

　　隨著集團規模不斷地擴大，台塑企業在面對上下游供應商、顧客採購、銷售時也曾發生諸多作業流程效率低的問題，因此於 2000 年 4 月成立台塑電子商務網站，簡稱為「台塑網」，由台塑集團旗下的台塑、南亞、塑化、台化總管理處等共同投資成立，將集團累積的企業 e 化管理成功經驗與內含的台塑管理精神，與產業界共同分享。由於台塑企業完善的採購發包管理制度和系統與兼具「實務管理」與「資訊技術」專業能力，實際運作效果良好，而且其公開透明處理方式能吸引更多廠商加入，擁有台灣七千多家的材料供應商及約三千家的工程協力廠商，並且與 IBM、HP 等硬體設備商建立緊密合作關係，協助經銷商管理電腦化，節省營運成本，整合上下游供應鏈間資訊應用，採購商可以擴大詢價基礎，建立緊密連結的客戶及供應商互動關係，透過軟、硬體包裹式服務，客製整套 e 化方案，簡化採購實務流程及作業，提供從「智慧工廠」到「智慧企業」完整解決方案，未來更將放眼全球，提升國際競爭力。

1. 請簡述「企業電子化」的目標。

2. 什麼是知識經濟（Knowledge Economy）？

3. 企業電子化具備哪四種特性？

4. 請簡介管理資訊系統（MIS）的定義。

5. 通常企業中的作業模式有哪兩種？

6. 請介紹專家系統。

7. 請簡介企業內網路（Intranets）、商際網路（Extranets）。

8. 請說明企業資源規劃（ERP）的內容。

9. 什麼是物料需求計畫（MRP）？

10. 何謂企業流程再造（BPR）？試簡述之。

11. 何謂商業智慧（BI）？ BI 與企業資源規劃（ERP）有什麼不同之處？

12. 企業實施 ERP 有哪些優點？

13. ERP 系統導入方式有哪三種？

14. 什麼是製造資源規劃（MRP II）？

# 現代供應鏈管理

**08**

CHAPTER

- » 供應鏈管理簡介
- » 供應鏈管理的類型
- » 供應鏈管理的優點
- » 物流管理
- » 焦點專題：工業 4.0 與供應鏈管理

隨著網際網路的興起，全球市場競爭態勢日趨激烈，過去是企業與企業之間的競爭，到了今天已經延伸為供應鏈對供應鏈的競爭。所謂供應鏈（Supply Chain）是產品從製造端到消費端的過程，包含原物料取得、製造、倉儲以及配送等，範圍包括了上游供應商、製造商到下游分銷商、零售商以及最終消費者等成員。早期供應鏈只要求生產與製造的穩定供貨，其來源是由上、中、下游的合作廠商活動所連接組成的網路結構。

◎ 廣達電腦擁有相當先進的供應鏈管理系統

## 8-1 供應鏈管理簡介

在電子商務高度發展的時代，全球化原物料價格上漲與商品型態的改變，供應鏈將需求導向奉為圭臬，講求速度與反應。當供應鏈內的成員越來越多元時，資訊科技的進步為供應鏈發展帶來助力，供應鏈管理（Supply Chain Management, SCM）被視為提升企業競爭力的重要基礎之一。例如製造業過去以製造成本為考量來規劃供應鏈，使得供應鏈的距離拉得很長，風險也因而提高，然而今日客戶不僅個人化商品的需求增加，更因廠商競爭，商品不斷推陳出新，讓今天的供應鏈管理變得更需彈性與專業。

## 8-1-1 供應鏈管理的定義

供應鏈管理（SCM）在 1985 年由 Michael E. Porter 提出，主要是關於企業用來協調採購流程中關鍵參與者的各種活動，範圍包含採購管理、物料管理、生產管理、配銷管理與庫存管理，乃至供應商等方面的資料予以整合，並且針對供應鏈的活動所作的設計、計畫、執行和監控的整合活動。

由於 SCM 能夠在令顧客滿意的服務水準下，全面透視企業的生產架構，並以市場和客戶需求為導向，清楚了解資源的使用情況，使得整體系統成本最小化，促進企業保持競爭優勢與增加企業未來獲利，藉由供應鏈成員間的有效配合，提升該供應鏈的經營績效與服務水準，使上下游企業形成戰略聯盟。

供應鏈管理系統目的在於運用資訊科技促進企業間資訊物品的快速流通，以提升企業競爭力，最重要的目標在於針對客戶要求快速反應，並做到以客戶為中心來滿足供應鏈最佳化之目標，並且在客戶所指定的時間範圍內，將成品運抵客戶所指定的任何地點。

## 8-1-2 供應鏈管理參考模型

過去幾十年來，企業走向國際化無疑是最重要的發展之一，而這樣的趨勢未來仍將持續發酵。美國供應鏈協會（Supply Chain Council, SCC）提出了供應鏈管理參考模型（Supply Chain Operations Reference Model, SCOR），適合於不同工業領域的供應鏈運作參考，也是第一個標準的供應鏈流程參考模型，將供應鏈的流程區分為五大類，分別是規劃（Plan）、採購（Source）、製造（Make）、配送（Deliver）及退貨（Return）。SCOR 理論基礎是將企業供應鏈活動放入 SCOR 模式中，為供應鏈管理提供一個流程架構，可以確保不同部門和企業間可以用同一種語言溝通，使企業之間能夠準確地交流供應鏈相關問題，客觀地評測其績效，確定績效改進的目標，並影響今後供應鏈管理系統的開發。簡單來說，SCOR 模型可說是建立在以下 5 個作業流程的架構上：

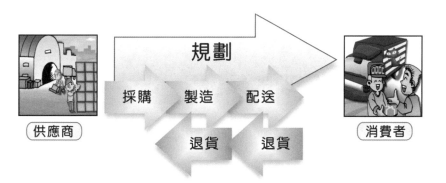

## 規劃

規劃（Plan）作業最主要是制定一個有效計畫來管理所有的資源，以滿足客戶對產品的需求，針對資源、製造、運送、回收這四個模組的供給與需求進行詳細的規劃與流程的控制，包含了評估企業整體產能與資源、製造或採購決策的制定、供應鏈結構設計、總體需求規劃以及針對產品與配銷管道，進行最佳的存貨規劃、配送規劃及生產的規劃與控制等。

## 採購

採購（Source）作業最主要是因應製程所需要的物料庫存，包含了尋找供應商、收料、進料、品檢與發料作業，及建立起一套完整的採購管理、配送和付款流程，例如供應商評估、採購運輸管理、採購品質管理、採購支付業務等，並把對供應商提供的貨品和服務的管理流程結合起來。

## 製造

製造（Make）作業是供應鏈中測量內容最多的部分，最主要是在於控制、規劃整個製造、生產與現場執行的作業流程，包含了領料、產品製造、生產狀況掌握、產品測試與包裝出貨等的生產品質管理流程控制和準備送貨所需的活動。

## 配送

配送（Deliver）作業最主要是指對顧客的訂單處理、倉儲管理及庫存管理等活動，是調整用戶的訂單收據、建立倉庫網、配送品質、運輸方式安排、貨品安裝進度安排、派遣人員提貨，並送貨到顧客手中、接收付款等配送作業與管理流程。

## 退貨

退貨（Return）作業是供應鏈中的問題處理部分，主要是將不良的原物料退回給供應商，及產品被顧客退回的處理方式，接受並處理從客戶返回的產品，處理接收客戶退貨、退換貨、銷毀的相關作業流程。

## ⏱ 8-2 供應鏈管理的類型

相對於企業電子化需求的兩大主軸而言，ERP 是以企業內部資源為核心，SCM 則是企業與供應商或策略夥伴間的跨組織整合，在大多數情況下，ERP 系統是 SCM 的資訊來源，ERP 系統導入與實行時間較長，SCM 系統實行時間較短。

供應鏈管理通常會被歸類為推式或拉式兩種。事實上，推式與拉式的供應鏈各有其策略優勢，不同產業因為產品與市場的不同，也會有不同型態的供應鏈管理方式。不過絕大多數產業的供應鏈還是由「推式」與「拉式」共同組成混合式供應鏈，甚至同一家公司有不同的供應鏈管理：

## 8-2-1 推式供應鏈

「推式供應鏈」（push-based supply chain）模式，又稱庫存導向模式，絕大部份的工廠屬於此種模式，從原物料到成品，直到消費者端都由廠商主導。從行銷的角度來說，先把產品放在連鎖商店的貨架上，再賣給消費者，在通路行銷學上屬於「推動策略」（push strategy）。推式供應鏈的生產預測是以長期預測基礎，反應市場的變動往往會花較長的時間，通常製造商會以從零售商那裡收到的訂單來預測顧客需求。例如以大型量販店所銷售的日用品為例，顧客對這些產品現貨提供的要求具標準化，推式供應鏈最適合滿足這樣的市場需求。

推式供應鏈的優點是有計畫地為一個目標需求量（市場預測）提供平均最低成本與最有效率的產出原則，容易達到經濟規模成本最小化；缺點則在當市場需求不如預期而未能銷貨時，推的越多，庫存的的風險損失就越高，容易造成「長鞭效應」（bullwhip effect）。

所謂長鞭效應是描述在供應鏈環境下，會發生供應鏈成員訂購產品數量隨著供應鏈層級提升而放大的現象，最終顧客的需求透過供應鏈成員間的傳遞，其變異逐漸被增加的現象。也就是把整個供應鏈比喻做一條鞭子，整個供應鏈從顧客到生產者之間，當需求資訊變得模糊而造成誤差時，隨著供應鏈越拉越長，波動幅度愈大，這種波動會造成上游訂貨量及存貨大量積壓，越往上游的供應商情形是越嚴重，尤其在面對全球通路時，越往上游走，訂單變異越大。簡單來說，長鞭效應是來自於對於終端消費資訊的掌握度不足，中上游廠商所面臨的訂單變異遠高於實際需求的變異性，解決之道是將這個鞭子縮得越短越好，透過高效能的供應鏈管理系統，直接降低企業的庫存成本，實現即時回應客戶需求的理想境界。

🛒 **TIPS**

啤酒遊戲（Beer Game）是 1960 年代 MIT 的 Sloan 管理學院發展出來類似大富翁的策略遊戲，經常出現在供應鏈管理課程的策略遊戲，主要是為了讓學習者親身體驗「長鞭效應」的前因後果。由四個小組（一組 1~2 人）分別扮演零售商（retailer）、小盤商（wholesaler）、大盤商（distributor）以及製造商（factory）等供應鏈上下游角色，每個小組都有啤酒庫存、都從上游訂啤酒、都從下游收到訂單，並且把貨賣給下游，遊戲過程模擬角色訂購商品，無論是缺貨或囤貨時會增加不同的成本，而且都會因為需求的小幅波動而對供應鏈庫存波動產生放大影響，遊戲的目的是利潤最大化，透過調整庫存以達到成本最小化，最後將成本加總與其他供應鏈比較，找出成本最低的那一條供應鏈。

## 8-2-2 拉式供應鏈

在「拉式供應鏈」（pull-based supply chain）管理中，必須以顧客為導向，又稱訂單導向模式，當消費者提出需求後才開始生產的模式，也就是要重視所謂實際需求牽引（Demand Pull），而非以預測資料為依據。企業為了確保其所生產出來的成品，是可以被轉化為實質利潤，幾乎可以不用持有存貨，而是根據顧客的需求才進行生產，不過需要有即時生產的準備，否則容易造成缺貨的情況。

在以拉式供應鏈為主的系統中，缺乏推式供應鏈的結構性與規律性，公司不囤積任何的存貨，而只是回應特定的訂單。優點在於可以快速反應消費者的需求，大幅減少庫存量，不會造成長鞭效應；缺點則是客製化服務導致成本過高，無法降低生產成本。

## 8-2-3 混合式供應鏈

拉式與推式基礎的供應鏈並非兩個獨立的生產方式，絕大多數產業的供應鏈是由「推式」與「拉式」兩部份組成的混合式供應鏈，先利用推式基礎的供應鏈來準備半成品，等到顧客進行下單後，再使用拉式基礎的供應鏈來提供客製化的商品。例如戴爾電腦透過良好的供應鏈管理，與供應商達成高度整合，更利用接單後生產模式，讓新產品在最短時間交到客戶手上。

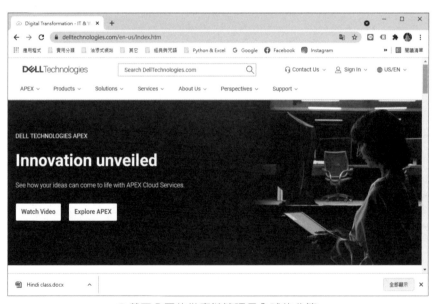

戴爾公司的供應鏈管理是全球的典範

戴爾電腦的組件存貨水準是屬於預期市場需求，在裝配作業前的供應鏈管理系統屬於推式策略，必須事先準備可能會需要的成品或半成品，接到訂單後，再通知供應商送零件來，最後

再依顧客特定要求進行裝配。這部分就屬於拉式供應鏈，此觀念類似「即時生產」方式，是為了要滿足明確的訂單而安排的動作，戴爾電腦的成功就在於整個供應鏈的順暢以及創造供應鏈盈餘的能力。

再以博客來網路書店為例，對於排行榜內的暢銷書部份採用提前進貨維持庫存的方式，當接到客戶訂單即現貨配送的推式供應鏈，另外對較少人詢問的冷門書籍部份，則是接到客戶訂單後再向出版社訂貨的拉式供應鏈。

## 8-3 供應鏈管理的優點

供應鏈管理的目標是在提升客戶滿意度、降低公司的成本及讓企業流程品質最佳化。簡單來說，供應鏈管理使供應鏈成為具有高競爭力的供應鏈系統，會為企業帶來以下三項優點：

### 8-3-1 降低採購成本

在整個供應鏈管理系統中，能夠適時從最適當的供應商中提供精確數量且符合要求的產品，不但能夠有效管理採購部門，更能發展企業整合性之採購策略，提前預估進貨量，縮短供應鏈流程的時間，提高貨品及時的配達率，達到採購成本競爭優勢的目標。

**TIPS**

在供應鏈管理中，經常為了達成某些目標，必須要犧牲額外些目標的情形，這樣的取捨情況稱為互抵效應（Trade-Off Effect）。互抵效應無法完全被消除，但可以盡量減少它的影響，例如在客戶滿意度方面就會遇到服務水準與庫存成本間兩難的互抵效應。

### 8-3-2 減少長鞭效應

由於全球化的趨勢，產業的供應鏈有了結構性的轉變，當發生任何供需變化時，就會造成供需無法協調的情況，而使得供應鏈管理變得更加困難。透過高效能的供應鏈管理系統，直接降低企業的庫存成本，解決長鞭效應的困境。管理階層可以了解整體供應體系的變化及互動關係，有效的傳達市場需求訊息，協助企業預測未來顧客的需求量，對市場能快速反應（quick response），即時回應客戶的需求。

### 8-3-3 提升產銷合作效能

供應鏈競爭的時代，彈性與速度是企業賴以生存的重要關鍵要素，供應鏈取代企業成為競爭單位，強調流程管理與快速回應，可藉由供應鏈管理的參與，將整個供應鏈上的資訊透明化，容易與上下游及供應商間做資訊的交換與整合，有效提高產能與物流通路訊息透明化，也可縮短產品上市時間，整合物流、資訊流與金流，提高貨品即時的配達率，大幅提升產銷合作效能。

> **TIPS**
>
> 「紅色供應鏈」是當前兩岸經貿領域的熱門詞彙，紅色供應鏈發展的環境優勢主要是來自於大陸成為全球第二大經濟體後。在全球電子產業供應鏈的快速發展下，中國大陸政府大力推動在其內部建立完整的產業供應鏈，期望由「世界工廠」的角色轉型為「世界市場」。全球電子產業供應鏈，曾經「非台灣不可」，早期中國大陸有許多的電子零件需要從台灣進口，現在這個體系正在排擠大陸自外採購機件物料的需求，目前台灣現有電子產品線方面難以抵擋紅色供應鏈帶來的威脅，除轉往高毛利的新興產業領域發展外，勢必需要加速轉型與研發能量。

## 8-4 物流管理

物流（logistics）一詞是起源自 1980 年代的西方軍事用語，它是以運輸倉儲為主的相關活動，就是指原料或成品的實體配送與流動，包括實體供應與配送的整個流程。美國供應鏈管理專業協會（CSCMP）對物流管理（Logistics Management）的定義為：「供應鏈管理的一部分，可透過資訊科技，對物料由最初的原料，一直到配送成品，就是指完成製程之產品到消費者端的流通過程。」企業的物流活動是由接到顧客訂貨接單的處理開始，物流管理就是處理包括商品自原料到完成品與送達買方的過程，包括了顧客滿意度、物流活動效率、運輸倉儲與退貨所產生的種種物流相關活動。

### 8-4-1 物流與供應鏈管理

「還要讓我等多久？」、「到底什麼時候會到貨？」是所有電商普遍碰到的頭痛問題，也是網路購物者最在意的問題，它主要跟物流息息相關。物流在現代企業的價值創造、營運改善及費用控制等各方面都扮演了越來越重要的角色。現代企業是否有完善的物流系統架構，並且發

展出良好上下游業者供應鏈夥伴關係，將是目前 21 世紀電子商務的世代中，企業必須面臨的關鍵課題。

供應鏈管理是隨著物流管理的發展而成長，物流可以為企業提供直接或間接的利潤，供應鏈管理中的物流服務，是以配送、貨運代理為基礎，再結合倉儲管理、報關服務、海陸空聯運網路等，成為完整的物流服務系統。

世界知名公司 IKEA 在物流與供應鏈管理的整合策略就是以物流服務為手段，最佳化供應鏈管理為目標，充分達到相輔相成的效果。例如物流策略就是將商品從設計開始就徹底模組化，商品大都屬於配件為主流方式，並採用好運送的平整包裝模式，達到多層疊放的優點，讓消費者可以很方便地搬運及組裝商品，提高了運輸效率和降低運輸成本。

IKEA 更區隔成高低兩種流動型物流中心來存放商品，讓供應鏈的每個環節都徹底發揮最大效率，以最低成本即時供應出貨。IKEA 的採購人員隨時在全世界尋找最合適的供應商，IKEA 也協助供應商作聯合採購，透過密切地與所有供應鏈伙伴間協同合作，提升各服務環節效率，以創造供應鏈管理的最大整體效益。

🔊 IKEA 的物流與供應鏈管理整合相當成功

## 8-4-2 Walmart 的物流管理

經營分布於美歐亞洲等 27 個國家，共有 1 萬 7 百多家門市的零售業巨擘 Walmart，榮登美國 500 強榜首與全球第一大的零售商。隨著經濟全球化和區域化，企業間的競爭更為白熱化，與其說 Walmart 是一個傳統的零售業巨頭，還不如說它是一個現代的物流管理服務業的先驅。

Walmart 主要成功的原因就是以完善物流系統來達到統一採購、配送、行銷的營運模式，並維持與供應商協調的供應鏈管理模式。Walmart 是控制管理費用的專家，高級的倉儲和資訊系統使得它的管理費用降低了 16%，在物流運營過程中盡可能降低成本，以縮短送貨時間，把節省後的成本提供較低價格來吸引顧客。

消費者只要想購物，腦袋中就會出現 Walmart 應有盡有的品牌印象，Walmart 特別提出「一站式購物」（one-stop shopping）概念，讓所有上門的顧客在一家商場即可一次滿足所有需求的購物環境，同時保證了對消費者天天低價的承諾。

當企業面對不斷變化的顧客服務需求，必須改變經營模式來重建顧客關係，由於 Walmart 在物流運輸與配送就已經降低成本了，同時控制倉儲作業及存貨管理，藉由供應鏈創新導入越庫（Cross-Dockin）配銷策略，並建立最大的私人衛星通訊系統，使得全球物流與資訊流能更加有效率，顧客永遠不需要擔心商品缺貨。

## TIPS

越庫效應（Cross-Dockin）通常適用於大型的配銷中心，做法是集合數個供應商運來的不同零件，依客戶需求在特定越庫中心拆解、分類、合併後，依客戶需求直接裝載出貨，而不將商品儲存入固定倉庫的方法，可減少重覆的儲存與搬運工作，節省進出庫的人員與庫存費用。越庫中心扮演著供應流程的協調者及轉運點的中間流通業者，只負責裝卸貨品，不保有存貨。

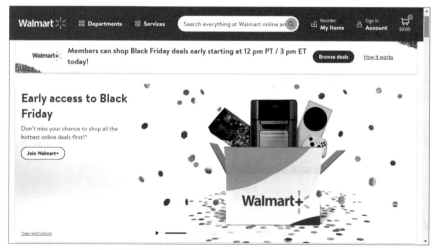
⊕ 成功的物流管理帶來 Walmart 卓越的經營績效

## 8-4-3 全球化運籌管理

　　企業國際化與自由化已經是不可避免的發展趨勢，企業必須思考要如何利用電子商務來進行深度 e 化的效果。未來的競爭絕對會面臨到各個運籌管理體系之間的競爭，而速度就是優勝劣敗的主要關鍵之一，目前已有不少的企業著重在導入全球化運籌管理（Global Logistics Management, GLM）來提升企業整體的競爭力。

　　從分工和整合的角度來看，企業應從全球布局的觀點，思考切入目標市場的整合規劃與全球供應鏈考量等重點。全球化運籌管理（GLM）是一種全球生產與行銷營運的國際化策略，也是跨國界的供應鏈之資源整合模式。當企業的整體供應鏈架構是建立在全球市場這個基礎上時，全球運籌管理系統的建立就變得非常重要，特別是分佈於全球各地的企業身處在不同的產業結構，各自擁有不同的經營模式與市場利基，如何快速回應市場的變化及顧客的需求，保證企業能夠使用最少的生產資源來滿足客戶需求，更成為未來企業的核心競爭力所在。

　　面對全球性的多角化經營與資源分配，企業對於其經營目標與核心競爭力必須適時的加以調整與修正，才能配合全球運籌的運作模式，例如宏碁提倡的『全球品牌、結合地緣』國際化策略，強調企業必須全球性的思考規劃與區域性的執行運作，除了就生產、組裝據點進行全球布局外，更重視如何透過全球化運籌管理，追求具競爭力的製造成本，降低全球庫存，減少關鍵性零組件或，提高存貨周轉率，強調品質穩定的成品供應與迅速反應的營運機制，形成完美的供應鏈體系，以最佳服務行銷產品至全球市場。

⊙ 宏碁電腦的全球化運籌管理相當成功

**TIPS**

一帶一路理念是由中國國家主席習近平 2013 年分別提出建設「絲綢之路經濟帶」（Silk Road Economic Belt）和「21 世紀海上絲綢之路」（21st Century Maritime Silk Road）的構想，簡稱「一帶一路」（One Belt and One Road），是環球經濟發展藍圖，建設貫穿歐亞非的大通道，東邊連接亞太經濟圈，西邊進入歐洲經濟圈，希望建立歐洲亞洲經濟合作夥伴關係，加強不同經濟體之間的聯繫，為 21 世紀提供了促進共享增長、推動持續發展的前瞻方案。「一帶一路」戰略涵蓋全球 26 個國家、44 億人口，國民生產毛額（GDP）規模逾 20 兆美元，例如成立的亞洲基礎設施投資銀行（簡稱亞投行），旨在透過提供貸款給沿路國家，興建道路、鐵路、基建等交通設施，打通區域內互聯互通建設，便利經貿來往，成員國共有 57 個。

一帶一路所涵蓋的地區

圖片來源：https://reurl.cc/D39Ev6

# 工業 4.0 與供應鏈管理

　　德國政府 2011 年提出第四次工業革命（又稱「工業 4.0」）概念，做為「2020 高科技戰略」十大未來計畫之一，工業 4.0 牽動全球產業趨勢發展，雖然掀起諸多挑戰卻也帶來不少商機，面對製造業外移、工資上漲的難題，力求推動傳統製造業技術革新，以因應產業變革提升國際競爭力，特別是在傳統製造業已面臨轉型的今日，連製造業也必須接近顧客才能快速滿足客戶需求，如何活化製造生產效能，工業 4.0 智慧製造已成為刻不容緩的議題。

鴻海推出的機器人 -Pepper

　　工業 4.0 將影響未來工廠的樣貌，智慧生產正一步步化為現實，轉變成自動化智能工廠，供應鏈的重要性大大提高，複雜性也大大加深，開始邁向具有創造價值的策略性採購與供應鏈管理。因為網路、感測元件、電子通訊的技術成熟與成本的降低，讓供應鏈管理（SCM）的進階應用的效果更加具體。

　　工業 4.0 時代是追求產品個性化及人性化的時代，是以智慧製造來推動產品創新，並取代傳統的機械和機器一體化產品，主要是利用智慧化的產業物聯網大量滿足客戶的個性化需求，因為智慧工廠直接省略銷售及流通環節，產品的整體成本比過去減少近 40%，進而從智慧工廠出發，可以垂直的整合企業管理流程、水平的與供應鏈結合，並進階到「大規模訂製」（Mass Production）。

當客戶用智慧手機對企業下單後，智慧工廠根據收到的數據將訂製產品交付給消費者時，就能更輕鬆地得到最符合個人風格的專屬產品，並享有更低的交易成本，將會取代傳統製造業大量生產的商業模式。

工業自動化在製造業已形成一股潮流，電子產業需求急起直追，為了因應全球化人口老齡化、勞動人口萎縮、物料成本上漲、產品與服務生命週期縮短等問題，間接也帶動智慧機器人需求及應用發展。隨著機器人功能越來越多，生產線上大量智慧機器人已經是可能的場景，台灣在工業與服務型機器人兩大範疇，都具有不錯的潛力與發展空間。國內知名的鴻海精密與日本軟體銀行、中國阿里巴巴共同推出全球第一台能辨識人類聲音及臉部表情的人型機器人－Pepper，就是認為未來缺工問題嚴重、產品製造日趨精密，故結合三方產業優勢，深耕與擴展全球市場規模。

1. 請簡述供應鏈（Supply Chain）。

2. 請說明供應鏈管理（SCM）。

3. 試說明推式供應鏈（push-based supply chain）的優缺點。

4. 供應鏈管理參考模型（SCOR）有哪五種流程？

5. 請問供應鏈管理的三種優點為何？

6. 請簡介 ERP 與 SCM 之間的關係。

7. 何謂長鞭效應（Bullwhip Effect）？

8. 什麼是互抵效應（Trade-Off Effect）？

9. 請簡述拉式供應鏈的優缺點。

10. 請說明紅色供應鏈的現況。

11. 請簡述物流管理（logistics management）的定義。

12. 什麼是越庫效應（Cross-Dockin）？

13. 什麼是全球化運籌管理（GLM）？

14. 請簡介一帶一路的願景。

# MEMO

# 顧客關係管理與協同商務

**09**

CHAPTER

　　自從網際網路應用於商業活動以來，改變了全球企業的經營和商業的行銷模式，以無國界、零時差的優勢，提供全年無休的推廣服務。管理大師 Peter F. Drucker 曾經說過，商業的目的不在「創造產品」，而在「創造顧客」，企業存在的唯一目的就是提供服務和商品去滿足顧客的需求。在競爭激烈的電子商務時代，「美好的顧客體驗」背後關鍵就是完善的顧客關係管理（CRM）。

⊙ Amazon 的顧客關係管理系統做得相當成功

　　今日企業要保持盈餘的不二法門就是想方設法保住現有顧客，根據 80/20 法則在行銷上的意義表示，對於企業而言，贏得一個新客戶所要花費的成本，幾乎就是維持一個舊客戶的五倍，留得愈久的顧客，帶來愈多的利益。小部分的優質顧客提供企業大部分的利潤，也就是 80% 的銷售額或利潤往往來自於 20% 的顧客。

## ⊙ 9-1　顧客關係管理簡介

　　面對全球化與網路化的競爭趨勢，從企業的角度來說，獲得顧客資訊與同步記錄樣貌是首要的工作，不論是經營舊顧客，或是接觸潛在新顧客時，店家能夠收集到顧客資料的方式變得愈來愈多，進而可使其從以往「管理」顧客關係的層次，進一步提升到「服務」顧客的層次。顧客的使用經驗透露出許多珍貴的商業訊息，為了建立良好的關係，企業必須不停地與顧客互

動，因此企業越來越重視「顧客關係管理」（Customer Relationship Management, CRM），未來衡量一家企業是否成功的指標，也將不再只是投資報酬率或市場佔有率，而應該是顧客維持率，有效進行顧客關係管理才能真正協助企業創造更多收益。

### 9-1-1 CRM 與差異化行銷

「顧客關係管理」（CRM）是在 1999 年由 Gartner Group 公司提出，強調企業在行銷、銷售及顧客服務的過程中，可透過「顧客關係管理」系統與顧客建立良好的關係。CRM 的定義是指企業運用完整的資源，以客戶為中心，與客戶維持良好的關係，具備更完善的客戶交流能力，透過所有管道與顧客互動，並提供優質服務給顧客，好處不只有降低行銷成本，更是品牌成長的關鍵，也是品牌戰略思維的參考工具。

早期企業面對顧客的方式是採用大眾行銷（Mass Marketing）的方式與態度，亦即運用行銷媒體，針對廣大的顧客群進行行銷活動。而今的網路行銷時代，電子商務成為商業發展的主要趨勢，企業競爭力與經營模式受到來自全球挑戰、產品價格幾近透明、利潤受到嚴重的擠壓時，企業為了提高行銷的附加價值，開始對每個顧客量身打造產品與服務，塑造個人化服務經驗與採用差異化行銷（Differentiated Marketing），蒐集並分析顧客的購買習性，為顧客提供量身定做式的服務。

差異化行銷的效用在於同時選擇數個區隔市場經營，針對不同的市場需求，創造與競爭對手的不同，並考量公司企業的資源條件與既定目標，推出不同產品與服務，讓顧客感覺有所不同，這也是客製化（Customization）服務的一種。

## ⏱ 9-2 顧客關係管理功能

顧客關係管理就是企業藉由與顧客充分地互動，找出顧客的需求並優化銷售前、中、後的服務體驗，將企業與顧客往來的一切互動行為資訊，整合到同一平台集中管理與分析消費行為，藉此了解顧客對品牌滿意度和忠誠度，凡是與顧客互動、顧客服務、以及業務活動有關的功能都包括在內。

從電子商務的角度來說，現代企業已經由傳統功能型組織轉為網路型的全方位組織，主動掌握客戶動態及市場策略，進而鎖定銷售目標及擬定最佳的服務策略。例如吸引消費者加入會員、定期寄送活動簡訊或電子報、紅利點數、購物記錄等，並且透過活動開發潛在客戶，進一

步分析行銷活動效益,創造顧客最高滿意度與貢獻度的行銷模式,以「關係行銷」(Relationship Marketing)做為行銷模式的核心價值,整合社群平台的粉絲網頁,讓行銷管道更加多元化,精準將行銷資源投注於最有價值及發展的客戶群中,來創造企業長期的高利潤營收。

 **TIPS**

> 關係行銷(Relationship Marketing)是指建構在「彼此有利」為基礎的觀念,強調銷售是關係的開始,而非交易的結束,發展出了解顧客需求,而進行顧客服務,以建立並維持與個別顧客的關係,創造顧客最高滿意度與貢獻度的行銷模式,謀求雙方互惠的利益。

CRM 透過不斷地收集與分析客戶資料,協助管理階級進行市場佈局與行銷決策,如果以功能性來看,主要是利用先進的 IT 工具來支援企業價值鏈中的行銷(Marketing)、銷售(Sales)與服務(Service)等三種自動化功能,並根據數據分析來了解會員,確保品牌與客戶的每個接觸環節均給予極佳的服務,為客戶帶來最棒的消費者體驗。請看以下說明:

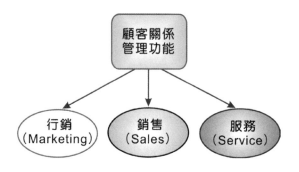

## 9-2-1 行銷自動化功能

CRM 除了是一種管理模式之外,同時也被視為一種行銷模式,過去企業的行銷多以產品生產為導向,認為企業與顧客之間往往只存在交易關係,經過多年來的管理思維演進,企業漸漸發現到,企業在進行策略規劃時,建立健全的顧客關係原來是從行銷開始,例如在適當的時機點自動發送行銷訊息推播,來提醒顧客的優惠票券、點數、贈品、活動即將到期等。吸引新顧客只是行銷過程中的一部分,如何緊緊抓住消費者的心,建立消費者對於企業和商品的忠誠度,才是現代行銷應考慮的重心。

 **TIPS**

> 許多企業希望不斷拓展更多市場,經常把焦點放在吸收新顧客上,卻忽略了手頭上原有的舊客戶,當費盡心思地將新顧客拉進來時,被忽略的舊顧客又從後門悄悄的溜走了,這種現象便造成了「旋轉門效應」(Revolving-door Effect)。

## 9-2-2 銷售自動化功能

企業身處於高度競爭力及快速變化的商業環境中，銷售向來被視為帶動企業營運成長的關鍵成功因素，隨著電子商務的興起，傳統的銷售方式與人員正經歷著新的內部與外部挑戰。

現代銷售人員的主要責任在於管理大量的顧客關係，並且提供顧客在雙方關係裡更多的附加價值，因此銷售人員必須有正確的心態與足夠的知識，來全力配合 CRM 系統與作業流程。由於關係的發展是一個持續不間斷的過程，以往業務人員可能會花許多時間在業務行政工作上，而 CRM 系統的銷售自動化（Sales Force Automation, SFA）功能，能幫助銷售人員快速處理大部分日常工作，以最短時間內快速連結工作記錄、待辦事項與潛在銷售案等，並藉由業務銷售專案及預估客戶需求狀況追蹤。

CRM 系統的目的，不是要來取代銷售人員對顧客的照顧，而是希望幫助銷售人員在正確時刻提供顧客精確的產品或服務，包括經銷商通路管理，一手掌握所有顧客情資，以更加有效率的管理與顧客的關係，將客戶資源轉化成有形的資產，進而達到更多銷售機會的開創，才是最終的王道。

## 9-2-3 服務自動化功能

進入競爭激烈的網路行銷時代中，雖說低價商品是許多顧客的希望，但更多顧客注重服務品質，因此企業應更專注於創造顧客的附加價值，顯示出企業的競爭優勢。顧客的忠誠度往往和售後服務成正比，忠誠的顧客可以買得更多或願意購買更高價的產品。

優質的服務可維繫舊顧客、感動新客源，對顧客而言，優質服務的提供可以滿足消費者在情感面的需求，也可能擴展到消費者實際體驗的價值，顧客有好的購買經驗，當然會增加其對於品牌忠誠度。CRM 系統能協助建立共同平台與服務專屬的整合專頁，簡化跨部門資源溝通協調時間，包括快速回應顧客的抱怨、協助解決顧客問題、個人化諮詢服務、主動監控服務狀況、24 小時電話服務、顧客重要性優先順序處理、快速查詢服務延伸資訊、人力控管等，這些附加價值有助於協助顧客解決問題，企業也可以運用這樣的數據結果為每個消費族群制定出一套專屬的品牌行銷策略，創造出企業營收與獲利的多重價值。

## 9-3 顧客關係管理系統的建立

CRM 系統既是一套方法與制度,也是一套軟體和技術,企業藉由資訊科技的輔助直接接觸到每一位個別的顧客,將對應的管理流程自動化,了解顧客的想法、消費習慣及模式與需求來帶動企業的運作,相對於 ERP、SCM 等系統對企業的效益著重在節流的效果,CRM 系統著重在創造企業營收目標,屬於開源的系統。例如電商網站可從網頁瀏覽記錄得知訪客的個人資訊與購買行為,透過流量來源的特性分析,初期可以了解潛在客戶,提高顧客的滿意度,中期則著重與顧客的互動與溝通,建立客戶的忠誠度,長期則以提高顧客獲利率為目標。

◎ 叡揚資訊是國內顧客關係管理系統的領導廠商

建立顧客關係管理系統對企業而言,是一種變革,也是一種創新,要做好顧客關係管理必須要有一組完整的運作流程,我們建議以下四個步驟:

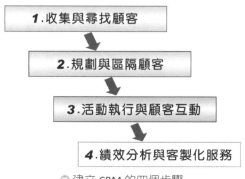

1.收集與尋找顧客

2.規劃與區隔顧客

3.活動執行與顧客互動

4.績效分析與客製化服務

◎ 建立 CRM 的四個步驟

## 9-3-1 收集與尋找顧客

　　企業無論規模大小，成功的關鍵在於能夠做好顧客管理，創造商機與增加獲利。通常顧客管理的重點就是好好的收集客戶資料，經由與客戶接觸獲得資訊，並將資訊予以客製化商業模式及策略運用，例如過去的購買記錄、聯繫資料和客戶人口統計數據、銷售時點系統、企業網站、電話客服中心等來獲取顧客資訊與情報，包括客戶資料、會員制度、紅利點數、購物記錄、退貨／問答記錄等都是屬於 CRM 的一環。顧客管理的範疇很廣泛，從收集尋找客戶來源開始，透過認知、搜尋、比較、下單、付款、取貨等程序，整合、定義與收集顧客的基本資料。

## 9-3-2 規劃與區隔顧客

　　顧客關係管理終極目標是為顧客提供量身定做式的服務。滿足與超越顧客需求是創造顧客價值的重要手段，想要創造顧客價值。首先需要了解顧客的需求與使用經驗，這些相關訊息可能透露出其個性、偏好程度、消費習慣等，同時收集顧客問題與心得，再設計最適當的流程與顧客接觸。當收集會員資料後，電商可以運用「CRM 數據分析」了解客戶喜好，企業透過顧客據分析，針對所有的顧客進行分層化區隔與差異化服務，找出對企業有利的顧客，並建立資訊架構，將顧客的生命週期延長，可以增加客戶留存率，並將利潤最大化，讓公司有更多的獲利。

　　顧客區隔是依照顧客不同的特性、需求及使用經驗或行為區隔，例如針對客戶群做市場調查，吸引最大獲利的潛在客戶，識別並除去無法為企業帶來獲利的顧客，不同區隔的顧客予以不同的待遇，建立完整客戶資料庫，掌握顧客全貌，而使得所有顧客的總價值極大化。

## 9-3-3 活動執行與顧客互動

　　顧客關係管理是透過與顧客的互動，提供顧客有價值之產品、服務或開創價值，為了了解顧客需求，企業必須不斷地與顧客互動，接著擬定互動方案，目的是希望為顧客增值，也許是透過特定活動來獎勵你的客戶或吸引潛在客戶，傳送訊息給相對應的客戶，讓他們覺得與自己切身相關，提高對品牌的好感度，例如折扣代碼、抽獎活動、來店好禮等機制。

　　企業與顧客互動過程中，資料要轉化為有用的資訊，必須有賴於資訊科技的運用，社群媒體也是一種能幫助企業更容易接近客戶與互動的方式之一。例如創建一個 Facebook 粉絲團，不僅能擴大品牌知名度，也是你擴大與客戶或潛在客戶接觸溝通的機會，並且能從中挖掘與聆聽他們的真正需求。

### 9-3-4 績效分析與客製化服務

電商業面臨高度競爭，消費者有太多的選擇，CRM 強調企業的流程設計應該以消費者為導向，而非以產品為導向，外在環境變動速度愈快，就更需要使用 CRM 來輔助企業分析。從企業與顧客之間的互動流程或顧客決策過程中，幫助分析顧客關係管理的有效方法，增加每一個顧客所帶來的利潤，同時在正確的通路與時點上，提供適切的服務給需要的顧客。

顧客關係管理是項長期、牽涉層面廣泛的工作，績效分析是在衡量 CRM 系統與相關策略，以更有效率去執行相關的行銷策略，做為日後改進的依據。例如滿意度是一種客觀或主觀的情緒性反應，顧客滿意度一般是以服務品質為基礎，訂製客製化且專業性的產品和服務，以符合顧客的需要，為顧客提供量身定做式的服務，是顧客關係管理最極致的目標。

## 9-4 顧客關係管理系統的種類

一位成功的電商從業人員不只是要了解顧客的需求、體貼顧客的感受，還必須懂得善用現代的新工具來幫助你更貼近你的顧客。CRM 系統重視與顧客的交流，對企業而言，導入 CRM 系統可以記錄分析所有的客戶行為，同時將客戶分類為不同群組，並調整企業的相關產品線。無論是供應端產品的供應鏈管理、需求端的客戶需求鏈管理，都應該全面整合，包括行銷、業務、客服、產品、市場規劃、電子商務

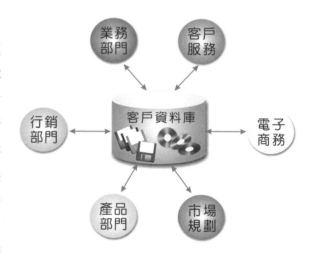

等部門，並在服務客戶的機制與流程中，主動了解與檢討客戶滿意的依據，適時推出滿足客戶個人的商品，進而達成企業獲利的整體目標。

歷經多次演進的 CRM 系統，已能提供企業 360 度的顧客管理視角與最好的客戶交流能力。由於企業常因型態、規模、以及本身的文化異質性等因素，顧客關係管理系統所包含的範圍相當廣泛，就產品所訴求之重點加以區分，可分為操作型（Operational）、分析型（Analytical）和協同型（Collaorative）三大類 CRM 系統，彼此間亦可透過各項機制整合，讓整體效能發揮到最高。

## 9-4-1 操作型 CRM 系統

「操作型 CRM 系統」主要是透過作業流程的制定與管理,即運用企業流程的整合與資訊工具,乃是致力整合企業前、後端與行動辦公室等,協助企業增進其與顧客接觸各項作業的效率,包括銷售、行銷與服務三大功能作業的自動化與供應鏈管理系統等,並以最佳方法取得最佳效果,讓企業在進行銷售、行銷和服務的時候,能夠獲得最好的效果。

## 9-4-2 分析型 CRM 系統

「分析型 CRM 系統」是收集各種與顧客接觸的資料,經過整理、匯總、分析、轉換等資料處理過程,其中要發揮良好的成效有賴於完善的資料倉儲(Data Warehouse),並藉由線上交易處理(OLTP)、線上分析處理(OLAP)與資料探勘(Data Mining)等技術,幫助企業全面了解客戶的需求和滿意度、滿意度、需求等資訊,並提供給管理階層做為決策依據。如果企業已導入完整的 ERP、SCM 等系統,分析型 CRM 系統可以協助企業與客戶之間的各種統計分析資訊,進而找出企業的未來經營管理方向與策略。

**TIPS**

- 線上交易處理(Online Transaction Processing, OLTP)是指經由網路與資料庫的結合,以線上交易的方式處理一般即時性的作業資料,主要用在自動化的資料處理工作與基礎性的日常事務處理,有別於傳統的批次處理,常見例子為航空訂票系統和銀行交易系統。
- 線上分析處理(Online Analytical Processing, OLAP)可被視為是多維度資料分析工具的集合,使用者在線上即能完成關聯性或多維度的資料庫(例如資料倉儲)的資料分析作業並能即時快速地提供整合性決策,主要是提供整合資訊,以決策支援為主要目的。
- 資料倉儲(Data Warehouse)與資料探勘(Data Mining)都是顧客關係管理系統的核心技術,兩者的結合可幫助快速有效地從大量整合性資料中,分析出有價值的資訊,有效幫助建構商業智慧(Business Intelligence, BI)與決策制定。

## 9-4-3 協同型 CRM 系統

「協同型 CRM 系統」是透過一些功能組件與流程的設計,整合企業與顧客接觸與互動的管道,用來建立企業與顧客間超越交易的長期夥伴關係,功能上包含客服中心(Call Center)、網站、Email、社群機制、網路視訊、電子郵件等負責與客戶溝通聯絡的機制,客戶透過企業的多種聯絡管道,目標是提升企業與客戶的溝通能力,同時強化服務的時效與品質。目前國內外運用協同型 CRM 的企業相當多,超過半數是服務業與零售業,例如零售業可將 CRM 系統與進銷存系統整合,尤其是航空公司、餐飲、銀行、3C 量販、保險公司、廣告公司等。

⊙ 王品集團建立了相當完善的服務業顧客關係管理系統

## 9-5　電子商務與資料庫

　　電子商務與資料庫有著密不可分的關係，資訊科技發達的今日，日常生活已經和資料庫產生密切結合。例如網路拍賣要如何讓千萬筆交易順利完成，或者透過手機記錄著他人電話號碼，並能分類與查詢電話等，都是靠資料庫的建置來達成。在早期電腦尚未普及時，企業組織會以紙筆或印刷記錄所有事物文件，例如醫院會將事先設計好的個人病歷表格準備好，當有新病患上門時，就請他們自行填寫，管理人員再依照某種次序（如姓氏或年齡）將病歷表加以分類，並用資料夾或檔案櫃儲存。日後當病患回診時，只要詢問病患的姓名或是年齡，即可快速地從資料夾或檔案櫃中找出病歷表，而這個檔案櫃中所存放的病歷表就是「資料庫」管理的雛型概念。

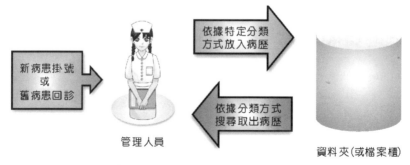

⊙ 病歷表就是一種資料庫管理的雛型概念

人們當初試圖建造電腦的主要原因之一，主要就是用來儲存及管理一些數位化資料清單與資料，這也是資料庫觀念的由來。相信大家一定去 Costco 等大賣場買過東西！只要是一家稍具規模的商店，都會將物品分門別類存放，方便購物時能找到，若以資料庫的特徵來看，商店本身就是一個資料庫。隨著消費市場需求型態的轉變與資訊技術的快速發展，為了要應付現代龐大的網際網路資訊收集與分析，資料庫系統除了提供資料儲存管理之外，還必須能夠提供即時分析結果。

圖書館的管理就是一種資料庫的應用

## 9-5-1 資料庫簡介

資料庫是什麼？簡單來說，就是存放資料的所在。更嚴謹的定義，「資料庫」是以一貫作業方式，將一群相關「資料集」（Data Set）或「資料表」（Data Table）所組成的集合體，並以不重覆的方式儲存在一起。

「資料表」是一種二維的矩陣，縱的方向稱為「欄」（Column），橫的方向稱為「列」（Row），每張資料表的最上面一列用來放資料項目名稱，稱為「欄位名稱」（Field Name），而除了欄位名稱這一列外，通通都用來存放一項項資料，則稱為「值」（Value），如下表所示：

| 姓名 | 性別 | 生日 | 職稱 | 薪資 |
|------|------|------|------|------|
| 李正銜 | 男 | 61/01/31 | 總裁 | 200,000.0 |
| 劉文沖 | 男 | 62/03/18 | 總經理 | 150,000.0 |
| 林大牆 | 男 | 63/08/23 | 業務經理 | 100,000.0 |
| 廖鳳茗 | 女 | 59/03/21 | 行政經理 | 100,000.0 |
| 何美菱 | 女 | 64/01/08 | 行政副理 | 80,000.0 |
| 周碧豫 | 女 | 66/06/07 | 秘書 | 40,000.0 |

在資料表的架構下，每一列記錄就是一筆完整的個人資料，所以也將一列稱為一筆「記錄」（Record）。換句話說，如果以這張個人資料表為例，當我們往下找到 1000 筆記錄，那就表示我們總共收集了 1000 個人的資料。

當然光是一張資料表所能處理的業務並不多，如果要符合各式各樣的業務需求，一般都得結合好幾張資料表才足夠應付。以學校為例，光是學生註冊後選課的業務就至少應該包含學生資料、課程資料、教室資料及老師資料等資料表，彼此之間相互關聯配合才能完成，當我們因

為業務或功能的需求所建立的各種資料表集合,那麼這一堆資料表就可以把它稱為「資料庫」
(Database),如下圖所示:

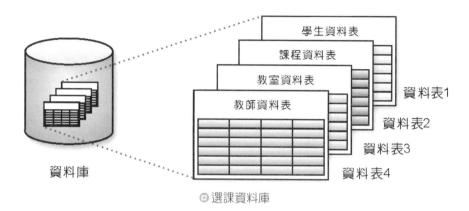

◎ 選課資料庫

談到「資料庫系統」(Database System),就是電腦上所應用的數位化資料庫,一個完整的
資料庫系統須包含儲存資料的資料庫、管理資料庫的「資料庫管理系統」(DataBase Management
System, DBMS)、讓資料庫運作的電腦硬體設備和作業系統,以及管理和使用資料庫的相關
人員。

資料庫管理系統(DBMS)是負責管理資料庫的
軟體,它讓一個資料庫除了具有儲存資料功能外,還
可提供共享資料資源的管理與定義資料庫的結構,讓
資料之間的聯繫能有完整性。使用者可以透過人性化
操作介面進行新增、修改的基本操作,系統也要能提
供各項查詢功能,針對資料進行安全控管機制。如右
圖所示:

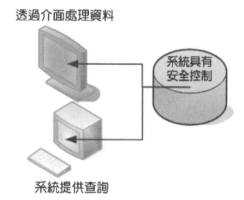

因此資料庫、資料庫管理系統和資料庫系統是三個不同的概念:資料庫提供的是資料的儲
存,資料庫的操作與管理必須透過資料庫管理系統,而資料庫系統提供的是一個整合的環境。

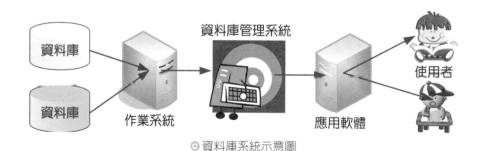

◎ 資料庫系統示意圖

## 9-5-2 資料庫行銷

隨著消費市場需求型態的轉變與資訊技術的快速發展，資料獲取和追溯績效分析改變既有的行銷模式，資料庫對於直效行銷（Direct marketing）來說，是個相當重要的依據。資料庫行銷（Database Marketing）的觀念在近年來受到店家與品牌廣泛的注意，也被視作是「直效行銷」的一個分支。顧客關係管理的策略應用必須藉由資料庫行銷的相關科技來達成，就行銷策略面而言，資料庫行銷是利用資料庫技術，動態地維護顧客名單，並找出顧客行為模式和潛在需求，也就是回到行銷最基本的核心 - 分析消費者行為，用最少的資源或行銷投資，針對不同喜好的客戶，給予不同的行銷文宣以達到企業對目標客戶的需求供應，造成雙贏（Win-win）的行銷結果。

從企業角度來看，清楚鎖定目標市場及有效的與顧客溝通，是企業決策的重要依據；對於傳統大眾行銷而言，行銷是根據顧客的需求來做區隔，而現今的資料庫行銷必須從顧客思考的角度來思考行銷概念，進行深度挖掘與關係維護的行銷方式。資料庫行銷是一套中央資料庫系統，用來蒐集現在或以前顧客的資料，建立起一個資料庫來改善市場行銷的績效。資料庫行銷與顧客關係管理都是針對顧客提供 1 對 1 的互動關係行銷，提供個人化與服務建立忠誠與長期的顧客關係，進而提升企業的競爭優勢創造業績，並整合至 CRM 系統的策略應用。

資料庫行銷系統也能夠將顧客資料庫中未使用的資料轉換成重要的知識，解決之道即是近年來相當流行的資料倉儲與資料探勘技術。一般來說，企業在資訊技術整合程度愈高，則在顧客關係管理上發展資料倉儲（Data Warehouse）與資料探勘（Data Mining）技術，才能做到成功的資料庫行銷。我們都知道消費者的心是善變的，應用資料倉儲與資料探勘技術於資料庫行銷，對企業而言是一種創新技術的導入，從資料庫中發掘出消費者的特徵（包括客戶行銷管道偏好、消費金額、消費時間、消費頻率、消費抱怨等）與產品的銷售特徵，並進行趨勢比較與分析，以提昇企業的競爭力。接下來說明資料倉儲與資料探勘的功用。

## 9-5-3 資料倉儲

企業在變動與競爭的經營環境中，取得正確的資料是相當重要的，累積大量資料的企業，如果沒有適當的管理模式，將會造成資料氾濫。因此為了有效管理運用這些資訊，企業會建立資料倉儲（Data Warehouse）來整合眾多來源的資料與收集資訊以支援管理決策，設計良好的資料倉儲能夠非常快速的執行查詢，並為終端使用者提供充分的資料運用彈性。

資料倉儲於 1990 年由資料倉儲 Bill Inmon 首次提出，就是資訊的中央儲存庫，以分析與查詢為目的所建置的系統，這種系統能整合及運用資料，協助與提供決策者有用的相關情報。建

---

電子商務與 ChatGPT
物聯網・KOL 直播・區塊鏈・社群行銷・大數據・智慧商務

置資料倉儲的目的是希望整合企業的內部資料，並綜合各種外部資料，經由適當的安排來建立一個資料儲存庫，使作業性的資料能夠以現有的格式進行分析處理，讓企業的管理者能有系統的組織已收集的資料，目的是要協助資料從營運系統進而支援如顧客關係管理（CRM）、決策支援系統（DSS）、主管資訊系統（EIS）、銷售點交易、行銷自動化等，最後能快速支援使用者的管理決策。

**TIPS**

- 決策支援系統（Decision Support System, DSS）是一套針對特定型態的商業資料進行資料收集及匯集報表，並幫助專業經理人制定更佳化的決策，主要特色是利用「電腦化交談系統」來協助企業決策者使用「資料與模式」（Data and Models）來解決企業內的「非結構化作業」，強調的不是決策的自動化，而是提供支援，讓管理者在解決問題的過程中，能夠嘗試各種可行的途徑。
- 主管資訊系統（Executive Information System, EIS）主要功用是使決策者擁有超強且「友善介面」的工具，以使他們對銷售、利潤、客戶、財務、生產力、顧客滿意度、股匯市變動、景氣狀況、市調狀況等領域的資訊，加以檢視和分析各項關鍵因素與績效趨勢，及提供多維分析（multi-Dimension）、整合性資料來輔助高階主管進行決策。

資料倉儲是整合性資料的儲存體，僅用於執行查詢和分析，且經常包含大量的歷史記錄資料，能夠適當的組合及管理不同來源的資料的技術，兼具效率與彈性的資訊提供管道。資料倉儲與一般資料庫雖然都可以存放資料，但是儲存架構有所不同，最好能先建立資料庫行銷的資料市集（Data Mart），再建置整合性顧客行銷資料倉儲系統，以了解客戶需求，才能對顧客進行 1 對 1 的行銷活動。建立顧客忠誠度必須先建立長期的顧客關係，而維繫顧客關係的方法即是要建置一個顧客資料倉儲，是作為支援決策服務的分析型資料庫，運用大量平行處理技術，將來自不同系統來源的營運資料作適當的組合彙總分析，通常可使用線上分析處理技術建立多維資料庫（Multi Dimensional Database），有點像試算表的方式，整合各種資料類型後，即可從大量資料中統計、挖掘出有價值的資訊，能夠有效的管理及組織資料，進而幫助決策的建立。

## 9-5-4 資料探勘

資料探勘（Data Mining）則是一種資料分析技術，可視為資料庫中知識發掘的工具。主要利用自動化或半自動化的方法，從大量的資料中探勘、分析發掘出有意義的模型和規則，是將資料轉化為知識的過程，也就是從一個大型資料庫所儲存的大量資料中萃取出用的知識，例如從現有客戶資料中找出特徵，再利用這些特徵到潛在客戶資料庫裡去篩選出可能成為未來客戶的名單，資料探勘技術係廣泛應用於各行各業中，於商業及科學領域都有許多相關應用。

由於資料探勘是整個 CRM 系統的核心，可以分析來自資料倉儲內所收集的顧客行為資料，常會搭配其他工具使用，例如統計、人工智慧或其他分析技術，嘗試在現有資料庫的大量資料中進行更深層分析，由複雜無序的資訊中，找出上網者個人的喜好，發掘出隱藏在龐大資料中的可用資訊，找出消費者行為模式，並且利用這些模式進行區隔市場的行銷。

對於企業界而言，資料探勘的基本理念是假設顧客過去的消費行為，可作為未來採購意願的指標，並作為提供決策過程之用，例如零售業者可以更快速有效的決定進貨量或庫存量。資料倉儲與資料探勘的結合可幫助建立決策支援系統，以便快速有效的從大量資料中，分析出有價值的資訊，幫助建構商業智慧與決策制定。

## 9-6 協同商務簡介

隨著商業環境不斷快速變遷與 B2B 的發展日益成熟，在 e 化浪潮競爭激烈的環境中，善用企業資源，降低營運成本，鞏固上下游顧客關係，協調企業間眾多複雜的業務往來關係，將會是企業能否成功的關鍵因素。

協同商務（Collaborative Commerce）被看成是下一代的電子商務模式，不論是企業資源規劃（ERP）、供應鏈管理（SCM）、顧客關係管理（CRM），目前都無法單獨滿足企業對快速回應市場的迫切需求，因為不僅要考慮內部員工能力和部門資源的集成，還要考慮與其他夥伴企業的協作，實現流程的跨組織化，以便共同提高對顧客的反應速度，必須將所有知識系統工具整合起來以達資訊共享的應用。

⊙ 裕隆日產汽車的協同商務工作相當成功

### 9-6-1 協同商務的定義

協同商務（Collaborative Commerce）興起於 90 年代後期，早期主要針對製造業，依照參與者的不同，可分為兩種：一種是屬於企業內部資源的協同，另一種則是指企業內外資源的協同。Gartner Group 公司在 1999 年對協同商務提出的定義為，企業可以利用網路的力量整合內部與供應鏈，包括顧客、供應商、配銷商、物流、員工可以分享等相關合作夥伴，擴展到提供整體企業間的商務服務，不管是任何形式的協同（如產品設計、供應鏈規劃、或是預測、物流、行銷等），甚至是加值服務，並達成資訊共用使企業獲得更大利潤。簡單來說，協同商務的目的是將具有共同商業利益的合作伙伴整合起來，也是買賣雙方彼此互相分享知識，並共同緊密合作的商業環境，實現和滿足不斷成長的客戶的需求。

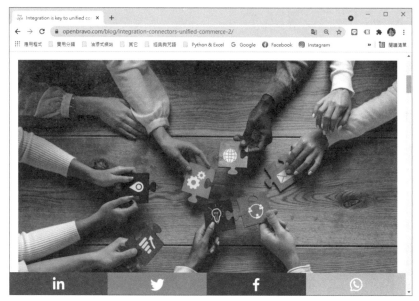

⊙ 協同商務的目的是將具有共同商業利益的合作伙伴整合起來

圖片來源：https://reurl.cc/5plzrq

## ⊙ 9-7　協同商務模式

協同商務提供了整體架構之思維，讓經營者與管理者重新檢視企業本身，從產品設計階段開始整合外部的夥伴，進行高度的互動關係，進而到財務、生產、採購、運籌配送、行銷、以及未來規劃與預測都可以被整合到協同作業的運作中。這包含核心競爭力、組織架構、資訊科技、作業流程等等，不僅可以為企業及其合作的協力廠商，提供更即時與便捷的交易資訊，對外也能拓展客戶群、提高作業效率增加獲利。

美國研究機構 META Group 由商務模式觀點歸納出四種企業協同商務營運模式，包括設計協同商務（Design Collaboration）、行銷／銷售協同商務（Marketing / Selling Collaboration）、採購協同商務（Procurement Collaboration）、規劃／預測協同商務（Planning / Forecasting Collaboration），通常需結合不同的協同營運模式來實施，或將四種功能整合為一種解決方案，能確保企業決策的準確性和整體運作的高效率，尤其適用於合作製造環境，有助於體系上中下游之所有參與協同作業對象。

⊙ 協同商務四種營運模式

## 9-7-1 設計協同商務

設計協同商務（Design Collaboration）模式涵蓋一切與非連續性製造產品（Discrete Manufactured Product）及組態式生產（Configured to order, CTO）產品。未來和產品有關之單位，包含供應商與客戶，例如設計者、製造者、供應商、行銷人員等，透過網路讓合作廠商都看得到設計過程或是參與修改。從產品設計階段開始整合外部的夥伴，進行充分的互動關係，使企業間分享產品設計、產品規劃、存貨水準、運送排程，達到生產客製化與上游廠商間資訊流程的共享，不但能大幅節省產品設計開發所需的時間，同時可以降低製造、行銷時所產生的損失。

## 9-7-2 行銷與銷售協同商務

行銷與銷售協同商務（Marketing / Selling Collaboration）模式強調和通路夥伴間的協同商務，著重彼此之間資訊、訂單、價格與品牌等流程的共享，並提供可供承諾的資訊，以提高企業的速度與敏捷度，員工會因為在共同目標下協調出解決流程，讓製造商到零售商之間的各通路緊密結合，並協力支援消費者對產品或服務的需求。

## 9-7-3 採購協同商務

採購協同商務（Buying Collaboration）模式必須透過企業與企業間的整合才可能實現，將具有共同商業利益的合作伙伴整合起來，因此數個廠商可以結合起來大量的購買某些產品或服務，以求降低採購成本的協同商務，可以是公開的電子交易市集，或是個別企業結合各事業單位對成品或原料的所有需求，而個別供應商還可藉由合作共同提供產品或服務，方便消費者一次大量採購，議價能力較大，可節省採購成本，不需同時向數家供應商下訂單。

## 9-7-4 規劃與預測協同商務

規劃與預測協同商務（Planning / Forcasting Collaboration）模式讓供應商跟零售商可以預測商品的銷售，目的在於減少供需之間商業流程的差異，讓供應鏈更符合需求導向，減少多餘的庫存，提升庫存之週轉率，以減少供應鏈的長鞭效應。

# 博客來顧客關係管理

博客來網路書店是目前台灣最悠久，市場佔有率最高的網路書店，成立於 1995 年，是圖書、影音銷售第一大通路，從兩岸三地最早成立的網路書店出身，至今獨佔台灣網路書店鰲頭，近年更積極跨足成為全方位網購零售平台，從書籍、音樂到設計商品，甚至是閱讀的推廣，為每一位讀者建立一個有文化質感的日常入口網站。博客來的顧客關係管理相當成功而且先進，全天候的經營提供便利性，更透過強大的搜尋引擎分類瀏覽功能與簡易、貼心的購網站物介面及，打造消費者完美選購體驗，甚至推出會員分級制度差異化經營，讓會員具有歸屬感，來提升會員的黏著度，依據不同顧客的特性而提供量身定做的產品與不同的服務，消費者可在任何時間和地點，透過網路進入網站購買滿足個人需求的書籍。

◎ 博客來的顧客關係管理系統
十分有特色

博客來目前已經有超過 700 萬名會員，也就是全台灣每 4 人當中至少就有 1 人是會員，提供上百萬齊全的繁簡體、外文書籍雜誌，而且對每本新書都提供了非常詳細的導讀。由於博客來網路書店的顧客主要是網路族和知識工作者，除了持續改善購物介面及流程、方便金流付款機制為基本門檻外，更加強網路資訊的透明性與提升出貨速度與客服服務品質，並且不定時通知最新活動與出版資訊情報，為不同客群推薦智慧選書書單，例如每月 7 號會員日、17 號樂購日、27 號讀書日，常有滿千打折的活動，成為消費者品味知性閱讀的推動者，隨時提供優質的閱讀體驗與優惠方案，讓大家在選購書籍享受貼心的服務。博客來也非常善用行銷活動創造品牌聲量，從歷年來十大線上購書通路品牌排行來看，「博客來」品牌聲量拔得頭籌，更與統一超商合作，提供快速物流服務，訂書後等待 2 至 3 天就可以至鄰近的 7-ELEVEn 超商取貨，而且只要是會員所購買的商品均享有到貨 10 天的鑑賞期與退貨服務。

1. 顧客關係管理包括哪三種自動化功能？

2. 什麼是差異化行銷（Differentiated Marketing）？

3. 什麼是 80/20 法則？

4. 有哪幾種類型的顧客關係管理系統？

5. 試敘述顧客關係管理系統的目標。

6. 請簡述顧客關係管理系統。

7. 企業建置資料倉儲的目的為何？

8. 何謂線上分析處理（OLAP）？

9. META Group 由商務模式觀點歸納出哪四種企業協同商務營運模式？

10. 試簡述協同商務的內容。

11. 何謂規劃與預測協同商務？

12. 請簡述旋轉門效應（Revolving-door Effect）。

13. 何謂關係行銷（Relationship Marketing）？

14. 請簡介顧客關係管理系統的建立步驟。

15. 什麼是資料庫中的資料表？試詳述之。

16. 請介紹資料庫行銷（database marketing）。

17. 請介紹資料倉儲（Data Warehouse）。

18. 請介紹資料探勘（Data Mining）。

# 知識管理與
# 數位學習

**10**

CHAPTER

面對著競爭日益激烈的企業環境,電子商務和知識管理成為企業想要獲取競爭優勢的新一波潮流與目標。在強調知識經濟的今天,擁有快速、正確、適合自己的資訊是每位現代人所追求的目標。所謂知識經濟就是運用現有的知識來創造經濟活動,使經濟活動產生經濟利益,目標在於提升組織的生產力與創新能力,通常當企業內部資訊科技愈普及時,愈容易推動知識管理。

台積電是台灣最早導入知識管理的優良企業,如何做好知識管理是台積電維繫競爭力的重要關鍵。台積電為了使專業知識與專家意見均能有效保留在組織內部,藉由持續的製程改善與創新,不斷累積與吸收精進的代工專業知識,使得毛利率遙遙領先競爭對手約一倍幅度之大。前台積電資訊長林坤禧先生曾表示:「台積電之所以毛利比同業高、企業附加價值最主要的來源就是知識管理。」

台積電在知識管理的領域相當成功

# 🕐 10-1　知識管理簡介

在資訊爆炸的今日,如何有效的吸收資訊,並利用資訊技術獲得更多知識,是目前企業組織發展的重要課題。早在 1960 年代,管理學大師 P. F. Drucker 即預言,知識是 21 世紀的企業新競爭利器;也是資本主義社會中最有價值的經濟資源。隨著知識經濟時代的來臨,知識已取代一切資本而躍升為最有價值的資產,知識管理更成為企業界與學術界熱門的研究議題之一。

　　知識管理源自 Drucker（1993）提出的知識創造財富論述，他指出要在知識經濟時代創造財富，首先必須建立在知識的創造、流通與運用。在日益龐大的資訊流衝擊之下，如何有效管理並從中獲取所需知識的重要性已經凌駕於土地、資金等傳統生產要素之上。知識資本將成為 21 世紀先進國家的經濟主體，唯有不斷的創新開發知識，才能使國家經濟與企業發展立於領先的地位。

## 10-1-1 知識的層級

　　有關知識的層級，通常可區分為資料、資訊、知識及智慧四個階段，請看以下介紹：

### 資料

　　資料（Data）指的是一種未經處理的原始文字（Word）、數字（Number）、符號（Symbol）或圖形（Graph）等，它所表達出來的只是一種沒有評估價值的基本元素或項目。例如姓名或我們常看到的員工出勤表、通訊錄等等都可泛稱是一種「資料」。

### 資訊

　　當資料以特定的方式有系統的整理、歸納、分析後，就成為「資訊」（Information），而這個過程就稱為「資料處理」（Data Processing）。從資訊的角度來形容「資料處理」，就是用人力或電腦設備，對資料進行有系統的整理如記錄、排序、合併、整合、計算、統計等，使原始的資料符合需求，成為有用的資訊。

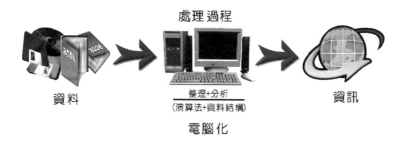

　　各位可能會有疑問：「那麼資料和資訊的角色是否絕對一成不變？」。這倒也不一定，同一份文件可能在某種情況下為資料，而在另一種狀況下則為資訊。例如阿富汗戰爭的某場戰役死傷人數報告，對你我這些平民百姓而言，可能只是一份不痛不癢的「資料」，不過對於美軍指揮官而言，可是彌足珍貴的「資訊」。

知識

知識（Knowledge）是將某些相關連的有意義資訊或主觀結論累積成某種可相信或值得重視的共識，必須經由客觀分析與主觀認知形成，能夠協助個人、團體或企業創造價值的有用資訊。簡單來說，知識的主要構成要素有：經驗、事實、直覺、價值觀與信念等。在知識經濟時代的企業經營特徵，主要顯現在知識取代傳統的有形產品，知識才是企業最重要的資源。Nonaka 和 Takeuchi（1995）為知識下了一個最簡潔的定義：「知識是符合客觀真實條件的信念」。

> **TIPS**
>
> 知識庫（Knowledge Base）是經驗知識的收集與累積，包含某些專業的規則與機制建立而成。知識庫的建立可以運用在專家系統（Expert System）和決策支援系統（Decision Support System），作為達成企業管理的目標與願景的有效工具。

 智慧

智慧（Wisdom）是一種直覺性知識（Intuitive Knowledge），也是每個人經驗的累積，隨著知識的成長與經驗的累積而逐步提升能力，知識必須轉化為智慧，才能顯示出它的價值，智慧相對於知識更高級之處，在於其運用資源與整合各種知識的能力，也就是智慧表現在個人如何正確地運用所掌握的知識。

## 10-1-2 知識管理的定義

知識是企業重要的資源，資訊科技開啟知識管理的快速發展與組織革新，知識管理讓企業提升競爭優勢，因為員工可以輕易的獲得知識，不斷累積知識便可提供創新基礎與創意來源。

電子商務為企業執行知識管理創造了條件，企業經營特徵主要顯現在知識取代傳統的有形資產，企業必須把知識管理（Knowledge Management，簡稱 KM）和電子商務緊密結合起來，因此如何讓企業從市場和客戶那裡所獲得知識的共享機制變得十分重要。

知識管理是網路時代的新興管理模式，以知識與管理為核心，結合科技、創新、網路競爭力等元素的新經濟模式，不僅管理企業中的知識，也是企業透過正式途徑收集並分享智慧資產來獲得生產力的突破，它涉及了創新、萃取與整合知識，不僅包含取得與應用知識，還必須加以散布與流通，使其能創造企業競爭優勢，凡是能有效增進知識資產價值的活動，均屬於知識管理的內容。

### 10-1-3 知識的分類

知識管理所涉及的是知識生產以及利用的過程，主要是對各種知識內容及其過程的管理，有利於提高個人和組織的智商，而能夠被其他人使用。Michael Polanyi 於 1966 年將知識區分為內隱知識（Tacit Knowledge）與外顯知識（explicit knowledge），分別說明如下：

#### 內隱知識

存在於個人認知的主觀知識，較無法用文字或句子表達的知識，包含認知及技能兩種面向，特別是與員工個人的經驗與技術有關，也往往是企業競爭力的重要來源。因此是難以被記錄、傳遞與散播與移轉的知識，包括認知技能和透過經驗衍生的技術能力，例如醫師長期累積對於疾病的診斷與用藥的知識。

#### 外顯知識

存在於組織中具備條理及系統化的知識，可以利用文字和數字來表達，屬於企業或團體共有的知識，不論是傳統書面文件、電子化後的檔案，例如已經書面化的製造程序、電腦程式、專利、圖形、標準作業規範、個案文件或使用手冊等，特性是容易保存、複製與分享給他人，且可以透過正式形式及系統性傳遞的知識。

## 10-2 知識螺旋簡介

知識管理的重點在於如何將內隱知識有效地在組織的不同層級中傳遞，擴大組織與個人的知識範圍，將企業或個人的內隱知識轉換為外顯知識，來促進企業的知識傳承。因為只有將知識外顯化，才能透過資訊科技與設備儲存起來，以便日後知識的分享與再利用。

Nonaka & Takeuchi（1995）提出了知識螺旋架構 SECI 模式（socialization, Externalization, Combination, Internalization），強調知識的創造乃經由內隱與外顯知識互動創造而來，組織本身無法創造知識，內隱知識是組織知識創造的基礎，過程是一種螺旋過程，是由個人層次開始，逐漸上升並擴大互動範圍，進而擴散至團體、組織，最後至組織外，都是由內隱（Tacit）與外顯（Explicit）知識互動而得。知識螺旋有四種不同的知識轉換模式，分述如下：

|  | 內隱知識 | 外顯知識 |
|---|---|---|
| 內隱知識 | 共同化 (Socialization) | 外部化 (Externalization) |
| 外顯知識 | 內部化 (Internalization) | 結合化 (Combination) |

知識創造模式（Nonaka & Takeuchi，1995）

### 10-2-1 共同化

共同化（socialization）是人與人間的知識分享，指的是組織成員間內隱知識轉換為內隱知識的過程，由於獲得內隱知識的關鍵在於經驗，成員間藉由分享經驗、知識、價值等來達到創造內隱知識，由一個群體移轉至另一個群體，也就是知識從個人的內隱知識移轉到團體的內隱知識過程。例如機車行學徒利用觀察、模仿老師傅而學習到修車的技巧。

### 10-2-2 結合化

結合化（Combination）是將具體化的外顯知識和現有知識結合，經由分析、分類、分享將外顯知識整合成為系統化外顯知識來擴大知識的基礎。通常需整合不同外顯知識模式，並透過溝通與散播方式將知識系統化，例如建立資料庫系統來儲存知識，讓知識的轉換和利用更為方便，個人透過文件、會議、電腦網路進行知識的交換與結合。

### 10-2-3 外部化

外部化（Externalization）是透過有意義的溝通或交談，將內隱知識表達為外顯知識的過程，例如經過隱喻、類比、觀念、說理或假設來表達內隱知識使其他人能了解，例如利用語言或文字表達知識，將意象觀念化的過程，例如程式設計、口頭陳述、文章表現等。

### 10-2-4 內部化

內部化（Internalization）是學習新知識，將外顯知識變成員工自己的內隱知識過程，例如企業利用較資深員工的帶領，仿照母雞帶小雞的方式讓新進員工從他們的身上學習。學習者可透過指導者的口語邊做邊學與經驗分享，吸收後再整合、轉化至專屬個人的內隱知識基礎時，被內化的外顯知識就成為有價值的資產。

## 🕐 10-3 知識管理運作流程

隨著高科技及服務產業的創新發展，越來越多的企業體認到以知識作為競爭武器的時代已經來臨。每一個企業或組織，在提供產品與服務的過程中，都會需要許多的專業知識與經驗，當知識成為企業的關鍵資源時，如何持續不斷的分享、應用及創新知識，已成為企業經營管理的重要課題。

通常企業內部資訊科技愈普及時，愈容易推動知識管理。知識管理運作流程偏向知識資訊化，是指適時的將知識給予所需要的成員，以幫助成員採取正確行動來增進組織績效。知識管理不僅需要 IT 的硬體環境的支撐，還要使用知識平台為軟體工具，通常運作流程可以區分為以下四個步驟：

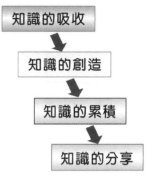

⊙知識管理的運作流程

## 10-3-1 知識的吸收

當不斷創新成為企業所仰賴的核心競爭力，企業對於知識的吸收能力有助於企業進行創新，吸收能力為擁有過去相關知識的基礎下，企業所具備認知、消化與利用外部知識的能力，也是一種管理知識的組織能力。知識吸收的源頭並非僅侷限在企業內部，更包括企業間以及企業外部知識來源的機制，例如可以從企業過去的經驗取得，或者經由商業夥伴間既有知識的整合與購買以獲取新知識。

## 10-3-2 知識的創造

知識管理讓組織成員的知識能夠經由知識創造螺旋過程中，以團隊合作方式，藉由成員的互動來創造轉化成為企業文化。Nonaka 和 Takeuchi（1995）從研究日本企業得知，員工的經驗中儲存著許多有用的內隱知識，透過團隊合作的流程機制，建構出有效的知識系統，讓新知識能夠兼具效率與效能，並改善原有舊的知識。

## 10-3-3 知識的累積

企業應設計一個有效的知識管理流程，讓知識存量能快速累積，例如公司內的腦力激盪、正式會議、非正式的討論、簡報等等，這將有助於組織再創造新的知識和提升決策速度，並從知識累積的深度與速度來衡量移轉的成效。例如企業組織可以製作知識地圖（Knowledge Map）來促進知識的累積與儲存，並提供需要知識的人知道去哪裡尋找知識。

### TIPS

知識地圖（Knowledge Map）也就是知識的「索引」，是組織將其內部擁有的重要知識，以圖形來描述知識來源的儲存、累積、位置、流程、結構等，可幫助使用者在很短的時間找到所需知識的來源。

### 10-3-4 知識的分享

知識管理應聚焦於促進組織內部的知識分享，提昇成員獲取知識的效率。知識分享是由個人、群體、組織移轉或擴散知識給他人的行為，可以運用在企業組織上，想辦法讓員工主動的分享知識，不論是知識的創造或創新，人與人之間或群體之間的知識分享行為，都是透過不同形式或機制來獲得彼此所擁有的知識，最大的阻礙是員工對於知識分享的認知與配合度。企業必須建立一個對知識友善的組織文化，讓知識的分享成為一種學習來源，並利用良好的機制幫助知識在組織內流通與互動，例如網路架構、發言的區域、社群機制、清楚易懂的知識分類等。員工可藉著分享達到合作與創新的目的，也是組織知識成長的一項催化劑。

## 🕐 10-4 數位學習

當世界進入了知識經濟的時代，知識就是資源，誰擁有知識，誰就能創造財富，因此公司內員工的職能訓練需求應運而生，保持競爭優勢的唯一方式，是確保組織學習速度比競爭者要快，同時也建立起企業知識分享文化，促動組織的學習。唯有整合知識管理功能的數位學習平台，以符合未來企業想導入知識管理的流程。

🖳 數位新知雲端創新學院的資訊數位學習課程

圖片來源：https://digital.zct.com.tw/qa.php

數位學習（e-Learning）是指在網路上建立一個方便的學習環境，在線上存取流通的數位教材，進行訓練與學習，讓使用者連上網路就可以學習到所需的知識，且與其他學習者互相溝通，不受空間與時間限制，是一種結合傳統教室與書面教材的新興學習模式，也是知識經濟時代提升人力資源價值的新利器，可以讓學習者自主化的安排學習課程。

數位學習內容整合了網路通訊、電腦與多媒體技術，從傳統的面對面教育轉型成為運用網路，來提供使用者不受時間、地點限制的學習環境。目前除了廣泛應用於大專院校授課學習與適合大眾終身學習課程之外，也有不少企業導入 e-Learning 來強化競爭力。

⊙ 數位學習改變了傳統教室學生與教師面對面的授課模式

21 世紀知識經濟發展的關鍵在於高素質專業人才的培育，基本上，數位學習可以視為是正式的教育學習課程，例如線上教育（Online Education）、線上訓練（Online Training）、線上測驗（Online Test）等模式，其核心內容也包括數位學習教具的研發、數位學習授課活動設計、數位學習網路環境建置、數位教材內容開發四種。

## 10-4-1 數位學習的起源

追溯數位學習的起源與發展，可以說深受早期「遠距教學」與「電腦輔助教學」的影響。遠距教學（Distance Learning）涵蓋早期的講義函授、廣播教學、電視 VCR 教學等活動，到目前透過電腦網路的數位學習互動式教學模式。

⊙ 生動活潑的 CAI 語言教學

我們將分散於不同區域的老師與學生，透過視訊設備來傳遞彼此的影像與聲音，達到遠端教學與溝通的目的。另外「電腦輔助教學」的普及與成長，

**電子商務與 ChatGPT**

物聯網‧KOL 直播‧區塊鏈‧社群行銷‧大數據‧智慧商務

不但將傳統平面文字式的單調教材，轉變為多元化多媒體互動教材，更帶動網路化的超連結式數位教材。簡單來說，數位學習是運用最新網路傳輸與多媒體數位科技所促成的專業線上教學活動。

老師在主播教室教學

遠端教室中也能播放教學實況

遠距教學系統

公共區域也是教學的地方

一般學生在家也能參與教學

◎ 遠距教學系統示意圖

## 10-4-2 數位學習的特色

數位學習的範疇相當廣，舉凡應用數位化電子媒體所製作的教學內容，都可視為「數位學習」一環。近幾年來，對於數位學習熱情的風起雲湧，除了拜資訊科技創新之賜外，更重要的是它能改善傳統面授訓練的缺點。其教育過程可以歸納為以下三點特色：：

↗ 開放與彈性的學習方式：無論何時何地，只要能上網都能透過全球資訊網來學習所需的知識，而且使用者可以依照個人的需求來安排學習順序，也可選擇最適合的時間來學習。

↗ 互動性高與個人化的學習環境：課程教材具備影音、動畫、討論板等多樣化學習方式，使用者可以依照需求與時間來打造專屬的學習環境。

↗ 自我評量與學習結果：利用線上評量系統，不僅可節省列印考卷的紙張，效率也相當高。老師在題庫系統中，直接針對評量的範圍、題型、題數進行設定，電腦即會自動產生電子試卷。學生只要利用自己的電腦，透過網路連上指定的位置，即能夠進行線上評量。

### 10-4-3 數位學習與電子書

閱讀是學習的基礎，透過閱讀可以吸取知識與促進成長，數位閱讀的歷史由來已久，許多人可能直接往電腦前一坐，就能透過電腦螢幕、網頁瀏覽等來閱讀。科技化的進步不但提供了資訊快速流通，也增加了知識的累積的能力，進而提升下一代的資訊素養能力。

◎ 行動裝置平台上的電子書商城是買書的好去處

近年來炙手可熱的電子書，將出版界延伸到數位的領域。電子書將各式各樣的書籍資料數位化後，不僅提供印刷書籍所具備的文字、插畫、和圖片，還加入了聲音、影像、和動畫等多媒體素材。

電子書並不是單純的將紙本的圖書數位化或電子化，更擁有許多豐富的超連結影像和文字，讀者可以隨心所欲的決定自己的閱讀順序，只要利用平板、筆電、桌上型電腦、手機、電子書閱讀器等，讀者一次可攜帶數百本以上的書籍，具備傳統紙本書籍無法達到的便利性，最重要是不再依賴紙張，大大減少了木材的消耗和空間的佔用，真正符合環保的觀念。電子書的現有的格式，目前為百家爭鳴，例如 PDF、ePub、azw、mobi、HTML、XML、TXT、EBK、DynaDoc 等，目前以 PDF 與 ePub 最為普及，因為具有保護文件功能，故成為市場主流。

隨著電子書產業的興起，未來的教育學習方式將不再侷限於紙本，日漸普及的電子書閱讀器，扮演著教學輔助工具的角色進入教育學習場域，結合數位學習終端及資訊科技之應用，將讓學習變得愈來愈有趣，進而影響人們的日常生活與閱讀經驗。

## ◎ 10-5 數位學習的種類

以學習方式來區分，數位學習可分為同步型學習、非同步型學習及混合型學習三種，分別為您介紹如下。

## 10-5-1 同步型學習

同步型學習是指老師與學習者在同一時間上線進行教育和學習的活動,也就是藉由高速通訊網路,建立一個可以讓老師與學生進行即時、互動、多點及面對面溝通的教學環境,類似視訊會議的模式。

在此種數位學習系統中,老師與學生被分隔在不同的地點,需要以電腦軟體設計出一套教學系統,來建立一個虛擬學習環境,此虛擬教室包含了線上講師、學習者及技術環境三種要素。透過虛擬教室教學系統,教課的老師除了可以在線上為學生進行授課,還能夠舉行考試、指定作業、回答問題等等的雙向互動行為。優點為可克服地理上的限制,缺點則是時間上較無彈性。

⊘ TutorABC 是一種同步學習型課程

## 10-5-2 非同步型學習

將老師授課過程與教材事先錄製好,學生隨時可以上網學習,沒有時間限制,較具彈性。此種教學方式類似「隨選視訊服務」(Video-On-Demand, VOD)的功能,可以根據個人的需要選播相應的視訊節目,就好像選播錄影機的錄像一樣方便。好處是學生能夠依照自己的能力、

需求、時間與地點來上線學習,但相對的互動性較差,只能以討論區留言、電子郵件等工具來與授課者詢問與交流。

隨著影片內容不同,此網頁也會跟著出現相關的說明

可自行選擇瀏覽的主題

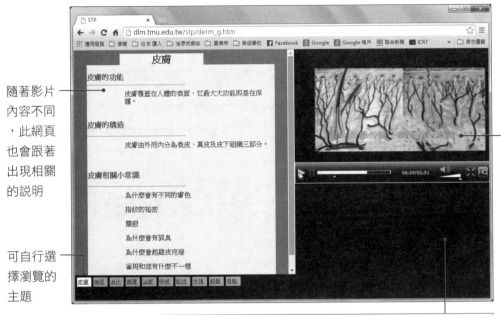

影片播放的同時會有字幕與旁白

由「人體奧祕展覽館」點選「主題展覽館」即可進入此網頁

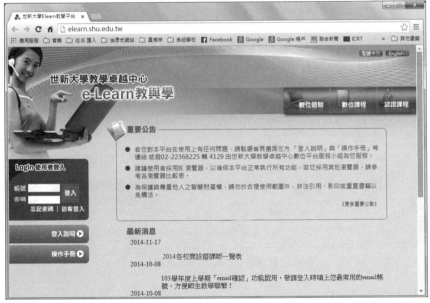

非同步型學習方式,老師授課過程與教材可以事先錄製好

## 10-5-3 混合型學習

兼具同步和非同步學習特性,也就是教室學習加上網路學習的機制。透過多樣化的授課方式,如講師授課、CAI 光碟或線上課程,藉由實體授課及線上學習的交互進行,學生可以在線上與老師互動學習討論,或進行小組的討論工作,強化及延伸學習效果。

🖸 HiNet 學習網

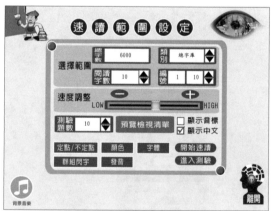

🖸 混合型學習可以結合 CAI 的輔助教學

# 行動學習

不同於以往的數位學習,仍須仰賴 PC 或筆記型電腦做為閱讀瀏覽工具,新一波的數位學習更強調行動裝置為使用者帶來的便利,閱讀不再限於書桌前或電腦螢幕前。想想看,今天 30 歲以下的年輕人有多少還會跑到書店買書,多半都是從手上的行動裝置獲得資訊,因為他們的跨媒體使用經驗與上一代截然不同,行動學習成為數位學習的最新模式,再加上無線網路的架設逐漸完整與光纖技術的成熟,學習者有機會結合雲端平台及行動裝置,更能透過 App 及雲端互動的多元數位內容形式,建立不受時空限制的多樣化學習環境。

⊙ 行動學習的風潮已經從兒童開始流行

圖片來源:https://www.parenting.com.tw/article/5088101

行動學習(Mobile learning)是行動科技與數位學習的交集點,普遍被認為是繼遠距教學和數位學習之後的發展趨勢與新體驗,行動學習讓整個學習過程具備了主動性、機動性、互動性三種特性,充份利用零碎時間聚沙成塔,讓學習變得更個人化的研究,甚至透過學習社群的即時互動,讓學習不需要侷限在教室或固定地點。

科技融入教學已成現代教育的潮流,年輕世代所面對的學習環境與各類活動的界線漸趨模糊,網路時代擁有太多的娛樂形式,不斷壓縮著人們的閱讀時間。不過今日行動裝置不僅延續了人們的閱讀習慣,更創造出不同的閱讀體驗:就是可以隨時隨地來進行短暫閱讀。例如經常看到的低頭族,有的是在聽音樂、玩遊戲與回 LINE 訊息等,但也很可能正在用手機背英文單字。

以下介紹的油漆式速記法，結合了速讀與速記訓練，能在短時間內記下大量單字，目前的雲端學習系統，適合包括桌上型電腦、智慧型手機、筆記型電腦與平板電腦等裝置，以及將近四十種以上的各國語言（英、日、韓、德、俄、法、西、越南、泰文等）必背檢定單字，能夠滿足個別學習者「隨時、隨地、隨選」的差異需求。請您直接點選進入試用版網站，再加以選擇所要閱讀種類：http://pmm.zct.com.tw/trial/

圖片來源：https://pmm.zct.com.tw/zct_add/

1. 請簡述知識管理的內容與定義。

2. 請問知識的層級有哪四個階段？

3. 何謂知識庫（Knowledge Base）？試簡述之。

4. Michael Polanyi 於 1966 年將知識區分為哪兩種？試簡述之。

5. 試說明知識螺旋架構 SECI 模式有哪四種？

6. 請簡述結合化（Combination）。

7. 知識管理的運作流程有哪四個步驟？

8. 知識地圖（Knowledge Map）是什麼？

9. 請簡介數位學習。

10. 由數位學習的教育過程，可以歸納為哪三點特色？

11. 如果以學習方式來區分，數位學習的類型有哪幾種？

12. 請簡述同步型學習的主要特點。

# MEMO

# 網路行銷概說與研究

## 11

CHAPTER

>> 行銷、品牌與網路消費者

>> 網路行銷的特性

>> 網路新媒體的發展

>> 網路 STP 策略規劃 - 我的客戶在哪？

>> 網路行銷的 4P 組合

>> 熱門網路行銷方式

>> 焦點專題：搜尋引擎最佳化

我們的生活受到行銷活動的影響既深且遠，行銷的英文是 Marketing，簡單來說，就是「開拓市場的行動與策略」，亦即在有限的企業資源下，盡量分配資源於各種行銷活動。

⊙ 行銷活動已經和現代人日常生活形影不離

從廣義的角度來說明行銷，就是將商品、服務等相關訊息傳達給消費者，而達到交易目的的一種方法或策略，關鍵在於贏得消費者的認可和信任。至於從狹義的角度來說，行銷就是對市場進行分析與判斷，繼而擬定策略並執行，也就是指在預算許可之下，進行上市行銷推廣策略擬定、營運操作、活動規劃、活動執行、時程控管、目標達成設定與追蹤、媒體廣告分析等相關事項。

## ⊙ 11-1 行銷、品牌與網路消費者

Peter Drucker 曾經提出：「行銷的目的是要使銷售成為多餘，行銷活動是要造成顧客處於準備購買的狀態。」行銷不但是一種創造溝通，並傳達價值給顧客的手段，也是一種促使企業獲利的過程，不管你在職場裡擔任什麼職務，這是一個人人都需要行銷的年代，我們可以這樣形容：「在企業中任何支出都是成本，唯有行銷是可以直接幫你帶來獲利」，市場行銷的真正價值在於為企業帶來短期或長期的收入和利潤的能力。

在開始深入行銷領域時,經常會發現行銷的定義、內容與方式會隨著科技與環境的演進而與時俱進。以往傳統的商品行銷策略,大都是採取一般媒體廣告的方式,例如報紙、傳單、看板、廣播、電視等宣傳,缺點是通常會有地域上的限制,而且所耗用的人力與物力的成本也相當高。

☑ 產品發表會是早期傳統行銷的主要模式

不過當傳統媒體的廣告都呈現衰退時,網路新媒體卻不斷在蓬勃成長,現在可透過網路的數位性整合,讓行銷的標的變得更為生動即時,且全年無休 24 小時的提供商品資訊與行銷服務。

☑ 生動吸睛的網路廣告,讓消費者增加不少購物動機

## 11-1-1 品牌行銷簡介

現代的行銷最後目的,我們可以這樣形容:「行銷是手段,品牌才是目的!」。品牌(Brand)就是一種識別標誌,也是一種企業價值理念與商品品質優異的核心體現,甚至品牌已經成長為現代企業的寶貴資產,品牌建立的目的即是讓消費者無意識地將特定的產品意識或需求與品牌連結在一起。

時至今日，品牌或商品透過網路行銷儼然已經成為一股顯學，近年來更成為一個熱詞進入越來越多商家與專業行銷人的視野。

在產品與行銷的層面上，有些是天條，不能違背，網路行銷的第一步驟就是要了解你的產品定位，並且分析出你的目標受眾（Target Audience, TA），品牌更需要去理解自己「存在的價值」，以及「為誰而服務」，最重要的是要能與目標受眾引發「品牌對話」的效果。過去企業對品牌常以銷售導向做行銷，忽略顧客對品牌的定位認知跟了解，其實做品牌就必須先想到消費者的獨特需求是什麼，而不能只想自己會生產什麼。

⊙ 蝦皮購物為東南亞及台灣最大的行動購物平台

目標受眾（Target Audience, TA）又稱為目標顧客，是一群有潛在可能會喜歡你品牌、產品或相關服務的消費者，也就是一群「對的消費者」。

在現今消費者如此善變的時代，顧客對你的第一印象取決於你們品牌行銷的成效，而且品牌滿足感往往會驅動消費者下一次回購的意願，例如最近相當紅的蝦皮購物平台在進行網路行銷的終極策略就是「品牌大於導購」，有別於一般購物社群把目標放在導流上，他們堅信將品牌建立在顧客的生活中，建立在大眾心目中的好印象才是現在的首要目標。

## 11-1-2 認識網路消費者

網際網路的迅速發展，改變了大部分店家與顧客的互動方式，並且創造出不同的行銷與服務成果，傳統消費者的購物決策過程，通常是想到要買什麼，再跑到實體商店裡逛逛，一家家的比價和詢問，必須由店家將資訊傳達給消費者，並經過一連串心理上的購買決策活動，最後才真的付諸行動，稱為 AIDA 模式，主要是讓消費者滿足購買需求的過程，所謂 AIDA 模式說明如下：

↗ 注意（Attention）：網站上的內容、設計與活動廣告是否能引起消費者注意。

↗ 興趣（Interest）：產品訊息是不是能引起消費者興趣，包括產品所擁有的品牌、形象、信譽。

↗ 渴望（Desire）：讓消費者看產生購買欲望，因為消費者的情緒會去影響其購買行為。

↗ 行動（Action）：使消費者產立刻採取行動的作法與過程。

全球網際網路的商業活動，仍然持續高速成長，也促成消費者購買行為的大幅改變，根據各大國外機構的統計，網路消費者以 30-49 歲男性為多數，教育程度則以大學以上為主，充分顯示出高學歷、青壯族群與相關專業人才，多半是網路購物主要客群。相較於傳統消費者來說，網路消費者可以使用網路搜尋資料（Search），提升對商品了解的速度；另外，購買商品後也會主動在網路上分享（Share），給予商品體驗後的評價。這些購物經驗更會影響其往後的購物決策，因此網路消費者的模式就多了兩個 S，也就是 AIDASS 模式，代表搜尋與分享產品資訊的意思。

各位平時有沒有一種體驗，當心中浮現出購買某種商品的欲望，你對商品不熟，通常會不自覺打開 Google、Facebook、IG 或搜尋各式網路平台，搜尋網友對購買過這項商品的使用心得或相關經驗，或專注在「特價優惠」的網路交易，購物者通常都會投入很多時間在這個產品搜尋的過程，餮別是年輕購物者都有行動裝置，很容用來尋找最優惠的價格，所以搜尋（Search）是網路消費者的一個重要特性。

搜尋與分享是網路消費者的最重要特性

此外，喜歡分享（Share）也是網路消費者的另一種特性之一，網路最大的特色就是打破了空間與時間的藩籬，與傳統媒體最大的不同在於「互動性」，由於大家都喜歡在網路上分享與交流，分享是行銷的終極武器，除了能迅速傳達到消費族群，也可以透過消費族群分享到更多的目標族群裡。

## 11-1-3 網路行銷的定義

隨著電子商務優勢得到高度認同與網路行銷技術的日趨成熟，店家可以利用較低的成本，開拓更廣闊的市場，網路行銷（Internet Marketing）或稱為數位行銷（Digital Marketing），本質上其實和傳統行銷一樣，最終目的都是為了影響目標消費者（Target Audience, TA）並達成交易，主要差別在於溝通工具不同，現在則可透過電腦與網路科技的數位性整合，使文字、聲音、影像與圖片可以整合在一起，讓行銷的標的變得更為生動、即時與多元。

網路行銷可以看成是企業整體行銷戰略的一個組成部分，是為實現企業總體經營目標所進行，也是一種雙向的溝通模式，能幫助無數在網路成交的電商網站創造訂單創造收入，跟其他行銷媒體相比，網路行銷的轉換率及投資報酬率 ROI 最高。

網路行銷的定義是藉由行銷人員將創意、商品及服務等構想，利用通訊科技、廣告促銷、公關及活動方式在網路上執行。對於行銷人來說，任何可能的行銷溝通管道都有必要去好好認識，特別是傳統媒體與網路媒體的大融合，絕對是品牌與行銷人員不可忽視的熱門趨勢。

## 11-2 網路行銷的特性

隨著網路數位化時代來臨，地理疆界已被完全打破，行銷概念因為網路而做了空前的改變，在網路世界獨特運作規則下，自然呈現全新的行銷哲學，也帶來 e 世代的網路行銷革命。要做好網路行銷，必須先認識網路行銷的五種特性：

⊙ 網路行銷的五種特性

### 11-2-1 互動性

網路打破了空間與時間的藩籬，與傳統媒體的不同在於「互動性」，不僅不會取代店家與消費者間的互動，反而提供了多種溝通模式，包括了線上瀏覽、搜尋、傳輸、付款、廣告及線上客服討論等，店家可隨時依照買方的消費與瀏覽行為，即時調整或提供量身定做的資訊與產品，買方也可以主動在線上傳遞服務要求。

⊙ 晶華酒店透過網路社群與消費者互動

一個線上購物的網站，要達到行銷的目的，不只要有優質的內容，還要思考如何讓商品與消費者產生互動，傳統媒體都是由店家主導行銷的活動，網路的互動性讓消費者可依個人喜好選擇各項行銷活動，還可延伸服務的觸角，以轉換為真正消費的動力。互動性就是一種精準行銷的模式，網路行銷的重點是讓顧客成為行銷的一部份，網路上買賣雙方可以立即回應，有效提高行銷範圍與加速資訊的流通，還可以透過線上數位機制來進行顧客滿意度調查、線上意見表、線上留言板、討論區、電子郵件等，無形中拉近買賣雙方的距離，提供消費者量身定做的尊榮體驗。

互動性工具讓店家透過網路對話、溝通以及資訊的交換，尤其是即時回覆功能對有問題的消費者來說非常便利，企業可以即時反應市場需求，不僅能夠以訂單為測試基礎，還可以獲得顧客的其他資料與建議。特別是科技快速進步及新冠疫情（Covid-19）所帶來的重大影響，消費者行為與購物習慣更多變，品牌與顧客必須進行更深層互動，讓服務品質也因而提升。

## 11-2-2 個人化

真實世界的商業行為與網路虛擬世界結合，多元化的購物網站提供消費者很多選擇機會，網路行銷並非單單只有意味廣告自己的網站，過去的消費者行為中，顧客必須向店家表達個人需求，才能獲得客製化的商品。現在當消費者進行特定商品諮詢或是準備購買某一項商品時，馬上能讓消費者有這個網站是專門為我設計的感覺，因為店家可以根據過去記錄、分析、歸類使用者的瀏覽行為，馬上提供個人化相關的購物建議，也可將行銷訊息精準傳達給目標族群，同時獲得改善網站產品與服務的能力。

全球熱愛網路消費的使用者，會經常使用網路購買各類商品，同時也促成消費者購買行為的大幅度改變，因為消費者多半只想收到對自己有價值的訊息，也使得具備「個人化」（Personalization）特色的商品大為流行，這意味著未來品牌將與消費者共同策劃體驗，以反映他們在任何時刻的喜好。「個

◎ 獨具特色的客製化商品在網路上大受歡迎

人化」就是透過過去所蒐集的數據與資料，依照客戶個人經驗所打造的專屬行銷內容，因為唯有量身定做的商品才能快速擄獲客戶的心，未來的網路行銷勢必定走向客製化的趨勢，包括顧客的忠誠度、競爭優勢及洞悉高價值顧客關係的能力，來優化消費者體驗，因而對品牌產生正面印象。

## 11-2-3 全球化

隨著上網人口的持續成長，全球化整合是今天前所未見的行銷市場趨勢，因為網路無遠弗屆，所以範圍不再只是特定的地區或社團，也能使商業行為跨越文化與國家藩籬，遍及全球的無數商機不斷興起。對業者而言，可讓商品縮短行銷通路，全世界每一角落的網民都是潛在的顧客，也可以將全球消費者納入店家商品的潛在客群不管我們走在台北、東京或紐約等城市的街頭，許多知名品牌的商品顯然都在進行全球化行銷（Global marketing）。

ELLE 時尚網站透過網路成功在全球發行

國與國之間的經濟邊界已經不存在，全球化競爭更加白熱化，線上交易模式打破傳統的金錢交易方式，所以範圍不再只是特定的地區，反而是遍及全球，藉由公司跨入網際網路的領域，小型公司也具有與大公司相互競爭的機會。網路行銷幫助了原本只有當地市場規模的企業擴大到國際市場，藉由多國語言網站的建置，可以讓潛在顧客與供應商等合作夥伴快速連結，直接進行全年無休的全球化行銷體驗。

同時全球化帶來前所未有的商機，由於網路科技帶動下的全球化的效應，克裡斯・安德森（Chris Anderson）於 2004 年首先提出長尾效應（The Long Tail）的現象，也顛覆了傳統以暢銷品為主流的觀念。長尾效應其實是全球化所帶動的新現象，只要通路夠大，非主流需求量小的商品總銷量也能夠和主流需求量大的商品銷量抗衡。

由於實體商店都受到 80/20 法則理論的影響，多數店家都將主要資源投入在 20% 的熱門商品（big hits），不過全球產業都有電子商務化的趨勢，因為能夠接觸到更大的市場與更多的消費者。過去一向不被重視，在統計圖上像尾巴一樣的小眾商品，因為全球化市場的來臨，眾多小市場匯聚成可與主流大市場相匹敵的市場能量，可能就會成為意想不到的大商機，足可與最暢銷的熱賣品匹敵。全家前董事長潘進丁先生認為：「麻雀的尾巴一旦拉長，也會變成鳳凰。」，就像實體店面也可以透過虛擬的網路平台，讓平常迴轉率（Turnover rate）低的商品免於被下架的命運。

🔲 全家超商成功利用長尾效應讓業績成長

商品迴轉率（Merchandise Turnover Rate）是指商品從入庫到售出時所經過的這一段時間和效率，也就是指固定金額的庫存商品在一定的時間內週轉的次數和天數，可以作為零售業的銷售效率或商品生產力的指標。

## 11-2-4　低成本

　　電子商務的競爭優勢，已經得到企業高度的認同，由於網路商店的經營時間是全天候，消費者可以隨時隨地利用網際網路進行購物，企業透過低成本網路行銷推廣，進行品牌宣傳來贏取訂單，開拓更廣闊的市場。網路行銷溝通管道多元化，讓原來企業和消費者間資訊不對稱狀態得到改善，這比起傳統媒體，例如出版物、廣播、以及電視，網路行銷擁有相對低成本的進場開銷金額，超過傳統媒體廣告的快速效益回應。網路行銷已經進入一個高速發展的階段，經營之道必須不斷創新以及提供附加價值，才能使客戶不斷地回流，因為全球化與網際網路去中間化（De-Centralization）的優點，能夠提升效率與降低營運成本，創造品牌能見度及知名度，開拓更廣闊的市場。

◎ 易遊網經常舉辦許多實惠的低價促銷活動刺激買氣

## 11-2-5 可測量性

隨著消費者對網路依賴程度愈來愈高，網路媒體可以稱得上是目前所有媒體中滲透率最高的新媒體，消費者可依個人的喜好選擇各項行銷活動，而廣告主也可針對不同的消費者，提供個人化的廣告服務。網路行銷不但能幫助無數電商網站創造訂單與收入，而且網路行銷常被認為是較精準行銷，主要由於它是所有媒體中極少數具有「可測量」特性的數位媒體，可具體測量廣告的成效，因為更精確的測量就是成功行銷的基礎，這個「可測量性」使網路行銷與眾不同，不管哪種行銷模式，當行銷活動結束後，店家一定會做成效檢視，如何將網路流量帶來的顧客產生實質交易，做為未來修正行銷策略的依據。

在網路世界中客戶對購物的體驗旅程是不斷改變，成功的網路行銷一定需要可靠的數據來追蹤行銷成果，選擇正確的測量指標，重視從接觸到完成銷售的整個過程，不僅能幫店家精準找出目標族群，還能有效評估網路行銷和線下銷售的連結，由於網路數據的可偵測性，使網路行銷成為市場競爭的利器，可以發揮傳統行銷所無法發展的境界。

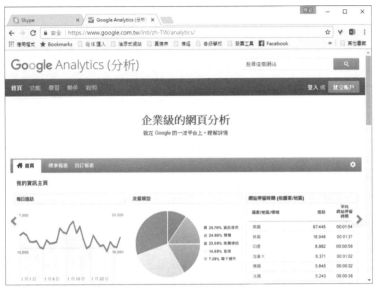

⊘ Google Analytics（GA）是免費且功能強大的網路行銷流量分析工具

網路新媒體的發展

隨著 Web 技術的快速發展，打破過去被傳統媒體壟斷的藩籬，與新媒體息息相關的各個領域出現了日新月異的變化，而這一切轉變主要是來自於網路的大量普及。今天以網路為主的新媒體，更是現代網路行銷成長的重要推手，傳統媒體也受到了威脅而逐漸式微，因為在網路工具的精準分析下，新媒體能夠創造更有價值的潛在客群。

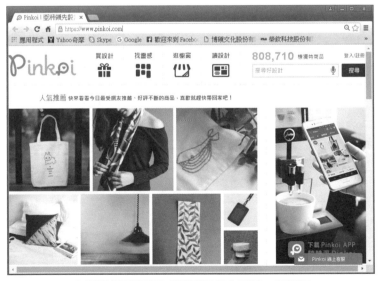

⊘ 網路新媒體讓許多默默無名的商品一夕爆紅

## 11-3-1 新媒體的定義

新媒體（New Media）是目前相當流行的網路新興傳播形式，相對傳統四大媒體－電視、廣播、報紙和雜誌，在形式、內容、速度及類型所產生的根本質變。所謂「新媒體」，就是不同於傳統媒體的媒體，可以視為是一種是結合了電腦與網路新科技，涵蓋了所有數位化的媒體形式，讓使用者能有完善分享、娛樂、互動與取得資訊的平台，具有資訊分享的互動性與即時性。因為閱聽者不只可以瀏覽資訊，還能在網路上集結社群，發表並交流彼此想法，包括目前炙手可熱的 Facebook、推特、行動影音、網路電視（iptv）等都可以算是新媒體的一種。

## 11-3-2 新媒體的發展現況

新媒體時代的來臨，傳統或現有主流媒體的資訊生產模式已漸漸式微，大家早已厭倦了重覆強迫式的單向傳播方式，現在觀看傳統電視、閱讀報紙的人數正急速下滑，閱聽者加速腳步投入新媒體的懷抱，傳統媒體的影響力和廣告收入，正被新媒體全面取代與侵蝕。在資訊爆炸的年代，媒體的角色更加重要，人們對新聞和資訊的需求永遠不會消失，傳統媒體要面對的問題，不僅是網路新科技的出現，更是閱聽大眾本質的改變，他們已經從過去的被動接收訊息逐漸轉變成主動傳播，這種轉變對於傳統媒體來說既是危機，也是新的轉機，如果說傳統媒體提供了資訊，那麼新媒體除了資訊之外，更提供了閱聽者體驗。

◎ 素人網紅蔡阿嘎，坐擁百萬龐大粉絲群

新媒體本身型態與平台一直快速轉變，在網路如此發達的數位時代，很難想像沒有手機，沒有上網的生活如何打發。過去的媒體通路各自獨立，未來的新媒體通路必定互相交錯連結。傳統媒體必須嘗試滿足現代消費者隨時隨地都能閱聽的習慣，尤其是行動用戶增長強勁，各種新的應用和服務不斷出現，經營方向必須將手機、平板、電腦等裝置都視為是新興通路，節目內容也要跨越各種裝置與平台的界線，真正讓媒體的影響力延伸到每一個角落。

我們可以看到隨著多媒體技術發展和寬頻基礎設施不斷擴增下，網路影音串流正顛覆我們的生活習慣，宅商機的家用娛樂市場因此開始大幅成長，加上數位化高度發展打破過往電視媒體資源稀有的特性，網路影音入口平台再次受到矚目，傳統電視頻道的最強競爭對手不再是同業，而是網路電視。網路電視（Internet Protocol Television, IPTV）也是一種快速發展的新媒體模式，透過網際網路來進行視訊節目的直播，提供觀眾在任何時間、任何地點來自行選擇節目，能充份滿足現代人對數位影音內容即時且大量的需求。

🎬 愛奇藝的延禧攻略已經下載超過 200 億次

網路電視充分利用網路的即時性以及互動性，提供觀眾傳統電視頻道外的選擇，觀眾不再只能透過客廳中的電視機來收看節目，越來越多人利用智慧型手機或行動裝置看電視節目。只要有足夠的網路頻寬，網路電視提供用戶在任何時間、任何地點可以任意選擇節目的功能，因為在網路時代，終端設備可以是電腦、電視、智慧型手機、資訊家電等各種多元化平台。

例如在網路時代，網路發展加上公民力量的崛起後，吸引網民最有效的管道，無疑就是社群媒體，趁勢而起的社群力量也造就了新媒體進一步的成長。例如 2011 年「茉莉花革命」（或稱為阿拉伯之春）如秋風掃落葉般地從北非席捲到阿拉伯地區，引爆點卻是 Facebook 這樣的新媒體，一位突尼西亞年輕人因為被警察欺壓，無法忍受憤而自焚的畫面，透過 Facebook 等社群快速傳播，結合朋友間串連、分享、社團、粉絲頁，與 Facebook 上懶人包與動員令的高速傳遞，創造了互動性與影響力強大的平台，頓時讓長期積累的民怨爆發為全國性反政府示威潮，進而導致獨裁 23 年領導人流亡海外，接著迅速地影響到鄰近阿拉伯地區，如埃及等威權政府土崩瓦解，這場革命運動對媒體的真正意義，一方面是傳統媒體的再進化，另一方面是這群人共同建構了以網路科技為中心的新媒體契機，因此才能快速地將參與者的力量匯聚起來。

Facebook 是台灣最大的社群新媒體

## 11-4　網路 STP 策略規劃－我的客戶在哪？

企業所面臨的市場就是一個不斷變化的環境，消費者也變得越來越精明，首先我們要了解並非所有消費者都是你的目標客戶，企業必須從目標市場需求和市場行銷環境的特點出發，特別是應該要聚焦在目標族群，透過環境分析階段了解所處的市場位置，再透過網路 STP 規劃確認自我競爭優勢與精準找到目標客戶。網路 STP 規劃與傳統行銷規劃大致相同，所不同的是網路 STP 規劃在流程上更重視顧客思維與考量。

可口可樂的 STP 規劃相當成功

美國行銷學家 Wended Smith 於 1956 年提出的 S-T-P 的概念，STP 理論中的 S、T、P 分別是市場區隔（Segmentation）、市場目標（Targeting）和市場定位（Positioning）。在企業準備開始擬定任何行銷策略時，必須先進行 STP 策略規劃，因為不是所有顧客都是你的買家，STP 的精神在於選擇確定目標消費者，然後定位目標市場，找到合適的客戶。通常不論是行銷規劃或是商品開發，第一步的思考都可以從 STP 策略規劃著手。

## 11-4-1 市場區隔

　　隨著網路市場競爭的日益激烈，產品、價格、行銷手段愈發趨於同質化，店家或品牌應該要懂得區隔其他競爭市場，將消費者依照不同的需求與特徵，把某一產品的市場劃分為若干消費群的市場分類過程。市場區隔（Market Segmentation）是指任何企業都無法滿足市場的所有需求，應該著手建立產品差異化，行銷人員根據現有市場的觀察進行判斷，在經過分析潛在的機會後，接著便在該市場中選擇最有利可圖的區隔市場，並且集中企業資源與火力，強攻下該市場區隔的目標市場。

東京著衣主攻大眾化時尚平價流行市場

　　這個道理就是店家想辦法吸引某些特定族群上門，絕對比歡迎所有人更能為企業帶來利潤。例如東京著衣創下了網路世界的傳奇，更以平均每二十秒賣出一件衣服，獲得網拍服飾業中排名第一，就是因為打出了成功的市場區隔策略。東京著衣的市場區隔策略是以台灣與大陸的年輕女性，所追求大眾化時尚流行平價衣物為主。許多人希望能以低廉的價格買到物超所值的服飾，東京著衣讓大家用平價實惠的價格買到喜歡的優質商品，並以不同單品穿搭出風格多變的造型，更進一步採用「大量行銷」來滿足大多數女性顧客的需求，更可以依據不同區域的消費屬性，透過「顧客關係管理」系統（Customer Relationship Management, CRM）的分析來設定，達到與消費者間最良好的互動溝通。

## 11-4-2 市場目標

　　隨著網路時代的到來，比對手更準確地對準市場目標，是所有行銷人員所面臨最大的挑戰，市場目標（Market Targeting）是指完成了市場區隔後，我們就可以依照企業的區隔來進行目標選擇，把適合的目標市場當成你的最主要的戰場，將目標族群進行更深入的描述與追蹤。網路數位浪潮的衝擊來勢洶洶，現在對於行銷者來說，最重要的是聚焦目標消費者群體，創造對需求快速發展的行動用戶端競爭優勢，設定那些最可能族群，就其規模大小、成長、獲利、未來發展性等構面加以評估，並考量公司企業的資源條件與既定目標來投入。

漢堡王成功與麥當勞的市場做出市場目標區隔

例如麥當勞遙遙遠領先漢堡王分店的數量，因此漢堡王針對麥當勞在成人市場行銷與產品策略不夠的弱點，而打出麥當勞是青少年們的漢堡，並開始主攻成人與年輕族群的市場，配合大量的網路行銷策略，大聲喊出成人就應該吃漢堡王的策略，以此區分出與麥當勞全然不同的市場目標，而帶來業績的大幅成長。

### 11-4-3 市場定位

市場定位（Positioning）是檢視企業向目標市場的潛在顧客所訂定商品的價值與價格位階。市場定位是 STP 的最後一個步驟，也就是根據潛在顧客的意識層面，為企業立下一個明確不可動搖的層次與品牌印象，創造企業在主要目標客群心中與眾不同、鮮明獨特的印象。各位會發現做好市場定位的店家，行銷人員可以透過定位策略，讓企業的商品與眾不同，並有效地與可能消費者進行溝通，當然市場定位最關鍵的步驟是跟產品的訂價有直接相關。

例如 85 度 C 的市場定位是主打高品質與平價消費的優質享受服務，將咖啡與烘焙結合，甚至聘請五星級主廚來研發製作蛋糕西點，以更便宜的創新產品進攻低階平價市場，因為許多社會新鮮人沒辦法消費星巴克這種走高價位的咖啡店，85 度 C 就主打平價的奢華享受，咖啡只要 39 元就可以享用，大規模拓展原本不喝咖啡的年輕消費族群來店消費，這也是 85 度 C 成立不到幾年，已經成為台灣飲品與烘焙業的最大連鎖店。

🖼 85 度 C 全球的市場定位相當成功

## ⏰ 11-5 網路行銷的 4P 組合

行銷人員在推動行銷活動時，最常提起的就是行銷組合，所謂行銷組合，各位可以看成是一種協助企業建立各市場系統化架構的元件，藉著這些元件來影響市場上的顧客動向。美國行銷學學者麥卡錫教授（Jerome McCarthy）在 60 年代提出了著名的 4P 行銷組合（marketing mix），所謂行銷組合的 4P 理論是指行銷活動的四大單元，包括產品（product）、價格（price）、通路（place）與促銷（promotion）等四項，也就是選擇產品、訂定價格、考慮通路與進行促銷等四種。

4P 行銷組合是近代市場行銷理論最具劃時代意義的理論基礎，屬於站在產品供應端（supply side）的思考方向，奠定了行銷基礎理論的框架，為企業思考行銷活動提供了四種淺顯易懂的分類方式。通常這四種元素要互相搭配，才能提高行銷活動的最佳效果。在網路行銷時代，基本上就是一個創新而且競爭激烈的市場，4P 理論是傳統行銷學的核心，對於情況複雜的網路行銷觀點而言，4P 理論的作用相對就弱化許多。因此我們必須重新來定義與詮釋網路的新 4P 組合。

## 11-5-1 產品

產品（product）是指市場上任何可供購買、使用或消費以滿足顧客欲望或需求的東西，隨著市場擴增及消費行為的改變，產品策略主要研究新產品開發與改良，包括了產品組合、功能、包裝、風格、品質、附加服務等。如果沒有好的產品，再好的行銷策略也不會奏效。產品的選擇更關係了一家企業生存的命脈，成功的企業必須不斷地了解顧客對產品的需求，當廠商面對產品市場銷貨量逐步下滑時，另一方面就必須開發新產品。

在過去的年代，產品只要本身賣相夠好，自然就會大賣，然而在現代競爭激烈的網路全球市場中，往往提供相似產品的公司絕對不只一家，顧客可選擇對象增多了。我們必須明白，顧客是一群喜新厭舊的人們，如果競爭對手能提供更好的產品或服務，產品取代性就會上升。21 世紀初期手機大廠諾基亞以快速的創新產品設計及提供完整的手機功能，一度曾經在手機界獨領風騷，成為全世界消費者趨之若鶩的手機，不過隨著行動世代的快速來臨，因為錯失智慧型手機產品的生產而瀕臨崩壞。反觀國內手機大廠宏達電，由於新產品策略的成功而帶來公司業績的大幅成長。

◎ 宏達電對於新產品的研發不遺餘力

產品的內容包括了實體產品與虛擬產品兩種，實體產品有電視、電腦、衣服、書籍文具等，虛擬產品就是無實體的商品，包括服務、數位化商品、影片、電子書、軟體等。例如以 B2B 電子商務中相當熱門的一個領域—應用軟體租賃服務業（Application Service Provider, ASP）就是販賣虛擬產品為主，企業只要透過網際網路或專線，以租賃的方式向提供軟體服務的供應商承租，即可迅速導入所需之軟體系統，並享有更新升級的服務。

◎ 偉盟系統是國內相當知名的 ASP 軟體服務公司

在網路行銷的世界裡，訪客可能永遠不會給你第二次機會去認識你的產品，通常網路上最適合的行銷產品是流通性高與低消費風險的產品，如熟悉的日用品、3C 消費性電子產品等，不過也可以利用產品組合，讓顧客有更多選擇，並增加其他產品的曝光率。

## 11-5-2 價格

店家或品牌可以根據不同的市場定位，配合制定彈性的價格（price）策略，其中市場結構與效率都會影響定價策略，包括了定價方法、價格調整、折扣及運費等，再看看競爭者推出類似產品的價格水準，價格往往是決定產品銷售量與營業額的最關鍵因素之一，也是唯一不用花錢的行銷因素。

顧客就像水一樣，水都會往低處流，我們都知道消費者對高品質、低價格商品的追求是永恆不變的。選擇低價政策可能帶來「薄利多銷」的榮景，卻不容易建立品牌形象，高價策略則容易造成市場上叫好不叫座的無形障礙。由於網路購物能降低中間商成本，並進行動態定價，價格決策須與產品設計、配銷、促銷互相協調。傳統定價方式往往是將消費者因素排斥到定價體系之外，沒有充分考慮消費者利益和承受能力。在現代競爭激烈的網路全球市場中，「貨比三家不吃虧」總是王道，消費者在購物之前或多或少都會到幾個自己常去的網站比價，因為網路上提供相似產品的公司絕對不只一家，消費者可選擇對象增多了，因此價格決定了商品在網路上競爭的實力。

⊙ 麥當勞以不定期降價行動來吸引消費者

　　產品的價格絕對不是一成不變的，隨著競爭者的加入及顧客需求的改變，價格必須予以調整，才能訂出具有競爭力且能被顧客接受的合理價格。消費者對於所要購買的產品，在心目中會有一個合理的價格，店家必須以消費者需求為基準點來提供，而不是一廂情願自行訂出價格。例如運費高低也是顧客考量價格的關鍵之一，低運費不僅能吸引顧客買更多，也能改善消費體驗，並且吸引顧客回流。

## 11-5-3　通路

　　通路（place）是由介於廠商與顧客間的行銷中介單位所構成，通路運作的任務就是在適當的時間，把適當的產品送到適當的地點。隨著愈來愈競爭的市場，迫使廠商越來越重視通路的改善，掌握通路就等於控制了產品流通的咽喉，1978 年統一企業集資成立統一超商，將整齊、明亮的 7-ELEVEn 便利商店引進台灣，掀起台灣零售通路的革命。

**電子商務與 ChatGPT**

物聯網・KOL 直播・區塊鏈・社群行銷・大數據・智慧商務

⊘ 7-ELEVEn 擁有台灣最大的實體零售通路

通路的選擇與開拓相當重要，掌握通路就等於控制了產品流通管道。這幾年來，許多以網路起家的品牌，靠著對網購通路的了解和特殊行銷手法，成功搶去相當比例的傳統通路的市場。由於網路通路的運作相當複雜且多元，讓原本的遊戲規則起了變化，行銷人員必須審慎評估，究竟要採取何種通路型態才能順利銷售產品，不論實體或虛擬店面，只要是撮合生產者與消費者交易的地方，都屬於通路的範疇，也是許多品牌最後接觸消費者的行銷戰場。

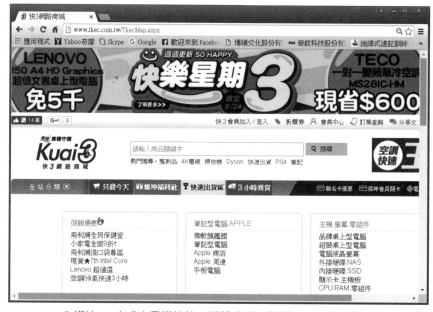

⊘ 燦坤 3C 也成立了燦坤快 3 網路商城，強調 3 小時快速到貨

## 11-5-4 促銷

　　促銷（promotion）或者稱為推廣，就是將產品訊息傳播給目標市場的活動，透過促銷活動試圖讓消費者購買產品，以短期的行為來促成消費的增長。每當經濟成長趨緩，消費者購買力減退，這時促銷工作就顯得特別重要，產品在不同的市場周期時要採用什麼樣的行銷活動與消費者溝通，如何利用促銷手腕來感動消費者，配合廣告及公開宣傳來拓展市場，讓消費者真正受益，實在是行銷活動中最為關鍵的課題。

☝ PChome 購物心經常舉辦促銷活動來刺激買氣

　　網路行銷的最大功能其實就是店家和顧客間能直接溝通對話，由於削弱了原有的批發商、經銷商等中間環節的作用，終端消費者會因此得到更多的實惠。促銷無疑是銷售行為中最直接吸引顧客上門的方式，在網路上企業可以以較低的成本，開拓更廣闊的市場，加上網路媒體互動能力強，最好搭配不同工具進行完整的促銷策略運用，並讓促銷的效益擴展成行動力，精確地引導網友採取實際消費行動。

☝ 486 團購網經常推出俗擱大碗的促銷活動

例如近年來團購被市場視為「便宜」代名詞，琳瑯滿目的團購促銷廣告時常充斥在搜尋網站時的頁面上，成為眾多精打細算消費者紛紛追求的一種現代與時尚的購物方式。由於團購的商品多以店家提供的服務內容為主，在店家資源有限的情況下，往往會限時限量。他們的宗旨是以消費者為核心的模式，並持續開發有一定品質的店家與之合作，完全由消費者來主導商家提供的服務與價格，讓商家可以藉由團購網的促銷吸引大量人氣，呈現給消費者最美好的店家體驗，給店家最有效的精準行銷，也能使最在乎 CP 值的消費者搶到俗擱大碗的商品。

# ⊙ 11-6　熱門網路行銷方式

成功的網路行銷不只要了解顧客的需求與體貼顧客的感受，還必須懂得善用新時代的新工具來幫助你更靠近老顧客。在網路行銷的時代，各種新的行銷工具及手法不斷推陳出新，也讓行銷人員必須與時俱進的學習各種工具來符合行銷效益，就像一件樂高積木堆成的藝術作品。一個好的積木作品之所以創作成功，不會只單靠一種類型的積木就能完成，各種行銷工具就有點像是樂高積木有不同大小與功能，在新技術不斷推陳出新衝擊下，網路行銷的操作手法也跟著不斷變化，單一的行銷工具較無法達成導引消費者到店家或品牌最終目的，必須依靠與配合更多數位行銷技巧，接下來就要為各位介紹目前當紅的網路行銷技巧。

⊙ 企業網站本身就是一種基本的網路行銷工具

**TIPS**

通常駭客（Hack）被認為使用各種軟體和惡意程式攻擊個人和網站的代名詞，不過所謂成長駭客（Growth Hacking）的主要任務就是跨領域地結合行銷與技術背景，直接透過「科技工具」和「數據」的力量於短時間內快速成長與達成各種增長目標，所以更接近「行銷＋程式設計」的綜合體。成長駭客和傳統行銷相比，更注重密集的實驗操作和資料分析，目的是創造真正流量，達成增加公司產品銷售與顧客的營利績效。

## 11-6-1 網路廣告

販售商品最重要的是能夠大量吸引顧客的目光，廣告便是其中的一個選擇，也可以說是指企業以一對多的方式利用付費媒體，將特定訊息傳送給特定的目標視聽眾的活動。傳統廣告主要利用傳單、廣播、大型看板及電視的方式傳播，來達到刺激消費者的購買欲望，進而達成實際的消費行為。網路廣告就是在網路平台上做的廣告，與一般傳統廣告的方式並不相同。

⏺ Yahoo 官方經常打造的創新型態網路廣告

**TIPS**

瘋狂跟班廣告（Crazy Ad）是 Yahoo 推出的廣告模式，在低頭族們快速滑手機的當下，會以特別搶眼的視覺效果突然呈現在消費者面前，達到 100% 吸睛度，點擊效果比橫幅廣告多 10 倍以上。

網路廣告可以定義為是一種透過網際網路傳播消費訊息給消費者的傳播模式，擁有互動的特性，能配合消費者的需求，進而讓顧客重複參訪及購買的行銷活動，優點是讓使用者選擇自己想要看的內容、沒有時間及地區上的限制、比起其他廣告方法更能迅速知道廣告效果。網路廣告的門檻雖然較低，不過如果應用得當，仍然可以翻轉中小企業業績，大幅縮短消費距離，而且外溢效果極為強大，越來越多的網路廣告跟我們生活息息相關，科技越來越發達，廣告模式也更五花八門，以下是 Web 上常見的網路廣告類型。

**TIPS**

- 橫幅廣告（Banner Ad）是最常見的收費廣告，在所有與品牌推廣有關的數位行銷手段中，橫幅廣告的作用最為直接，通常都會再加入鏈結以引導使用者至廣告主的宣傳網頁，不過目前多數人已習慣忽略橫幅廣告，甚至認為會干擾消費體驗，而且在行動裝置應用上，互動方式受限，因此並不受行動使用者喜愛。

- 按鈕式廣告（Button Ad）是一種小面積的廣告形式，因為收費較低，較符合無法花費大筆預算的廣告主，例如行動呼籲（Call to Action, CTA）鈕就是一個按鈕式廣告模式，就是希望召喚消費者去採取某些有助消費的活動。至於彈出式廣告（Pop-up Ads）或稱為插播式（Interstitial）廣告，當網友點選連結進入網頁時，會彈跳出另一個子視窗來播放廣告訊息，強迫使用者接受，這種廣告容易產生反感。

## 11-6-2 原生廣告

隨著消費者自主性越來越強，除了對於大部分廣告沒興趣之外，也不喜歡那種被迫推銷的心情，因此反而讓廣告主得不到行銷的效果，如何讓訪客瀏覽體驗時的干擾降到最低，盡量以符合網站內容不突兀形式出現，一直是廣告業者努力的目標。原生廣告（Native advertising）就是熱門討論的廣告形式，具備跨環境與跨裝置特性，可在 App、行動版網站和電腦版網站上放送，主要呈現方式為圖片與文字描述，不再守著傳統的橫幅式廣告，而是圍繞著使用者體驗和產品本身，可以將廣告與網頁內容無縫結合，讓消費者根本沒發現正在閱讀一篇廣告，點擊率通常會是一般顯示廣告的兩倍。

原生廣告的不論在內容型態、溝通核心，或是吸睛度都有絕佳的成效，改變以往中斷消費者體驗的廣告特點，換句話說，那些你一眼就能看出是廣告的廣告，就不能算是原生廣告，轉而融入消費者生活，讓瀏覽者不容易發現自己正在看的其實是一則廣告，目的就是為了要讓廣告「不顯眼」（unobtrusive），卻能自然地勾起消費者興趣。例如生產蜂膠、奶粉的易而善公司就成功透過行動原生廣告，用戶在行動裝置上看到廣告，就可立即點擊、並以電話索取體驗包，試用滿意再購買。

◎ 易而善公司的行動原生廣告讓業績開出長紅

原生廣告能不中斷使用者體驗，提升使用者的接受度，效果勝過傳統橫幅廣告，是目前網路廣告的趨勢。例如透過與地圖、遊戲等行動 App 密切合作客製的原生廣告，能夠有更自然的呈現，像是 Facebook 與 Instagram 廣告與贊助貼文，天衣無縫將廣告完美融入網頁，或者 LINE 官方帳號也可視為原生廣告的一種，由用戶自行選擇是否加入該品牌官方帳號，自然會增加消費者對品牌或產品的黏著度，在不知不覺中讓消費者願意點選、閱讀並主動分享，甚至刺激消費者的購買慾。

◎ LINE 官方帳號廣告也可視為原生廣告的一種方式

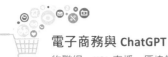
## 11-6-3 即時競價廣告（RTB）

現代人通勤喜歡坐捷運時滑手機、上班時用桌機、下班後邊看電視邊盯 IG、晚上睡不著覺時玩遊戲機，這幾乎已經是日常的固定節奏了。過去因為電視媒體具有普遍性，相對的閱聽人並沒有太多的主動權，由於跨螢行為已經是目前消費者的主流，消費者也容易選擇和決定他們想看的內容，隨著用戶的使用行為所創造的相關資數據持續累積，不斷產出新型態廣告模式來跟使用者溝通。因此一股以自動化廣告購買為基礎的 RTB 浪潮正快速竄起，因為 RTB 廣告跨越多屏，並且整合行動平台，最符合這種潮流。所謂即時競標廣告（Real-time bidding ,RTB），則是近來新興的目標式網路廣告模式，相當適合有強烈行動廣告需求的電商業者，允許廣告主以競標來購買目標對象，因為 RTB 廣告的有效性正快速地吸引廣告預算投入。

⊙ 推特（Twitter）以 3.5 億美元收購行動廣告服務平台 MoPub

由程式瞬間競標拍賣方式，廣告主對某一個曝光廣告出價，價高者得標，廣告主會期望除了廣告「被曝光」之外，還要能夠真正帶入「被轉換」，至於目標對象的選定，可以透過消費者的網路瀏覽行為，從而將廣告受眾做更精確的分類，然後利用數據來分析喜好，再精準投放不同的廣告，所以這樣的模式非常彈性，選擇不出價就能省下不必要的浪費。

相較於之前廣告主投放的傳統大範圍廣告模式，無法確定真正點擊廣告的消費群，往往因而浪費大筆預算，RTB 讓廣告主用他們願意付出的成本直接投放給精準的受眾，出價最高的廣告主就能將廣告投放到目標群眾的眼前，而且不只是讓目標對象看見，消費者悠遊在多個數位螢幕時，贏家的廣告會馬上出現在媒體廣告版位。這樣的方式每個人看到的廣告將會更精準符合需求，可以提升廣告主的廣告投放效益，廣告主買的不只是曝光量或點擊率，而是實際的行銷效果，消費者也看到對他真正有用的訊息，這樣的結果讓廣告主與消費者能同時雙贏。

### TIPS

Google Adsense 是一項免費的廣告計畫，各種規模的網站發佈商都可以用自己的網站顯示內容精確的 Google 廣告，包辦所有 Google 的廣告投放服務，例如店家可以根據目標決定出價策略，選擇正確的廣告出價類型，對於降低廣告費用與提高廣告效益有相當大的助益，例如是否要著重在獲得點擊、曝光或轉換。

## 11-6-4 簡訊與電子郵件行銷

至今擁有手機的人口將佔全球人口的 90% 以上，在台灣地區更是每 10 個人中就會有 9 個人使用行動裝置，加上手機不離身，簡訊（Short Message Service, SMS）行銷便透過手機簡訊的管道進行行銷活動，也是行動行銷經營忠實客群的最佳工具，更有研究顯示，SMS 開信率高達 90%，遠高於 Email 20% 的開信率。店家利用手機簡訊與消費者聯絡感情，傳遞活動訊息與品牌資訊，傳送促銷活動訊息給現有客戶和潛力客戶，還可以加強售後服務與建立形象口碑。

⬆ 簡訊行銷讓你更貼近潛在顧客的心

圖片來源：https://a1.digiwin.com/product/SMS.php

在 SMS 行銷興起的同時,電子郵件行銷(Email Marketing)則是許多企業喜歡的行銷手法,即使在行動通訊軟體及社群平台盛行的環境下,電子郵件仍然屹立不倒,雖然不是新的行銷手法,但卻是跟顧客聯繫感情不可或缺的工具。例如將含有商品資訊的廣告內容,以電子郵件的方式寄給不特定的使用者,也算是一種「直效行銷」。隨著行動科技越來越發達,擁有智慧型手機的使用者節節攀升,越來越多人會使用行動裝置來瀏覽信件匣,根據統計今天幾乎有高達 68% 的人會使用行動裝置來收發電子郵件,除了增加了電子郵件使用的便利性、時效性及開信率,在行動行銷盛行的今天,全球電子郵件每年仍以 5% 的幅度持續成長中,如何讓 Email 行銷的效果更上一層樓,這個方向也要開始走向行動化思考了。

不過在資訊爆炸的時代,垃圾郵件到處充斥,研究顯示大部分的人在手機產品的專注力平均僅 8 秒,如果直接就向用戶發送促銷 Email,絕對會大幅降低消費者對於商業郵件的注意力,店家將很難獲得與其溝通的機會,最好是同時利用廣告、贈品來吸引用戶的興趣,然後再根據網友所瀏覽過的商品,自動寄一份相關的商品訊息給他。例如 7-ELEVEn 網站常常會為會員舉辦活動,利用折扣或是抽獎等誘因,讓會員樂意經常接到 7-ELEVEn 的產品訊息郵件,或者能與其他媒介如網站、社群媒體和簡訊整合,是消費者參與互動最有效的多元管道。

店家透過電子郵件宣傳時,不再以純文字版本為主,最好也可以同步發揮你的視覺化創意,吸引讀者跟你互動,順便在郵件內容中加入適當的影音促銷訊息,絕對是實現網路行銷效果的最佳利器。如果想優化 Email 行銷,各位對於線上線下的客戶也應該同時掌握,線下活動招攬來的客戶,絕對比線上的

🔘 7-ELEVEn 超商的電子郵件行銷相當成功

客戶來得精準,因此必須把握任何線下活動所留下來的 Email 名單,這樣做的好處就是成本低廉,而且客戶關注力高,也可以避免直接郵寄 Email 造成用戶困擾所帶來的潛在傷害。

## 11-6-5 電子報行銷

電子報行銷(Email Direct Marketing)也是一個主動出擊的網路行銷戰術,目前電子報行銷依舊是企業經營老客戶的主要方式,多半是由使用者訂閱,再經由信件或網頁的方式來呈現行銷訴求。由於電子報費用相對低廉,加上可以追蹤,大大的節省行銷時間及提高成交率。電子報行銷的重點是搜尋與鎖定目標族群,缺點是並非所有收信者都會有興趣去閱讀電子報,因此所收到的廣告效益往往不如預期。

電子報的發展歷史已久，隨著時代改變，使用者的習慣也改變了，如何提升店家電子報在行動裝置上的開信率，成效就取決於電子報的設計和規劃，在打開電子報時能擁有良好的閱覽體驗，加上運用和讀者對話的技巧吸引注意。設計行動電子報的方式也必須有所改變，必須讓電子報在不同裝置上，都能夠清楚傳達訊息，在手機上也不適合看太長的文章，點擊電子報之後的到達頁（Landing Page）也應該要能在行動裝置上妥善顯示等。

**TIPS**

> 網路上每則廣告都需要指定最終到達的網頁，到達頁（Landing Page）就是使用者按下廣告後到直接到達的網頁，到達頁和首頁最大的不同，就是到達頁雖然只有一個頁面，就要完成讓訪客馬上吸睛的任務，通常這個頁面是以誘人的文案請求訪客完成購買或登記。

例如透過 HTML 5 語言進行設計，方便以手機瀏覽電子報內容，使用夠大的連結按鈕，讓客戶無需放大畫面就能輕鬆的點擊，以避免客戶收到電子報時發生閱覽障礙，或者可以將電子報以動畫方式呈現，添加幾分活潑的氣氛，刪除不相干的文字或圖片，特別是好的主旨容易勾住收信者的目光，幫助客戶迅速抓住重點，常被用來提升轉換率的行動呼籲紐（Call-to-Action,CTA），更是要好好利用，是整封電子報相當重要的設計，都能讓收信者有意願點開電子報閱讀。

◎ 遊戲公司經常利用電子報維繫與玩家的互動

**TIPS**

> 行動呼籲鈕（Call to Action, CTA）是希望訪客去達到某些目的的行動，就是希望召喚消費者去採取某些有助消費的活動，例如故意將訪客引導至網站策劃的「到達頁面」（Landing Page），會有特別的 CTA，讓訪客參與店家企畫的活動。

## 11-6-6 飢餓行銷

「稀少訴求」（scarcity appeal）在行銷中是經常被使用的技巧，飢餓行銷（Hunger Marketing）是以「賣完為止、僅限預購」來創造行銷話題，就是「先讓消費者看得到但買不到！」，製造產品一上市就買不到的現象，利用顧客期待的心理進行商品供需控制的手段，促進消費者購買

該產品的動力，讓消費者覺得數量有限而不買可惜。「我也不知道為什麼？」許多產品的爆紅是一場意外，例如前幾年在超商銷售的日本「雷神」巧克力，吸引許多消費者瘋狂搶購，台灣人就連到日本玩，也會把貨架上的雷神全部掃光，一時之間，成為最紅的飢餓行銷典範話題。

◎ 雷神巧克力是充分運用飢餓行銷的經典範例

此外，各位可能無法想像大陸熱銷的小米機也是靠飢餓行銷，特別是小米將這種方式用到了極致，本著利用「物以稀為貴、限量是殘酷」的原理，小米藉由數量控制的手段，每每在新產品上市前與初期，都會刻意宣稱產量供不應求，不但能保證小米較高的曝光率，往往新品剛推出就賣了數千萬台，就是利用「缺貨」與「搶購熱潮」瞬間炒熱話題，在小米機推出時的限量供貨被秒殺開始，刻意在上市初期控制數量，維持米粉的飢渴度，造成民眾瘋狂排隊搶購熱潮，促進消費者追求該產品的動力，直到新聞話題炒起來後，就開始正常供貨。

## 11-6-7 內容行銷

我們看到越來越多的企業把網路端策略納入到網路行銷的領域，內容行銷（Content Marketing）市場逐漸成熟，當然也代表著網路行銷競爭的成長，已經成為目前最受企業重視的行銷策略之一，經由內容分享以及提升，吸引人們到你的社群媒體或行動平台進行觀看，默默把消費者帶到產品前，引起消費者興趣並最後購買產品。內容可以說就是網路行銷的未來，一篇好的行銷內容就像說一個好故事，一個觸動人心的故事，反而更具行銷感染力，每個故事就

是在描述一個產品，成功之道就在於如何設定內容策略。幫你的產品或服務說一個好故事，其中特別是以影片內容最為有效可以吸引人點閱，因為影片可以塑造情境，感受到情感的衝擊，讓觀眾參與你的產品和體驗，內容行銷必須更加關注顧客需求，因為創造的內容還是為了某種行銷目的，銷售意圖絕對要小心藏好，也不能只是每天產生一堆內容，必須長期經營追蹤與顧客的互動。

內容行銷是一門與顧客溝通但盡量不做任何銷售的藝術，不僅可以帶來網站的高流量，更能提高轉化率的發生，形式可以包括文章、圖片、影片、網站、型錄、電子郵件等，必須避免直接明示產品或服務，透過消費者感興趣的內容來潛移默化傳遞品牌價值，更容易帶來長期的行銷效益，甚至進一步讓人們主動幫你分享內容，以達到產品行銷的目的，重要性對於線上或線下店家都是不言可喻的。

⊘ Red Bull 長期經營與運動相關的品牌內容力

身為全球第一大能量飲料品牌的紅牛（Red Bull）算是「內容行銷」成功的經典範例，利用內容行銷的渲染下，在全球消費者心中建立了品牌黏著度，間接成功帶動了產品銷售的熱潮。當各位點閱紅牛官網時，真的一點都看不到任何產品的訊息，他們成功的策略就是不直接跟你行銷產品，取而代之的是透過豐富有趣的全方位運動生活內容和創新企劃，搖身一變成為全球運動內容提供者，結合各種極限運動、戶外冒險、體育賽事、文化創意與演唱會等報導，將品牌自然地融入內容中，把能量飲料做了最完美的行銷，傳遞紅牛品牌想要帶給消費者充滿「能量」的運動感受。

## 11-6-8 病毒式行銷

「病毒式行銷」（Viral Marketing）主要方式倒不是設計電腦病毒讓造成主機癱瘓，它是利用一個真實事件，以「奇文共賞」的模式分享給周遭朋友，身處在數位世界，每個人都是一個媒體中心，可以快速的自製並上傳影片、圖文，能使品牌故事擴大延伸，行銷如病毒般擴散，並且一傳十、十傳百地快速轉寄這些精心設計的商業訊息，病毒行銷要成功，關鍵是內容必須在「吵雜紛擾」的網路世界脫穎而出，才能成功引爆話題。

例如網友自製的有趣動畫、視訊、賀卡、電子郵件、電子報等形式，其實都是很好的廣告作品，如果商品或這些商業訊息具備感染力，會加快被討論的過程，隨手轉寄或推薦的動作，正如同病毒一樣深入網友腦部系統的訊息，傳播速度之迅速，實在難以想像。由於口碑推薦會比其他廣告行為更具說服力，例如當觀眾喜歡一支廣告，而且認為討論、分享能帶來社群效益，病毒內容才可能擴散，同時也會帶來人氣。簡單來說，兩個功能差不多的商品放在消費者面前，只要其中一個商品多了「人氣」的特色，消費者就容易有了選擇的依據。

Facebook 創辦人也參加 ALS 冰桶挑戰賽

2014 年由美國漸凍人協會發起的冰桶挑戰賽就是一個善用社群媒體來進行病毒式行銷的活動。該公益活動的發起是為了喚醒大眾對於肌萎縮性側索硬化症（ALS），俗稱漸凍人的重視，挑戰方式很簡單，志願者可以選擇在自己頭上倒一桶冰水，或是捐出 100 美元給漸凍人協會。除了被冰水淋濕的畫面，正足以滿足人們的感官樂趣，加上活動本身簡單、有趣，更獲得不少名人加持，讓社群討論、分享、甚至參與這個活動變成一股潮流，不僅表現個人對公益活動的關心，也和朋友多了許多聊天話題。

台北世大運以「意見領袖 - 網紅」創造病毒行銷宣傳

**TIPS**

話題行銷（Buzz Marketing）或稱蜂鳴行銷，和口碑行銷類似，企業或品牌利用最少的方法主動進行宣傳，在討論區引爆話題，造成人與人之間的口耳相傳，如蜜蜂在耳邊嗡嗡作響的 buzz，然後再吸引媒體與銷非者熱烈討論。

## 11-6-9 使用者創作內容行銷

　　使用者創作內容（User Generated Content, UGC）行銷是代表由使用者創作內容的一種行銷方式，這種聚集網友創作來內容，也算是近年來蔚為風潮的內容行銷手法的一種，能建立且加強消費者對品牌的社群連結，可以看成是一種由品牌設立短期的行銷活動，觸發網友的積極性，去參與影像、文字或各種創作的熱情，全天候地生產更多內容與觸及更多消費者，可以有效連結品牌與有購買意願的消費者。

　　由品牌設立短期的行銷活動，讓廣告不再只是廣告，不僅能替品牌加分，也讓網友擁有表現自我的舞台，讓每個參與的消費者更靠近品牌，促使目標消費群替品牌完成宣傳任務。例如澳洲昆士蘭旅遊局最早為了行銷大堡礁，對外徵求「大堡礁島主」，雀屏中選者只需將在那裡生活點滴的創作在部落格與人分享，就可以獲得一份時薪約 4 萬 5 千元台幣的高薪。在短短的時間內，吸引了超過 3 萬多位各國人士報名，這就算是

◎「大堡礁島主」活動就是一種 UGC 行銷

一種典型 UGC 行銷。在 2013 年星巴克推出了白色可重複使用的塑料杯，特別舉辦了一個手繪紙杯競賽，鼓勵網友在星巴克紙杯上發揮自己的創作靈感，後來不少消費者走進來消費，除了喝一杯暖心的咖啡外，還渴望在星巴克的白紙杯上塗鴉，除了鼓勵顧客發揮創意讓紙杯有專屬感，還推廣了可重複使用紙杯，而且當你用這個紙杯購買飲料時，星巴克還會給你 0.1 美元的折價優惠。

## 11-6-10 關鍵字行銷

　　由搜尋引擎急速發展所帶動的關鍵字（Keyword）廣告，已經是電視、平面廣告或數位行銷市場的必備元素。搜尋引擎行銷最重要的就是「關鍵字」，關鍵字是與店家網站內容相關的

重要名詞或片語,關鍵字策略要符合品牌的精神。例如企業名稱、網址、商品名稱、專門技術、活動名稱等。由於網站流量的重要來源有一部分是來自於搜尋引擎的關鍵字搜尋,因為每一個關鍵字的背後可能都代表一個購買的動機,所以對於有廣告預算的業者是種不錯的行銷工具。

關鍵字廣告(Keyword Advertisements)已經是許多商家行動行銷的入門選擇之一,它的功用可以讓店家的行銷資訊在搜尋關鍵字時,將店家所設定的廣告內容曝光在搜尋結果最顯著的位置,以最簡單直接的方式,接觸到搜尋該關鍵字的網友所而產生的商機,不過和過去的關鍵字廣告相比,新的行動關鍵字廣告更強調圖像化、產品規格與價格顯示,並更具互動性。

> **TIPS**
>
> - 目標關鍵字(Target Keyword)是網站確定的主打關鍵字,也就是網站上目標使用者搜索量相對最大與最熱門的關鍵字,會為網站帶來大多數的流量,並在搜尋引擎中獲得排名的關鍵字。
> - 長尾關鍵字(Long Tail Keyword)是網頁上相對不熱門,但接近目標關鍵字的字詞,通常都是片語或短句,可能是一般不會最先直接想到的字詞,但描述卻更精準的短句。

購買關鍵字廣告因為成本較低效益也高,而成為數位行銷手法中不可或缺的一環,就以國內最熱門的入口網站 Yahoo! 奇摩關鍵字廣告為例。當使用者查詢某關鍵字時,會出現廣告業主所設定出現的廣告內容,在頁面中包含該關鍵字的網頁都將作為搜尋結果被搜尋出來,這時各位的網站或廣告可以出現在搜尋結果顯著的位置,增加網友主動連上該廣告網站,間接提高商品成交機會。

在此輸入關鍵字 ——

購買關鍵字廣告的客戶網站會出現在較顯著位置

關鍵字行銷

# 搜尋引擎最佳化

　　網站流量一直是網路行銷中相當重視的指標之一，而其中能夠有效增加流量的方法就是搜尋引擎最佳化（Search Engine Optimization, SEO），也稱作搜尋引擎優化，是近年來相當熱門的網路行銷方式，是一種讓網站在搜尋引擎中取得 SERP 排名優先方式，終極目標就是要讓網站的 SERP 排名能夠到達第一。

**TIPS**

SERP（Search Engine Results Pag）是使用關鍵字，經搜尋引擎根據內部網頁資料庫查詢後，所呈現給使用者的自然搜尋結果的清單頁面，SERP 的排名是越前面越好。

　　SEO 主要是分析搜尋引擎的運作方式與其演算法（algorithms）規則，透過網站內容規劃進行調整和優化，提高網站在搜尋引擎內排名的方式，進而提升網站的訪客人數，可以合法增加網站流量和與自然點閱率（CTR），甚至於提升轉換率增加訪客參與。

**TIPS**

點閱率（Click Though Rate, CTR），或稱為點擊率，是指在廣告曝光的期間內，有多少人看到廣告後決定按下的人數百分比，也就是指廣告獲得的點擊次數除以曝光次數的點閱百分比，可作為一種衡量網頁熱門程度的指標。

　　例如當各位在 Yahoo、Google 等搜尋引擎中輸入關鍵字後，由於大多數消費者只會注意搜尋引擎最前面幾個（2~3 頁）搜尋結果，經過 SEO 的網頁可以在搜尋引擎中獲得較佳的名次，曝光度也就越大，被網友點選的機率必然大增，進而可能取得高流量與增加銷售的機會。對消費者而言，SEO 是搜尋引擎的自然搜尋結果，而非一般廣告，通常點閱率與信任度也比關鍵字廣告來得高。SEO 的核心價值是讓使用者上網的體驗最優化，隨著搜尋引擎的演算法不斷改變，SEO 操作也必須因應調整，包括常用關鍵字、網站頁面內（on-page）優化、頁面外（off-page）優化、相關連結優化、圖片優化、網站結構等。

在此輸入速記法，會發現榮欽科技出品的油漆式速記法排名在第一位

⊘ SEO 優化後的搜尋排名

1. 請簡介數位行銷（Digital Marketing）。

2. 何謂行銷組合（marketing mix）？

3. 試簡述行銷組合的 4P 理論。

4. 請說明長尾效應（The Long Tail）。

5. 試簡述 STP 理論。

6. 請說明 SWOT 分析。

7. 何謂飢餓行銷？

8. 請簡介使用者創作內容（UGC）行銷。

9. 請簡介電子報行銷（Email Direct Marketing）。

10. 請簡介原生廣告（Native advertising）。

11. 什麼是網路廣告？

12. 關鍵字行銷的作法為何？

13. 什麼是即時競標廣告（RTB）？

14. 請簡介病毒式行銷（Viral Marketing）。

# MEMO

# 社群商務的規劃與
# 行銷策略

**12**

>> 認識社群

>> 社群行銷的特性

>> Facebook 行銷策略

>> 經營粉絲專頁

>> IG 行銷策略

>> 標籤（Hashtag）行銷

>> 焦點專題：微電影影音社群行銷

　　我們的生活已經離不開網路，而與網路最形影不離的就是「社群」，社群早已經成為現代人衣食住行中的第五個不可或缺的要素。社群的觀念可從早期的 BBS、論壇，一直到部落格、Instagram、微博或者 Facebook、Plurk（噗浪）、Twitter（推特）、Pinterest、Instagram、或者微博，主導了整個網路世界中人跟人的對話，網路傳遞的主控權已快速移轉到社群粉絲手上。例如 Facebook 在 2021 年初時，全球使用人數已突破 28 億，它的出現令民眾生活型態有不少改變，例如可隨時隨地打卡與分享照片，而成為國人最愛用的社群網站。

Facebook 不但引發轟動，當年更是掀起一股「偷菜」熱潮

## 12-1　認識社群

　　「社群」可以看成是一種由節點（node）與邊（edge）所組成的圖形結構（graph），其中節點所代表的是人，至於邊所代表的是人與人之間各種相互連結的多重關係，新成員的出現又會產生更多的新連結，整個社群所帶來的價值就是每個連結創造出價值的總和，節點越多，行銷價值越大，進而形成連接全世界的社群網路。

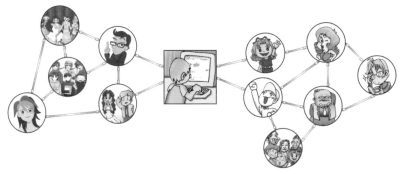

社群的網狀結構示意圖

社群網路服務（Social Networking Service, SNS）的核心精神在於透過提供有價值的內容與訊息，社群中的人們彼此會分享資訊，網際網路一直具有社群特性，相互交流間產生了依賴與歸屬感。由於這些網路服務具有互動性，除了能夠幫助使用者認識新朋友，還可以透過社群力量，利用「按讚」、「分享」與「評論」等功能，對感興趣的各種資訊與朋友們進行互動，讓大家在共同平台上，經營管理自己的人際關係，甚至把店家或企業行銷的內容與訊息擴散給更多人看到。

⊘ 美國前總統川普經常在推特上發文表達政見

> ### TIPS
>
> 社群網路服務是基於哈佛大學心理學教授 Stanely Milgram 所提出的「六度分隔理論」（SixDegreesofSeparation）來運作。這個理論主要是說在人際網路中，平均只需在社群網路中走六步即可到達，簡單來說，這個世界事實上是緊密相連著的，只是人們察覺不出來，地球就像 6 人小世界，假如你想認識美國前總統川普，只要找到對的人，在 6 個人之間就能得到連結。

## 12-1-1　同溫層效應

　　社群網路本質就是一種描述相關性資料的圖形結構，會隨著時間演變成長，網路社群代表著一群群彼此互動關係密切且有著共同興趣的用戶，用戶人數也會越來越廣，就像拓展人脈般，正面與負面訊息都容易經過社群被迅速傳播，以此提升社群活躍度和影響力。由於到了網路虛擬世界，群體迷思會更加凸顯，個人往往會感到形單影隻，這時特別容易受到所謂同溫層（stratosphere）」效應的影響。

　　「同溫層」所揭示的是一個心理與社會學上的問題，美國學者 Cass Sunstein 表示：「雖然上百萬人使用網路社群來拓展視野，同時也可能建立起新的屏障，許多人卻反其道而行，積極撰寫與發表個人興趣及偏見，使其生活在同溫層中。」簡單來說，與我們生活圈接近且互動頻繁的用戶，通常同質性高，所獲取的資訊也較為相近，比較願意接受與自己立場相近的觀點，對於不同觀點的事物，選擇性地忽略，進而形成一種封閉的同溫層現象。同溫層效應絕大部分也是因為目前許多社群會主動篩選你的貼文相關內容，在社群演算法邏輯下，會透過用戶過去偏好，推播與你相似的想法與言論，例如當用戶在社群閱讀時，往往傾向於點擊與自己主觀意見相合的訊息，而對相反的內容視而不見。不過對於行銷產品而言，不斷地跟同溫層對話，儘

管可以得到溫暖回應，但是對於店家或品牌還是有其侷限性，應該盡量打破同溫層的藩籬，真正地走向更廣大的普羅大眾。

## 12-1-2 社群商務與粉絲經濟

Facebook 的 Mark Zuckerberg：「如果我一定要猜的話，下一個爆發式成長的領域就是社群商務（Social Commerce）」。社群商務是社群與商務的組合名詞，透過社群平台可獲得更多商業顧客，並利用社群平台的特性鞏固粉絲與消費者，不但能提供消費者在社群空間的分享與溝通，又能滿足消費者的購物欲望，更進一步能創造店家或品牌更大的商機。

社群商務真的有那麼大潛力嗎？這種「先搜尋，後購買」的商務經驗，正以進行式的方式反覆在現代生活中上演，根據統計報告顯示，有 2/3 美國消費者購買新產品時會先參考社群上的評論，且有 1/2 以上受訪者會因為社群媒體上的推薦而嘗試全新品牌。比起一般傳統廣告，現代消費者更相信網友或粉絲的介紹，根據統計有 88% 的消費者會被社群其他用戶的意見或評論所影響，表示 C2C（消費者影響消費者）模式的力量愈來愈大，深深影響大多數消費者的購買決策，而藉由社群口碑的力量，也漸漸發展出「社群商務（Social Commerce）」。

> **TIPS**
>
> 消費者對消費者（consumer to consumer, C2C）模式就是指透過網際網路，交易與行銷的買賣雙方都是消費者，由客戶直接賣東西給客戶，網站則是抽取單筆手續費。每位消費者可以透過競價得到想要的商品，就像是常見的傳統跳蚤市場。

例如大陸紅極一時的小米手機，其爆發性成長並非源於卓越的技術創新能力，而是透過培養死忠小米品牌的粉絲族群進行社群口碑式傳播，在線上討論與線下組織活動，分享交流使用小米的心得，數千萬台的銷售佳績在短期內將大陸其他手機廠商擠下銷售排行榜。

粉絲經濟的定義是基於社群商務而形成的一種經濟思維，透過交流、推薦、分享、互動模式，不但是一種聚落型經濟，社群成員之間的互動更是粉絲經濟運作的動力來源。首先要知道粉絲到社群是來分享心情，而不是來看廣告，現在的消費者早已厭倦老舊的強力推銷手法，唯有仔細傾聽彼此需求，關係才能走得長遠。

🔘 小米成功運用社群贏取大量粉絲

### 12-1-3 SoLoMo 模式

愈來愈多社群平台提供了行動版的行動社群，透過手機使用社群的人口正在快速成長，形成「行動社群網路」（Mobile Social Network），也讓許多店家與品牌在 SoLoMo（Social、Location、Mobile）模式中趁勢而起。所謂 SoLoMo 模式是由 KPCB 合夥人 John Doerr 於 2011 年所提出的趨勢概念，強調「在地化的行動社群活動」，主要是因為行動裝置的普及和無線技術的發展，讓 Social（社交）、Local（在地）、Mobile（行動）三者合一更為緊密結合，顧客會同時受到社群（Social）、本地商店資訊（Local）、以及行動裝置（Mobile）的影響，代表行動時代消費者會有以下三種現象：

↗ 社群化（Social）：在行動社群網站上互相分享內容已經是家常便飯，很容易可以仰賴社群中其他人對於產品的分享、討論與推薦。

⊘ 行動社群行銷提供即時購物商品資訊

↗ 行動化（Mobile）：民眾透過手機、平板電腦等裝置隨時隨地查詢產品或直接下單購買。

↗ 本地化（Local）：透過即時定位找到最新最熱門的消費場所與店家訊息，並向本地店家購買服務或產品。

例如想找一家性價比較高的餐廳用餐，透過行動裝置上網與社群分享的連結，然後藉由適地性服務（LBS）找到附近口碑不錯的用餐地點，都是 SoLoMo 很常見的生活應用。

## ⏱ 12-2 社群行銷的特性

正所謂「顧客在哪，行銷點就在哪！」，對於行銷人員來說，數位行銷的工具相當多，很難一一投入，而且所費成本也不少，而社群媒體則是目前大家最廣泛使用的工具。尤其是剛成立的品牌或小店家，沒有專職的行銷人員可以處理行銷推廣的工作，所以使用社群來行銷品牌與產品，絕對是店家與行銷人員不可忽視的熱門趨勢。

⊙ Gap 經常在 Instagram 發佈時尚短片，引起廣大熱烈迴響

所謂「戲法人人會變，各有巧妙不同」，社群行銷不只是一種網路行銷工具的應用，社群行銷已經是目前無法抵擋的趨勢，例如社群中最受到歡迎的功能，包括照片分享、位置服務即時線上傳訊、影片上傳下載等功能變得更方便使用，然後再藉由社群媒體廣泛的擴散效果，透過朋友間的串連、分享、社團、粉絲頁的高速傳遞，使品牌與行銷資訊有機會觸及更多的顧客。各位要做好社群行銷前，先得要搞懂社群的本質，才能談如何建立死忠粉絲群，當然首先我們就必須了解社群行銷的四大特性。

## 12-2-1 分享性

分享是社群行銷的終極武器，分享在社群行銷的層面上，肯定是天條，絕對不能違背，共同分享與實際參與是建立消費者忠誠度的主要方法，無論粉絲專頁或社團經營，主要都是社群訊號（Social Signal）所引起。例如「分享」絕對是經營品牌的必要成本，還要能與消費者引發「品牌對話」的效果。社群並不是一個可以直接販賣的場所，有些店家覺得設了一個 Facebook

或 Instagram 粉絲專頁，以為三不五時到 FB、IG 貼貼文、放放圖片，就可以打開知名度，讓品牌能見度大增，這種想法還真是大錯特錯！事實上，就算許多人已經成為你的粉絲，不代表他們就一定願意被你推銷。

**TIPS**

社群訊號（Social Signal）也稱為社交訊號，就是用戶與社群媒體的互動行為，包括影片觀看次數、留言數、瀏覽量、點擊率、分享次數、訂閱等，任何能引起受眾的反應都是好事。

社群行銷的一個死穴，就是要不斷創造分享與討論，因為所有社群行銷只有透過「借力使力」的分享途徑，才能增加品牌的曝光度。例如在社群中分享真實小故事，或者關於店家產品的操作技巧、密技、好康議題等類型的貼文，絕對會比廠商付費狂轟猛炸的業配文更讓人吸睛，如果配合品質與包裝，包括圖片 / 影片美觀性、清晰性、創意性、娛樂性和新聞性，更重要是緊密配合你的行銷主軸，千萬不要圖不對題，就像放上一張美侖美奐的田園風景圖片，就絕對吸引不了想要潮牌服飾的美少女們。

**TIPS**

業配（advertorial）是「業務配合」的簡稱，業配金額從數萬到上百萬都有，也就是商家付錢請電視台的業務部或是網路紅人對該店家進行採訪，透過電視台的新聞播放或網路紅人的推薦，然而商品雖是網紅的經濟命脈，但最終仍建立於觀眾是否對他的影片買單。

社群上相當知名的 iFit 愛瘦身粉絲團，成功建立起全台最大瘦身社群，更直接開放網站團購，並與廠商共同開發瘦身商品。創辦人陳韻如小姐就是經常分享自己的瘦身經驗，除了將瘦身專業知識以淺顯短文表現，強調圖文整合，穿插討喜的自製插畫，搭上現代人最重視的運動減重的風潮，讓粉絲感受到粉絲團的用心經營，難怪讓粉絲團大受歡迎。

☑ 陳韻如靠著分享瘦身經驗坐擁大量粉絲

## 12-2-2 多元性

「平台多不見得好，選對粉絲才重要！」近年來社群網站如雨後春筍般來襲，青菜蘿蔔各有不同喜好，社群的魅力在於它能自行滾動，不同的社群平台，在上面活躍的使用者也有著不一樣的特性，特別是消費者不會接觸與自身核心價值牴觸的品牌。市面上那麼多不同社群平台，第一步要避免所有平台都想分一杯羹的迷思，最好先選出一個打算全力經營的社群平台，尋找出適合與消費者對話的社群，是非常重要的。稍有知名度之後，才開始經營其他平台，發展出適應每個平台不同粉絲的內容。操作社群最重要的是觀察，由於用戶組成十分多元，觸及受眾也不盡相同，選擇時的評估重點在於目標客群、觸及率跟使用偏好，應該根據社群媒體不同的特性，訂定社群行銷策略，千萬不要將 FB 內容原封不動分享到 IG。

⬤ 星巴克喜歡在 IG 上推出有故事的行銷方案

例如店家想要經營好年輕族群，Instagram 就是在全球這波「圖像比文字更有力」的趨勢中，崛起最快的社群分享平台，至於 Pinterest 則有豐富的飲食、時尚、美容的最新訊息。LinkedIn 是目前全球最大的專業社群網站，大多是以較年長，而且有求職需求的客群居多，有許多產業趨勢及專業文章如果是針對企業用戶，那麼 LinkedIn 就會有事半功倍的效果，反而對一般的品牌宣傳不會有太大效果。

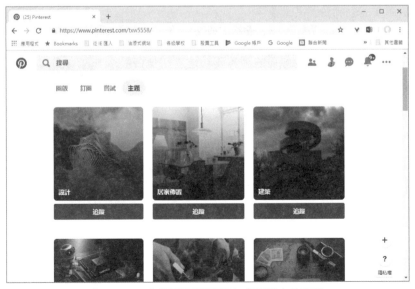

⬤ Pinterest 在社群行銷導購上成效都十分亮眼

如果是針對零散的個人消費者，使用 Instagram 或 Facebook 都很適合，特別是 Facebook 能夠廣泛地連結到每個人生活圈的朋友跟家人。社群行銷時必須多多思考如何抓住口味轉變極快的粉絲，就能和粉絲間有更多更好的互動，才是成功行銷的不二法門。

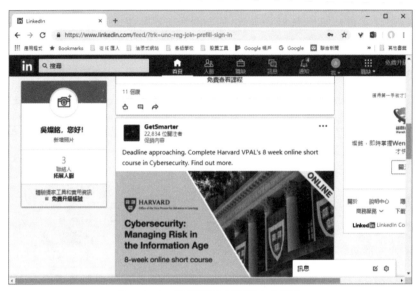

☁ LinkedIn 是全球最大專業人士網站

此外，由於所有行銷的本質都是「連結」，對於不同受眾來説，需要以不同平台進行推廣，因此社群平台間的互相連結能讓消費者討論熱度和延續的時間更長，理所當然成為推廣品牌最具影響力的管道之一。

每個社群都有它獨特的功能與特點，社群行銷的特性是因為「連結」而提升，了解顧客需求並實踐顧客至上的服務，建議各位可將上述的社群網站都加入成為會員，品牌也開始尋找其他適當社群行銷平台，只要有行銷活動就將訊息張貼到這些社群網站，或是讓這些社群相互連結，一旦連結建立的很成功，「轉換」就變成自然而然。如此一來就能增加網站或產品的知名度，大量增加商品的曝光機會，讓許多人看到你的行銷內容，對你的內容產生興趣，最後採取購買的行動，以發揮最大成效。

### 12-2-3 黏著性

　　「熟悉衍生喜歡與信任」是廣受採用的心理學原理，好的社群行銷技巧，除了提高品牌的曝光量，創造使粉絲們感興趣的內容，特別是深度經營客群與開啟彼此間的對話就顯得非常重要。社群行銷成功的關鍵字不在「社群」，而在於「互動」！網友的特質是「喜歡互動」、「需要溝通」，要做社群行銷，就要牢記不怕有人批評你，只怕沒人討論你的鐵律。店家光是會找話題，還不足以引起粉絲的注意，根據統計，社群上只有百分之一的貼文，被轉載超過七次，贏取粉絲信任是一個長遠的過程，觸及率往往不是店家所能控制，黏著度才是重點，了解顧客需求並實踐顧客至上的服務，如此一來就能增加網站或產品的知名度，大量增加商品的曝光機會，並產生消費忠誠和提高績效的積極影響。

⊙ 蘭芝懂得利用社群來培養網路小資女的黏著度

　　例如蘭芝（LANEIGE）隸屬韓國 AMORE PACIFIC 集團，主打的是具有韓系特點的保濕商品，蘭芝粉絲團在品牌經營的策略就相當成功，目標是培養與粉絲的長期關係，為品牌引進更多新顧客，務求把它變成一個每天都必須跟粉絲聯繫與互動的平台，這也是增加社群歸屬感與黏著性的好方法，包括每天都會有專人到粉絲頁去維護留言，將消費者牢牢攬住。

### 12-2-4 傳染性

　　行銷高手都知道要建立產品信任度是多麼困難的一件事，首先要推廣的產品最好需要某種程度的知名度，接著把產品訊息置入互動的內容，透過網路的無遠弗屆以及社群的口碑效應，口耳相傳之間，病毒立即擴散傳染，被病毒式轉貼的內容，透過現有顧客吸引新顧客，利用口碑、邀請、推薦和分享，在短時間內提高曝光率，引發社群的迴響與互動，大量把網友變成購買者，造成了現有顧客吸引未來新顧客的傳染效應。

◎ 統一陽光豆漿結合歌手以 MV 影片行銷產品

　　社群行銷本身就是一種內容行銷（Content Marketing），著眼於利用人們的碎片化時間，過程是不斷創造口碑價值的活動，根據國外統計，約莫有 50% 的消費者，會聽信陌生部落客的推薦而下購買決策。由於網路大幅加快了訊息傳遞的速度，加上社群網路具有獨特的傳染性功能，也拉大了傳遞範圍，那是一種累進式的行銷過程，能產生「投入」的共感交流，講究的是互動與對話，透過現有粉絲吸引新粉絲，利用口碑、邀請、推薦和分享的方式，在短時間內提高曝光率，藉此營造「氣氛」（Atmosphere），引發社群的熱烈迴響與互動。

## ◎ 12-3　Facebook 行銷策略

　　Facebook 是台灣用戶數最多的社群媒體，在網路行銷的戰場中，擁有最重要的戰略地位，特別是 Facebook 在功能上不斷推陳出新，店家開始經營 Facebook 時，心態上真要有鐵杵磨成針的毅力。當然如果各位能更熟悉 Facebook 所提供的各項功能，並吸取他人成功行銷經驗，肯定可以為商品帶來無限的商機。接下來我們會陸續為各位介紹 Facebook 中店家或品牌經常運用在社群行銷的最流行工具與相關功能。由於 Facebook 功能更新速度相當快，也讓品牌更容易鎖定不同的目標客群，如果想即時了解各種新功能的操作說明，可以在帳戶名稱右側的下拉式三角形可以找到「協助和支援」，其中可以找到「使用說明」：

可以進入下圖的說明頁面，不僅可以搜尋要查詢的問題外，也可以看到大家常關心的熱門主題。

## 12-3-1 最新相機功能

根據官方統計，Facebook 上最受歡迎與最多人參與的貼文中，就有高達 90% 以上是跟相片有關，比起閱讀網頁文字，80% 的消費者更喜歡透過相片了解產品內容。Facebook 內建的「相機」功能包含數十種的特效，讓用戶可使用趣味或藝術風格的濾鏡特效拍攝影像，更協助行銷人員將實體產品豐富的視覺元素，透過手機原汁原味呈現在用戶面前，例如邊框、面具、互動式特效等，只需簡單套用，便可透過濾鏡讓照片充滿搞怪及趣味性。如下二圖所示：

同一人物，套用不同的特效，產生的畫面效果就差距很大

要使用手機上的「相機」功能，請先按下「在想些什麼？」的區塊，接著在下方點選「相機」的選項，使進入相機拍照狀態。在螢幕下方選擇各種的效果按鈕來套用，選定效果後按下圓形按鈕就完成相片特效的拍攝。

相片拍攝後螢幕上方還提供多個按鈕，除了可隨手塗鴉任何色彩的線條外，也能使用打字方式加入文字內容，或是加入貼圖、地點和時間。如右下圖所示：

由右而左依序為塗鴉、打字、貼圖、標註人名等設定

可加入貼圖、地點、時間等物件

螢幕左下方按下「儲存」鈕則是將相片儲存到自己的裝置中，或是按下「特效」鈕加入更多的特殊效果。

## 12-3-2　限時動態

限時動態（Stories）能讓 Facebook 的會員以動態方式來分享創意影像，而且多了很多有趣的特效和人臉辨識互動玩法，限時動態已經被應用在 Facebook 家族的各項服務中，而且呈現爆發式的成長。限時動態功能會將所設定的貼文內容於 24 小時之後自動消失，相較於永久呈現在塗鴉牆的照片或影片，對於一些習慣刪文的使用者來說，應該更喜歡分享稍縱即逝的動態效果。對品牌行銷而言，限時動態不但已經成為品牌溝通重要的管道，正因為是 24 小時閱後即焚的動態模式，加上全螢幕的沉浸式觀看體驗，會讓用戶更想常去觀看「即刻分享當下生活與品牌花絮片段」的限時內容，並與粉絲透過輕鬆原創的內容培養更深厚的關係，也能透過這個方式與粉絲分享商家的品牌故事，為粉絲群提供不同形式的互動模式。

如何在極短時間中抓住消費者的目光，是限時動態品牌內容創作的一大考驗。想要發佈自己的「限時動態」，請在手機 Facebook 上找到如下所示的「建立限時動態」，按下「+」鈕就能進入建立狀態，透過文字、Boomerang、心情、自拍、票選活動、圖庫照片選擇等方式來進行分享。在限時動態發佈期間，也可隨時查看觀看的用戶人數：

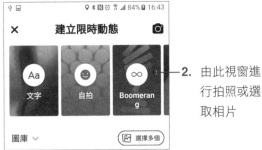

1. 按下此鈕建立限時動態

2. 由此視窗進行拍照或選取相片

## 12-3-3 新增預約功能

Facebook 提供了一些免費 Facebook 商業工具，包括 Facebook 預約、主辦付費線上活動、發佈徵才貼文、在網站新增聊天室，如下圖所示：

「新增預約功能」可以將粉絲化為顧客，目前可以設定開放預約的日期和時段及顯示可供用戶預約的服務，同時也可以自動發送預約確認和提醒訊息。

### 12-3-4 主辦付費線上活動

各位透過付費線上活動，可以在 Facebook 主
辦線上活動並開放付費參加，讓粉絲在線上齊聚
一堂，也只有這些粉絲可以以付費的方式來獨享
內容，對主辦活動者而言也是可以增加收入。通
常線上活動可以是直播視訊或訪談或有趣的活動
安排，只要各位同意《服務條款》並新增你的銀
行帳戶資訊，即可立即開始享用這項免費的行銷
工具。

### 12-3-5 聊天室與 Messenger

我們都知道 Facebook 不是發發貼文就能蹭出曝光量的事實，品牌需要投入更多資源，並
與用戶建立更高強度的關係連結，即時通訊 Messenger 就是不錯的工具。當各位開啟 Facebook
時，哪些 Facebook 的朋友已上線，從右下角的「聯絡人」便可看得一清二楚。

已上線的 Facebook 朋友都可由此窺知

按此鈕可看到 Messenger

按此到 Messenger 頁面

各位看到好友或粉絲正在線上，想打個招呼或進行對話，直接從「聯絡人」或「Messenger」的清單中點選聯絡人，就能在開啟的視窗中即時和朋友進行訊息的傳送，能讓 FB 經營更有黏著度。

❶ 按下「Messenger」鈕

❷ 點選朋友大頭貼

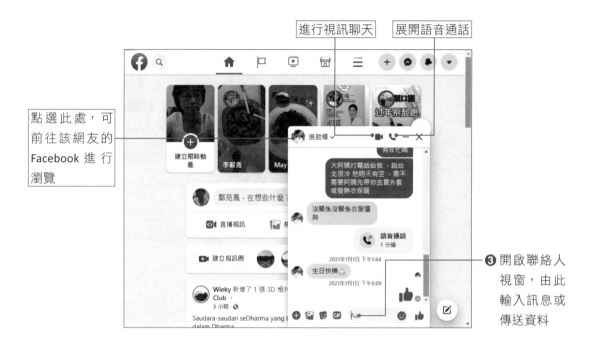

進行視訊聊天　展開語音通話

點選此處，可前往該網友的 Facebook 進行瀏覽

❸ 開啟聯絡人視窗，由此輸入訊息或傳送資料

開啟的 Facebook 聯絡人視窗，除了由下方傳送訊息、貼圖或檔案外，想要加朋友一起進來聊天、進行視訊聊天、展開語音通話，都可由直接在視窗上方進行點選。

每一個品牌或店家都希望能夠和自己的顧客建立良好關係，而 Messenger 正是幫助你提供更好使用者經驗的方法。Facebook 的「Messenger」目前已經成為企業新型態行動行銷工具，也是 Facebook 現在最努力推動的輔助功能之一，活躍使用的用戶正逐步上升中。過去人們可能因為工作之故，使用 Email 的頻率較高，相較於 EDM 或是傳統電子郵件，Messenger 發送的訊息更簡短且私人，開信率和點擊率都比 Email 高出許多，是最能讓店家靈活運用的管道，還可以設定客服時間，讓消費者直接在線上諮詢，以便與潛在消費者有更多的溝通和互動。

如果你希望能夠專心地與好友進行訊息對話，而不受動態消息的干擾，可在 Facebook 右上角按下 ● 按鈕，再下拉按下底端的「到 Messenger 查看全部」的超連結，即可開啟即時通訊視窗 -Messenger。

視窗左側會列出曾經與你對話過的朋友清單，並可加入店家的電話和指定地址，如果未曾通訊過的 Facebook 朋友，也可以在左上方的 🔍 處進行搜尋。在這個獨立的視窗中，不管聯絡人是否已上線，只要點選聯絡人名稱，就可以在訊息欄中留言給對方，當對方上 Facebook 時自然會從 Facebook 右上角看到「收件匣訊息」 ● 鈕有未讀取的新訊息。

❶ 直接點選聯絡人名稱，即可進行通訊　❷ 在此輸入訊息、傳送檔案或貼圖

此外，利用 Messenger 除了直接輸入訊息外，也可以發送語音訊息、直接打電話，或是視訊聊天，相當的便利。當各位的 Facebook 有行銷訊息發佈出去，Facebook 上的朋友大多是透過 Messenger 來提問，所以經營粉絲專頁的人務必經常查看收件匣的訊息，對於網友所提出的問題務必用心的回覆，這樣才能增加品牌形象，提升商品的信賴感。

# 12-4　經營粉絲專頁

店家在 Facebook 上最常見的行銷手法，就是成立「粉絲專頁」帳號，所以很多的企業、組織、名人等官方代表，都紛紛建立專屬的粉絲專頁，讓消費者透過按「讚」的行為開始建立社交關係鏈，用來發佈一些商業訊息，或是與消費者做第一線的拜訪與互動。當店家建立了粉絲專頁，就能夠開始打造一個對你產品有興趣的用戶群，粉絲專頁不同於個人 Facebook，Facebook 好友的上限是 5000 人，而粉絲專頁可針對商業化經營的店家或品牌，它的粉絲人數並無限制，屬於對外且公開性的組織。粉絲專頁必須是組織或公司的代表，才可建立粉絲專頁。

◙ 粉絲專頁（Pages）適合公開性的行銷活動

## 12-4-1 粉絲專頁類別簡介

建立粉絲專頁的目的在於培養一群核心的鐵粉，增加現有用戶對品牌認同度，並透過粉絲專頁讓潛在客戶更加認識你，吸引更多目標族群來成為粉絲。每個 Facebook 帳號都可以建立與管理多個粉絲專頁。經營粉絲專頁沒有捷徑，必須要有做足事前的準備，為了滿足各式消費者的好奇心，例如需要有粉絲專頁的封面相片、大頭貼照，這樣才能讓其他人可以藉由這些資訊來快速認識粉絲專頁的主題。

↗ 粉絲專頁封面：進入粉專頁面，第一眼絕對會被封面照吸引，因此擁有一個具設計感的封面照肯定能為你的粉專大大加分,。

↗ 大頭貼照：在 FB 的粉專頁面之中，有兩個最重要的視覺區塊：大頭貼照與封面照片。大頭貼照從設計上來看，最好嘗試整合大頭照與封面照，加上運用創意且吸睛的配色，讓你的品牌被一眼認出。

↗ 粉絲專頁說明：請依照粉絲專頁類型而定，可以加入不同類型的基本資料，基本資料填寫越詳細對消費者 / 目標受眾在搜尋上有很大的幫助，假設你開設的是實體商店，並希望增加在地化搜尋機會，那麼填寫地址、當地營業時間是非常重要的，而且千萬別選錯了類別。

粉絲專頁的內容絕對是經營成效最主要的一個重點，請從個人 Facebook 右上角的「建立」處下拉選擇「粉絲專頁」指令，只要輸入的粉絲專頁「名稱」和「類別」並呈現綠色的勾選狀態，就可以建立粉絲專頁。

❶ 按下「建立」鈕

❷ 點選「粉絲專頁」指令

❸ 輸入粉絲專
頁名稱

❹ 設定專頁的
類別

❺ 輸入說明文
字

❻ 按下「建立
粉絲專頁」
鈕

　　當各位按下「建立粉絲專頁」的按鈕後，你可在右側切換畫面為「行動版預覽」或「桌面版預覽」，同時在左側的欄位中還可以繼續加入大頭貼照和封面相片。

由此加入
大頭貼照

由此新增
封面照片

切換為「行動
版預覽」或
「桌面版預覽」

　　粉絲專頁建立後，你可以申請選擇一個用戶名稱，網址也將從落落長變成容易記憶和分享的短網址。因為粉絲專頁的用戶名稱就是 Facebook 專頁的短網址，建議各位的用戶名稱使用官網網址或品牌英文名稱。網址也會反應企業形象的另一面，當客戶搜尋不到您的粉絲頁時，輸入短網址是非常好用的方法，所以盡量簡單好輸入，用戶名稱最好與品牌英文名、網址保持一致性。好的命名簡直就是成功一半，取名字時直覺地去命名，朗朗上口讓人可以記住且容易搜尋到為原則，如下圖所示的「美心食堂」。

　　粉絲專頁名稱 + 粉絲專頁編號

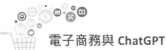

由於網址很長，又有一大串的數字，在推廣上比較不方便，而建立粉絲專頁的用戶名稱後，只要建立成功，就可以用簡單又好記的文字呈現，以後可以用在宣傳與行銷上，幫助推廣你的專頁據點。如下所示，以「Maximfood」替代了「美心食堂 -1636316333300467」。

獨一無按的專頁短網址

為粉絲專頁建立用戶名稱時，要特別注意：粉絲專頁或個人檔案只能有一個用戶名稱，而且必須是獨一無二的，無法使用已有人使用的用戶名稱。另外，用戶名稱只能包含英數字元或英文句點「.」，不可包含通用字詞或通用域名（.com 或 .net），且至少要 5 個字元以上。

要設定或變更粉絲專頁的用戶名稱，必須是粉專的管理員才能設定，請在粉專名稱下方點選「建立粉絲專頁的用戶名稱」連結，即可進行設定：

④ 按「完成」鈕離開

用戶名稱變更完成，簡單又好記

## 12-4-2 社團功能

　　我們知道「精準分眾」是社群上最有價值的功能，Facebook 的社團（Group）是指相同嗜好的小眾團體，設立主要目的大部分是因為這群成員他們有共同的愛好、興趣或身份，如果你想學習新的技能，或是培養新的興趣，加入社團都是個好方法。社團可設定不公開或私密社團，社團和粉絲專頁有點類似，不過社團則是邀請使用者「加入」，必須經過社團管理人的審核才可以加入，例如「熟女購物團」、「泰國代購」、「二手拍賣」、「爆料公社」、「雄中校友會」、「柴犬同學會」等。相較於粉絲專頁，有更多細節功能可設定與使用，社團更注重帶起討論的特性，這也使得社團經營比粉絲團更加困難，而且不能針對社團下廣告。

◎ 爆料分社眾多，每一社團都是 10 萬人起跳

因應 FB 粉絲團貼文觸及率不斷下修,許多店家開始將經營重心放在 FB 社團,因此 FB 社團的經營近年來越來越受店家與品牌的重視。Facebook 的「社團」目前已擁有超過 10 億用戶,社團最大價值在於能快速接觸目標族群,透過社團的最終目標不單是為了創造訂單,而是打造品牌。首先要幫社團定義清楚的目標受眾與想要傳遞的核心價值,這些是社團經營的第一步,特別是要確定你想建立的社團是否已有相同性質的社團存在?並參考同類型社團的經營方向,瞄準重複性較低的區塊,讓你的社團做出區隔,就像是要開一間早餐店,也要先看過附近方圓 500 公尺有多少間早餐店一樣。

Panasonic 單一型號的麵包機也能擁有 7 萬個會員

社團的命名最好要能夠讓人用直覺就能搜尋,例如在社團名稱埋入關鍵字是個很重要的行銷技巧,當然社團名稱最好能讓人一眼看出要加入的社團性質,如果不能在 10 秒內讓人立馬決定點選加入社團,之後可能也很難吸引其他人加入使用。由於社團是以「個人」帳戶進行建立與管理,任何人要建立社團,新增成員到社團中,至少要 2 個人(包括自己)才能建立社團,各位只要從 Facebook 右上角功能表 ▦ 鈕下拉建立「社團」,就可以替你的社團命名和加入會員。

❶ 設定社團名稱　　　❷ 社團可以是公開、私密社團，由此進行隱私選擇

❹ 按此鈕建立社團　　❸ 由此新增成員，也可事後再加入

書的社團可以是公開社團、不公開社團、私密社團，差異性如下：

↗ 公開社團：所有人都可以找到這個社團，並查看其中的成員和他們發布的貼文，非社團成員也能讀取貼文內容。

↗ 私密社團：一般用戶無法在搜尋中看到社團，只有成員可以找到這個社團，並查看其中的成員和他們發布的貼文。

Facebook 的粉絲專頁的用戶稱為「粉絲」；加入社團的用戶則稱作「成員」，至於社團成立的方向最好參考同類型社團的經營方式與本身在內容產製上較具優勢的區塊，讓自己的社團做出區隔，或者你剛好還有經營粉絲專頁，那麼你不妨透過粉專的貼文，配合下 Facebook 廣告的方式推廣你的社團。店家想要在社團中邀請成員加入，可在社團封面下方按下「邀請」鈕，就可以在顯示的視窗中勾選朋友姓名，並按下「傳送邀請」鈕來邀請朋友加入社團。

❶ 按下「邀請」鈕邀請成員

❷ 勾選朋友姓名，並按下「傳送邀請」鈕

任何人在 Facebook 上看到喜歡的社團，也可以自行提出要求來加入社團。社團新成員的審核可由社團管理員或是社團成員來審核資格，如果社團建立者希望用戶需先經過管理員或版主批准，才能進一步發佈貼文和留言，可在如下的視窗中進行修改。

## ⏱ 12-5 ▸ IG 行銷策略

Instagram 是一款依靠行動裝置興起的免費社群軟體，和時下年輕人一樣，具有活潑、多變、有趣的特色，尤其是 15-30 歲的受眾用戶，許多年輕人幾乎每天一睜開眼就先上 Instagram，關注朋友們的最新動態。根據國外研究，Instagram 是所有社群中和追蹤者互動率最高的平台，與其他社群平台相比，IG 更常透過圖像 / 影音來說故事，讓用戶輕鬆使用相機作生活記錄，加上濾鏡效果處理後變成美美的藝術相片，捕捉瞬間的訊息相片然後與朋友分享。

我們可以這樣形容；Facebook 是最能細分目標受眾的社群網站，主要用於與朋友和家人保持聯絡，而 Instagram 則是最能提供用戶發現精彩照片和瞬間驚喜，並因此深受感動及啟發的平台。對於現代行銷人員而言，需要關心 Instagram 的原因是能近距離接觸到年輕潛在受眾，根據天下雜誌調查，Instagram 在台灣 24 歲以下的年輕用戶占 46.1%。

◉ ESPRIT 透過 IG 發佈時尚短片，引起廣大迴響

## 12-5-1　個人檔案建立

經營個人 IG 帳戶時，可以分享個人日常生活中的大小事情，偶而也可以作為商品的宣傳平台。各位想要一開始就讓粉絲與好友印象深刻，那麼完美的個人檔案就是首要亮點，個人檔案就像你工作時的名片，鋪陳與設計的優劣，可說是一個非常重要的關鍵，因為這是粉絲認識你的第一步：

個人簡介的內容隨時可以變更修改，也能與其他網站商城社群平台做串接。

各位要進行個人檔案的編輯，可在「個人」  頁面上方點選「編輯個人檔案」鈕，即可進入如下畫面，其中的「網站」欄位可輸入網址資料，如果你有網路商店，那麼此欄務必填寫，因為它可以幫你把追蹤者帶到店裡進行購物。下方還有「個人簡介」，也盡量將主要銷售的商品或特點寫入，或是將其他可連結的社群或聯絡資訊加入，方便他人可以聯繫到你：

店家務必重視個人檔案的編寫，不管是用戶名稱、網站、個人簡介，都要從一開始就留給顧客一個好的印象

其他用戶所看到的資訊呈現效果

千萬不要將「個人簡介」欄位留下空白，完整資訊將給粉絲留下好的第一印象，如果能清楚提供訊息，頁面品味將看起來更專業與權威，記得隨時檢閱個人簡介，試著用 30 字以內的文字敘述自己的品牌或產品內容，讓其他用戶可以看到你的最新資訊。

當各位有機會被其他 IG 用戶搜尋到，那麼第一眼被吸引的絕對會是個人頁面上的大頭貼照，圓形的大頭貼照可以是個人相片，或是足以代表品牌特色的圖像，以便從一開始就緊抓粉絲的眼球動線。大頭貼是最適合品牌宣傳的吸睛爆點，尤其在限時動態功能更是如此，也可以考慮以店家標誌（LOGO）來呈現，運用創意且亮眼的配色，讓你的品牌能夠一眼被認出，讓粉絲對你的印象立馬產生連結。

使用企業 LOGO 的大頭貼

使用個人相片的大頭貼

各位想要更換相片時，請在「編輯個人檔案」的頁面中按下圓形的大頭貼照，就會看到如下的選單，選擇「從 Facebook 匯入」或「從 Twitter 匯入」指令，只要在已授權的情況下，就會直接將該社群的大頭貼匯入更新。若是要使用新的大頭貼照，就選擇「新的大頭貼照」來進行拍照或選取相片，加上運用創意且吸睛的配色，讓你的品牌被一眼認出，這也是讓整體視覺可以提升的絕佳方式。

## 12-5-2　新增商業帳號

　　在 Instagram 的帳號通常是屬於個人帳號，如果你想利用帳號來做商品的行銷宣傳，那麼也可以考慮選擇商業帳號，過去很多自媒體經營者仍舊使用「一般帳號」在經營 IG，強烈建議轉換成「商業帳號」，而且申請商業帳號是完全免費，不但可以在 IG 上投放廣告，還能提供詳細的數據報告，容易讓顧客更深入了解您的產品、服務或商家資訊。

　　如果你使用的是商業帳號，自然是以經營專屬的品牌為主，主打商品的特色與優點，目的在宣傳商品，所以一般用戶不會特別按讚，追蹤者相對也會比較少些。你也可以將個人帳號與商業帳號兩個帳號並用，因為 Instagram 允許一個人能同時擁有 5 個帳號。早期使用不同帳號時必須先登出後才能以另一個帳號登入，現在則可以直接由左上角處進行帳號的切換，相當方便。

　　如果想要同時在手機上經營兩個以上的 IG 帳號，那麼可以在「個人」頁面中新增帳號。請在「設定」頁面下方選擇「新增帳號」指令即可進行新增。新帳號若是還沒註冊，請先註冊新的帳號喔！如下圖所示：

　　擁有兩個以上的帳號後,若要切換到其他帳號時,可以從「設定」頁面下方選擇「登出」指令,接著顯示右下圖時,選擇想要登出的帳號後,再按「登出」鈕即可。

此外，當手機已同時登入兩個以上的帳號後，你就可以在右下方按下長按  鈕，出現帳號清單時，直接點選要進入的帳號名稱！

### 12-5-3 推薦追蹤名單

曝光率就是行銷的關鍵，而且和追蹤人數息息相關，例如女性用戶大部分追求時尚和潮流，而男性則是喜歡嘗試了解新事物。各位可別輕忽 IG 跟各位推薦的熱門追蹤名單，因為這裡的「建議」清單包含了熱門的用戶、已追蹤朋友所追蹤的對象、還有 IG 為你所推薦的對象。

每次 IG 為你建議的清單都不一樣，追蹤公眾人物可知道現今熱門的趨勢

有些帳戶必須得到對方的同意，所以按下「追蹤」鈕，得到對方認可後才會進行追蹤

「首頁」通常是顯示已追蹤者所發佈的相片 / 影片的頁面，已追蹤的朋友如果要取消追蹤，可從朋友貼义的右上角按下「選項」 ⋯ 鈕，當出現如右下圖的功能表時選擇「取消追蹤」指令即可。

此外，按下 🔲 鈕切換到「個人」頁面，右上方按下「追蹤中」就會進入「追蹤名單」的頁面，直接在欲取消追蹤者的後方按下「追蹤中」鈕，就能在開啟的視窗中選擇「取消追蹤」指令，悄悄的移除追蹤者。

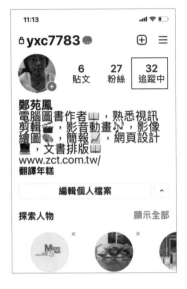  

## 12-5-4 IG 介面操作功能

要好好利用 Instagram 來進行行銷活動，當然要先熟悉它的操作介面，了解各種功能的所在位置，這樣用起來才能順心無障礙。Instagram 主要分為五大頁面，由手機螢幕下方的五個按鈕進行切換。

↗ 首頁：瀏覽追蹤朋友所發表的貼文。

↗ 搜尋：鍵入姓名、帳號、主題標籤、地標等，用來對有興趣的主題進行搜尋。

↗ 新增：可以新增貼文、限時動態或直播。

↗ 商店：點進「商店」分頁後用戶就能查看個人化推薦的商店與商品，可能是根據你按讚或追蹤的內容來推薦。

↗ 個人：由此觀看你所上傳的所有相片 / 貼文內容、摯友可看到的貼文、有你在內的相片 /
影片、編輯個人檔案，如果你是第一次使用 Instagram，它也會貼心地引導你進行。

編輯用戶名稱、網站、個人簡
介等資訊

# ⏱ 12-6 標籤（Hashtag）行銷

標籤（Hashtag）是目前社群網路上相當流行的行銷工具，Hashtags 的標籤和 Facebook 相
當不一樣，不但已經成為品牌行銷重要一環，可以利用時下熱門的關鍵字，並以 Hashtag 方
式提高曝光率。透過標籤功能，所有用戶都可以搜尋到你的貼文，你也可以透過主題標籤找
尋感興趣的內容。目前許多企業也逐漸認知到標籤的重要性，紛紛運用標籤來進行宣傳，使
Hashtag 成為行社群行銷的新寵兒。

Instagram、Facebook 都提供 hashtag 功能

　　主題標籤是全世界 Instagram 用戶的共通語言，用戶習慣透過 hashtag 標籤尋找想看的內容，一個響亮有趣的 slogan 很適合運用在 IG 的主題標籤上，主題標籤不但可以讓自己的商品做分類，同時又可以滿足用戶的搜尋習慣。店家或品牌可以在貼文裡加上別人會聯想到自己的主題標籤當品牌舉辦活動時，透過貼文搜尋及串連功能，就能迅速與全世界各地網友交流，進而增進對品牌的好感度。

貼文中加入與商品有關的主題標籤，可增加被搜尋的機會

　　當我們要開始設定主題標籤時，通常是先輸入「#」號，再加入你要標籤的關鍵字，要注意的是，關鍵字之間不能有空格或是特殊字元，否則會被分隔。如果有兩個以上的標籤，就先空一格後再標記第二個標籤。如下所示：

#油漆式速記法 #單字速記 #學測指考

　　貼文中所加入的標籤，當然要和行銷的商品或地域有關，除了中文字讓中國人都查看得到，也可以加入英文、日文等翻譯文字，這樣其他國家的用戶也有機會查看得到你的貼文或相片。不過 Instagram 貼文標籤也有數量的限定，超過額度的話將無法發佈貼文喔！

## 12-6-1　相片／影片加入主題標籤

　　主題標籤之所以重要，是在於它可以帶來更多陌生的潛在受眾，如果希望店家的 IG 能被更多人看見，善用 hashtags 絕對是頭號課題！很多人知道要在貼文中加入主題標籤，卻不知道將主題標籤也應用到相片或影片上，不但與內容中的圖片相互呼應，還能鎖定想觸及的產業與目標閱聽眾。當相片／影片上加入主題標籤，觀看者按點該主題標籤時，它會出現如左下圖的「查看主題標籤」，點選之後，IG 就會直接到搜尋頁面，並顯示出相關的貼文。

❶ 選「#好友分享日」會出現上方的「查看主題標籤」

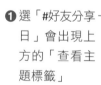

❷ 按點「查看主題標籤」會顯示如圖的所有相關貼文

除了必用的「#主題標籤」外，商家也可以在相片上做地理位置標註、標註自己的用戶名稱，甚至加入同行者的名稱標註，增加更多的曝光機會讓你的粉絲變多多。

加入地點標註 ——

—— 提及其他用戶名稱

## 12-6-2 創造專屬主題標籤

IG 中有無數種標籤可以任你使用；不同屬性的品牌帳號適合的主題標籤也不同，不過最重要的是哪種標籤適合店家的目標受眾，因此最好先行了解當前的流行趨勢。針對行銷的內容，企業也可以創造專屬的主題標籤。例如星巴克在行銷界算是十分出名的，每當星巴克推出季節性的新飲品時，除了試喝活動外，也會推出馬克杯和保溫杯等新商品，所以世界各地都有它的粉絲蒐集星巴克的各款商品。

星巴克在 IG 經營和行銷方面算是十分的優越，消費者只要將新飲品上傳到 IG，並在內文中加入指定的主題標籤，就有機會抽禮物卡，所以每次舉辦活動時，IG 上就有上千張的相片是由消費者上傳上去的，這些相片自然而然成為星巴克的最佳廣告，像是「#星巴克買一送一」或「#星巴克櫻花杯」等活動主題標語便是最好的行銷。

搜尋該主題可以看到數千則的貼文，貼文數量越多表示使用這個字詞的人數越多

　　這樣的行銷手法，粉絲們不但會主動上傳星巴克飲品的相片，粉絲們的追蹤者也會看到星巴克的相關資訊，宣傳效果如樹狀般的擴散，一傳十，十傳百，傳播速度快而顯著，又不需要耗費太多的廣告成本，即可得到消費者的廣大迴響。而下圖所示則為星巴克近期推出的「星想餐」，不但在限時動態的圖片中直接加入「星想餐」的主題標籤，也在貼文中加入這個專屬的主題標籤。

限時動態中加入星巴克專屬的主題標籤 - 星想餐

貼文之中也加入星巴克專屬的主題標籤

## 12-6-3 運用主題標籤辦活動

　　時至今日，主題標籤已經成為 Instagram 貼文中理所當然的風景之一，店家想要做好 IG 行銷的話，肯定必須重視主題標籤的重要性。例如當品牌舉辦活動時，商家可以針對特定主題設計一個別出心裁而具特色的標籤！只要消費者標註標籤，就提供折價券或進行抽獎。這對商家來說，成本低而且效果佳，對消費者來說可得到折價券或贈品，這種雙贏的策略應該多多運用。如下所示是「森林小熊曲奇餅」的抽獎活動與抽獎辦法，參與抽獎活動的就有 1800 多筆。

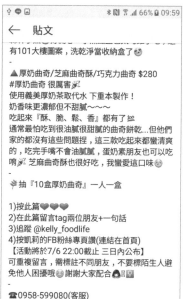

　　活動辦法中也要求參加者標註自己的親朋好友，這樣還可將商品延伸到其他的潛在客戶，不過在活動結束後，記得將抽獎結果公布在社群上以供昭公信。

　　另外，企業舉辦行銷活動並制定專屬 Hashtag，就要盡量讓 Hashtag 和這次活動緊密相關，並且用簡單字詞、片語來描述，透過 Hashtag 標記的主題，馬上可以匯聚了大量瀏覽人潮，不過最有效的主題標籤是一到二個，數量過多會降低貼文的吸引力。

# 微電影影音社群行銷

YouTube 是目前設立在美國的全世界最大線上影音社群網站，也是繼 Google 之後第二大的搜尋引擎和影音搜尋霸主，在 YouTube 上有超過 13.2 億的使用者，每天的影片瀏覽量高達 49.5 億，使用者可透過網站、行動裝置、網誌、Facebook 和 Email 來觀看分享各種五花八門的影片，全球使用者每日觀看影片總時數超過上億小時，更可讓使用者上傳、觀看及分享影片。

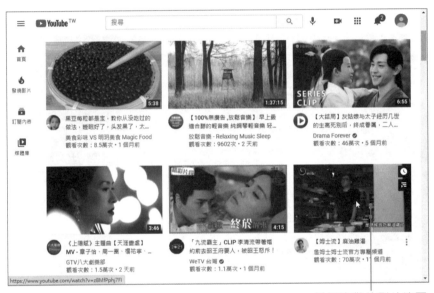

點選喜歡的影片縮圖

現代人們的視線已經逐漸從電視螢幕轉移到智慧型手機上，伴隨著這一趨勢，行動端廣告影片迅速發展，影片所營造的臨場感及真實性確實更勝於文字與圖片，靜態廣告轉化為動態的影音行銷就成為勢不可擋的時代趨勢。

好的微電影廣告能夠真正溫暖顧客的心

　　在講求效率的行動時代，影片必須要在幾秒內就能吸睛，長度不宜過長（60~120 秒為佳），只要影片夠吸引，就能在短時間內衝出高點閱率，因此也孕育出一種流行的行銷方式，就是「微電影廣告」。

🎬 新加坡旅遊局所拍的微電影廣告

　　「微電影」（Micro Film）是指在較短時間且較低預算內，把故事情節或角色 / 場景，以媒體傳達其意念或品牌，適合在短暫的休閒時刻或移動的情況下觀賞，不僅可以是一部小而美的電影，更可以融入企業品牌與產品宣傳。現在講行銷，不打出情感牌，大家都笑你不懂行銷，越來越多的品牌熱衷於「帶感情講故事」，特別是當把影片以述說一個故事的手法來呈現時，相較於一般的企業宣傳片，微電影的劇情內容更容易讓人接受，進而提升自家產品或品牌的知名度。

　　例如大眾銀行曾推出一部微電影－母親的勇氣，描述一位完全不會英文的台灣鄉下母親，排除萬難獨自飛行三天，千里迢迢搭機到半個地球以外的委內瑞拉，只為了照顧坐月子的女兒，讓許多人看到熱淚盈眶，也成功打響了大眾銀行是關心市井小人物的不平凡的平凡大眾的品牌形象，這也是微電影廣告小兵立大功的最好實例。

🎬「母親的勇氣」微電影廣告帶來超高的點擊率

1. 請簡介社群網路服務（SNS）與「六度分隔理論」。

2. 請問如何增加粉絲對品牌的黏著性？

3. 請簡介 Instagram。

4. 請簡介 Facebook 的社團（Group）功能。

5. 請問行動社群行銷有哪四種重要特性？

6. 請簡述 SoLoMo 模式。

7. 請簡介 Facebook「動態消息」的行銷功能。

8. 如何將所拍攝的相片 / 視訊在 Instagram 上和好朋友分享與行銷？

9. Instagram 行銷較適用於那些產業？

10. 請簡單說明標籤的功用。

11. 微電影（Micro Film）是什麼？

# 網紅行銷與
# 直播贏家工作術

**13**

CHAPTER

» 認識網紅行銷

» 我的直播人生

» 熱門直播平台介紹

» 焦點專題:OBS 直播工具軟體

　　過去民眾在社群軟體上所建立的人脈和信用，如今成為可以讓商品變現的行銷手法，越來越多的素人走上社群平台，虛擬社交圈更快速取代傳統銷售模式，為各式產品創造龐大的銷售網路，不推銷東西的時候，平日是粉絲的朋友，做生意時搖身一變成為網路商品的代言人。由於社群平台在現代消費過程中已扮演一個不可或缺的角色，而且可以向粉絲傳達更多關於商品的評價和使用成效，可算是各大品牌近年最常使用的手法。

☉ 館長成功代言了許多運動相關產品

圖片來源：https://www.youtube.com/watch?v=fWFvxZM3y6g

## ◷ 13-1 認識網紅行銷

　　網紅行銷（Internet Celebrity Marketing）並非是一種全新的行銷模式，就像過去品牌找名人代言，主要是透過與藝人結合，提升本身產品價值與銷售，例如遊戲產業很喜歡用的代言人策略，每一套新遊戲總是要找個明星來代言，花大錢找當紅的明星代言，最大的好處是會保證有一定程度以上的曝光率，不過這樣的成本花費，也必須考量到預算與投資報酬率，相對於企業砸重金請明星代言，網紅的推薦甚至可以讓廠商業績翻倍，素人網紅似乎在目前的行動平台更具說服力，逐漸地取代過去以明星代言的行銷模式。

◎ 阿滴跟滴妹國內是英語教學界的網紅

## 13-1-1　認識網紅（KOL）

　　隨著網紅行銷的快速風行，許多品牌選擇借助網紅來達到口碑行銷的效果，網紅通常在網路上擁有大量粉絲群，就像平常生活中的你我一樣，加上了與眾不同的獨特風格與知名度，很容易讓粉絲就產生共鳴，使得網紅成為人們生活中的流行指標。所謂網紅（Internet Celebrity）就是經營社群網站來提升自己的知名度的網路名人，也稱為 KOL（Key Opinion Leader），能夠在特定專業領域對其粉絲或追隨者有發言權及重大影響力的人。這股由粉絲效應所衍生的現象，能夠迅速將個人魅力做為行銷訴求，利用自身優勢快速提升行銷有效性，充分展現了網紅文化的蓬勃發展。

☑ 搞笑的蔡阿嘎算是台灣網紅始祖

　　網紅行銷的興起對品牌來說是個絕佳機會點，因為社群持續分眾化，粉絲是依照興趣或喜好而聚集，所關心或想看內容也會不同，網紅就代表著這些分眾社群的意見領袖，透過網紅的推播，反而容易讓品牌迅速曝光，並找到精準的目標族群。他們可能意外地透過偶發事件爆紅，也可能經過長期的名聲累積，店家想將品牌延伸出網紅行銷效益，除了網紅必須在社群平台上有相當人氣外，還要能夠把個人品牌價值轉化為商業價值，最好能透過獨特的內容行銷來對粉絲產生深度影響，才能真正帶動銷售成長。影響力在網紅行銷趨勢中是重要的因素，很多品牌是靠 KOL 才會成功，因此也將更多的行銷預算用於與 KOL 合作，尤其是線上直播。

☑ 張大奕是大陸知名的網紅代表人物

## 13-2 我的直播人生

　　人類一直以來聯繫的最大障礙，無非就是受到時間與地域的限制，透過行動裝置開始打破和消費者之間的溝通藩籬，特別是 Facebook 開放直播功能後，手機成為直播最主要工具；不同以往的廣告行銷手法，影音直播更能抓住消費者的注意力，依照 Facebook 官方的說法，觸及率最高的第一個就是直播功能，許多店家或品牌開始將直播作為行銷手法。

☑ 星座專家唐綺陽靠直播贏得廣大星座迷的信任

　　平時廣大用戶除了觀賞精彩直播影片，例如電競遊戲實況、現場音樂表演、運動賽事轉播、線上教學課程和即時新聞等，更可以利用直播影片來推銷商品，並透過連結引流到自己的網路商店，直接在網路上賣東西賺錢，不同以往的廣告行銷手法，例如小米直播用電鑽鑽手機，證明手機毫髮無損，就是活生生把產品發表會做成一場直播秀，這些都是其他行銷方式無法比擬的優勢，也將顛覆傳統數位行銷領域。

☑ 小米新產品直播秀

**電子商務與 ChatGPT**
物聯網・KOL 直播・區塊鏈・社群行銷・大數據・智慧商務

遊戲網紅直播主應該是目前 YouTube 平台上最賺錢的，利用遊戲實況直播分享自己的操作心得和經驗，許多年收入超過億元台幣的世界級遊戲網紅都是從這邊起家。例如網紅遊戲實況主 Tyler Blevins，綽號「忍者（Ninja）」，以《要塞英雄》（Fortnite）闖出名號，YouTube 頻道上有超過 1 千萬個追蹤者，影響力讓許多國際知名大廠都要找他合作。

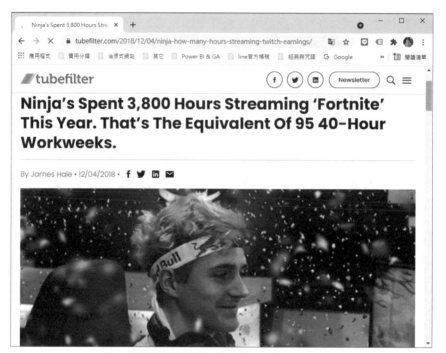

◎ 忍者是遊戲直播平台上收入最高的直播主

## 13-2-1 認識直播帶貨

目前全球玩直播正夯，許多店家開始將直播作為行銷手法，消費觀眾透過行動裝置，利用直播的互動與真實性吸引網友目光。隨著社群媒體興起，兩岸直播賣貨的風氣也越來越盛行，尤其在新冠疫情時期，街道上店鋪封城關門，越來越多人開始在社群上看直播，更常使用網購平台購物，助長了「直播帶貨」風潮。

● 李小璐在幾個小時的直播帶貨中，銷售額達到千萬人民幣以上

　　直播帶貨風潮是從中國開始，而台灣最近也搭上直播帶貨的順風車。所謂直播帶貨（Live Delivery）就是直播主使用直播技術進行近距離商品展示、諮詢答覆、導購與銷售的新型服務方式，屬於粉絲經濟的範疇。直播帶貨不用與客戶面對面就能賣東西，乍聽下來和電視購物類似，但臨場感與便利性又更勝一籌，所帶來的互動性與親和力更強。消費者可以像在大賣場一樣，跟賣家進行交流甚至討價還價；而商家與知名帶貨 KOL 合作，還能輕易達到超乎預期的銷售量，接觸廣大潛在顧客。

## 13-2-2 直播帶貨私房技巧

　　當直播賣貨正在改變電商平台的發展走向，許多店家或品牌開始將直播作為行銷手法，從口紅到筆電任何商品都可以透過直播來銷售，除了可以和粉絲分享生活心得與樂趣外，直播亦成為商品銷售的素民行銷平台。直播帶貨拉近品牌和觀眾的距離，建立觀眾對品牌的信任，加上直播間動輒能容納幾百人觀看，簡單分享直播連結給親友就能聚集人流，完全沒有實體店面的空間限制，只要直播主流量夠大，分潤機制與合作條件完全不設限，也使得越來越多藝人、網紅紛紛投入直播領域。

🎵 賺錢的直播主都要具備直播帶貨的行銷套路

圖片來源：https://www.youtube.com/watch?v=SIzCOqVuOS0

　　在人人都可以成為自媒體的時代，「人氣能夠創造收益」稱得上是經營直播頻道的不敗天條，直播帶貨成功的第一步就是要押寶直播主的影響力，這個流量就是平時經營個人粉絲的來源，假設你完全沒有花時間在社群媒體，開直播根本不會有人理你。通常每個直播主本身的屬性、調性和特色都不同，成功的主播不一定是顏值最佳，但有個人魅力與特色，例如有重量級的知名藝人直播主代言、搞笑親切的叫賣型直播主，或是懂得炒熱氣氛的時尚 KOL，只要讓參與的粉絲擁有親臨現場的感覺，也可以帶來瞬間的高流量，都可能為廠商帶來更多客源與業績。

🎵 開箱直播經常是直播帶貨的起手式

圖片來源：https://www.youtube.com/watch?v=BxjBkOhUB68

　　在目前疫情與網購升溫狀態下，直播帶貨將是最能滿足網購者的需求，最重要是能夠創造出比一般視訊更高的「真實性」，因為鏡頭後的一舉一動都會直接傳送到粉絲面前，也會對直播的內容產生信賴，因此直播成功的關鍵就在於創造真實的口碑，有些不錯的直播內容都是環繞著特定的產品或是事件，將產品體驗開箱拉到實況平台上。作為新手主播，一般會先從自己

的粉絲定位出發，分析用戶並擴大產品的目標受眾，然後規劃好主題、產品和直播時間，直播過程中，務必細閱留言與觀眾互相傾談互動，越熟悉產品，自然越能用專業和有深度的詞彙表達，並盡可能講述產品的多個試用場景，切記！直播途中的中斷狀況是絕對不能夠接受的，因為觀眾會因此果斷離開！

　　直播主要做的事情不僅僅是帶貨，還要期待用戶會下單購買，包括問答、討論和教學三個過程，你需要熟練各種直播帶貨的玩法，才能更好地刺激用戶的消費慾望。例如在整個直播過程中，必須讓粉絲不斷保持著「what is next?」新鮮感，讓他們去期待後續的結果，直播中最好有明確的指令，示意觀眾可在這時下單。「買了！保證你不後悔！」，營造過了這個村就沒這個店的搶購氛圍，才有機會抓住最多粉絲的眼球，進而達到翻轉行銷的能力。值得注意的是，消費者的核心信仰在於直播帶貨所帶來的性價比，因此體驗性強、毛利率高、客單價低、退貨率低的相關非標品最受歡迎，多數業者大多以玉石、寶物、鞋服、美妝溫杯、各種日用品或玩具的銷售為主，現今投入的商家越來越多，不管是 3C 產品、冷凍海鮮、生鮮蔬果、漁貨、衣服…等通通都直接在直播平台上叫賣。

🎬 直播吆喝海鮮蔬果最受廣大菜籃族的喜愛

　　目前越來越多銷售是透過直播進行，因為最能強化觀眾的共鳴，粉絲喜歡即時分享的互動性，在每個人都喊「+1」的情況下，為粉絲創造一種急迫感，也由於競爭越來越激烈且白熱化，在直播帶貨中，最常用的帶貨玩法就是抽獎及發放優惠券，用抽獎的方式吸引用戶，活躍了直播間氣氛的同時，還能讓用戶有一種參與感，對於老客戶來說，即便抽不到獎也想去湊湊熱鬧，有些商家為了拼出點閱率，拉抬直播的參與度與活躍度，還會祭出昂貴贈品或現金等方式來拉抬人氣，吸引更多用戶參與其中，直播過程時刻保持和用戶互動，才會有繼續觀看直播的想法，只要進來觀看的人數越多，就可以抽更多的獎金，也讓圍觀的粉絲更有臨場感，並在直播快結束時抽出幸運得主。

電子商務與 ChatGPT
物聯網・KOL 直播・區塊鏈・社群行銷・大數據・智慧商務

☑ 耳機決定聽覺的舒適感，尤其在遊戲直播上更為重要

「工欲善其事，必先利其器！」想要做好直播帶貨，首先都要裝修一個高清畫面的直播空間，因為這會影響到用戶的體驗。由於直播的類型非常多元，可以各自依照不同主題選擇使用的設備。

☑ 美妝直播必備的是燈光設備

　　例如美妝直播需要的是加強燈光、攝影設備與產出背景音樂內容的相關影片，所以對於麥克風、混音器等等收音設備就非常地要求，至於遊戲實況直播主為了能夠運行遊戲的同時並錄製影片，則需要性能好的與電腦攝影鏡頭，來確保影像畫質是否足夠提供粉絲完美的遊戲體驗。

☉ ATEN StreamLive HD 多功能直播機目前十分受到直播主歡迎

　　不少人認為當一個直播主，應該需要購買昂貴的器材，才能拍出高質感的影片。事實上，在經費有限的情況下，只要一支智慧型手機，就能利用其相機隨時開始直播和觀眾互動，或者外接網路攝影機、筆電，搭配手機的有線耳麥就可以馬上開工了，不過設備當然不嫌多，能有越多越好的設備所拍攝出來的品質也會更高。

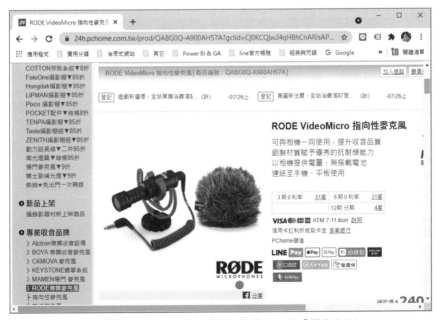

☉ 指向型麥克風可區分為「單一指向型」及「雙指向型」

## 🕐 13-3 熱門直播平台介紹

對於一位帶貨新主播來說，想開好一場直播，相比於場景、貨源，最重要就是找對直播平台。隨著直播的流行，不同的直播平台也根據各自的強項，專攻某些類型的直播節目。如遊戲、生活、品牌導購等。直播主想找到「對的觀眾」，了解個人特質與適合的直播平台，就是獲取大量粉絲前，第一件該做的功課。例如 Twitch 平台最大特色就是直播自己打怪給別人欣賞，因此在全球遊戲類的直播中，流量都是拔得頭籌，Twitch 非常重視玩家的參與感，功能包括提供遊戲玩家進行個人直播及電競賽事的直播，每個月全球有超過 1 億名社群成員使用該平台，有許多剛推出的新款遊戲，遊戲開發公司都會指定在 Twitch 平台上開直播，也提供聊天室讓觀眾們可以同步進行互動。

🖼 Twitch 是遊戲素人直播的最佳擂台

對個人與品牌端而言，直播是維持顧客關係的重要趨勢，對於電商來說，直播帶貨更是新興促銷方法，由真人展示產品既新鮮又有吸引力。各大社群平台看準直播商機，如 Facebook、Instagram 也相繼推出直播功能，手機也有許多直播 App，例如 17 直播、Uplive、浪 Live 等手機直播平台。

☑ 台灣本土的 17 直播平台內容多元且主題豐富

# 13-3-1 Facebook 直播

Facebook 的活躍用戶為 Facebook 直播打下了穩固的基礎，更成為直播帶貨的新戰場，主要是因為 Facebook 鍾愛影片類型的貼文，不單單只是素人與品牌直播而已，還有直播拍賣搶便宜貨，讓品牌觸及率大大提升。直播主只要用戶從手機上按下一個鈕，就能立即分享當下實況，Facebook 上的其他好友也會同時收到通知。腦筋動得快的業者就直接利用 Facebook 直播來賣東西，甚至延攬知名藝人和網紅來拍賣商品。

☑ Facebook 直播是直播帶貨的新藍海

Facebook 直播的即時性很能吸引粉絲目光，而且沒有技術門檻，只要有網路或行動裝置在手，任何地方都能變成拍賣場，開啟麥克風後，再按下 Facebook 的「直播」鈕，就可以向 Facebook 上的朋友販售商品。直播帶貨只要名氣響亮，觀看的人數眾多，主播者和網友之間有良好的互動，進而加深粉絲的好感與黏著度，記得對粉絲好一點，粉絲自然會跟你互動，就可以在 Facebook 直播的平台上衝高收益率，帶來令人驚喜的業績。

iPhone 和 Android 都是按「直播」鈕

在店家直播的過程中，粉絲可以留言、喊價或提問，也可以按下各種的表情符號讓主播人知道觀眾的感受，適時的詢問粉絲意見、開放提問、轉述粉絲留言、回應粉絲等，讓粉絲有參與感，完全點燃粉絲的熱情，為網路和實體商品建立更深厚的顧客關係。當直播主概略介紹商品後便喊出起標價，讓臉友們開始競標，臉友們也紛紛留言下標搶購，形成熱絡買氣。如果觀看人數尚未有起色，也會送出小獎品來哄抬人氣，或透過分享的功能讓更多人看到此銷售的直播畫面。

直播過程中，瀏覽者可隨時留言、分享或按下表情的各種符號

留言也會直接顯示在直播放面上

在結束直播拍賣後，業者會將直播視訊放置在 Facebook 中，方便其他的網友點閱瀏覽，也會針對已追蹤粉絲專頁的用戶進行推播，寫出下次直播的時間與贈品，以便預留時間收看，預告下次競標的項目，吸引潛在客戶的興趣，或是純分享直播者可獲得的獎勵，讓直播影片的擴散力最大化。

## 13-3-2 Instagram 直播

Instagram 和 Facebook 一樣，也有提供直播的功能，不過 Instagram 上特有的限時動態與圖片貼文形式，更容易吸引到女性及年輕族群。Instagram 可以在下方留言或加愛心圖示，也會顯示有多少人看過，但是 Instagram 的直播內容並不會變成影片，而是會完全的消失。當各位按 IG 下方中間的 ⊕ 鈕，功能底端選用「直播」，只要按下「直播」鈕，Instagram 就會通知你的粉絲，以免錯過你的直播內容。

當你的追蹤對象分享直播時，可以從他們的大頭貼照看到彩色的圓框以及 Live 或開播的字眼，直播影片會優先顯示在所有限時動態之前，按點大頭貼照就可以看到直播視訊。

你的追蹤對象如有開直播，可從他的大頭貼看到彩虹圓框，若在限時動態中分享直播視訊會顯示播放按鈕

很多廠商經常將舉辦的商品活動和商品使用技巧等，以直播方式來活絡直播主與粉絲的關係，或者找一些 Instagram 的網紅來幫助，也能嘗試邀請觀眾加入直播間，與用戶進行談話性質的互動。粉絲觀看直播視訊時，可在下方的「傳送訊息」欄中輸入訊息，也可以按下愛心鈕對影片說讚。

直播影片時，用戶留言都會在此顯現

顯示按讚的情況

觀賞者可在「傳送訊息」欄上輸入訊息或加入表情符號

### 13-3-3 YouTube 直播

　　YouTube 因為是大眾熟悉的影音平台之一，其用戶對影音類型的直播接受度高，進軍 YouTube 直播最強大的優勢，便在於它以影音起家，且擁有海量的用戶。各位要在 YouTube 上進行直播，基本上有兩種方式：「行動裝置」、「網路攝影機」。其中以行動裝置最適合初學者來使用，因為不需要太多的設定就可以立即進行直播，而進階使用者則可以透過編碼器來建立自訂的直播內容。

　　各位可以依照個別帳戶的狀況來選擇適合的其中一種直播方式，雖然這是一個能夠讓你不用花太多時間剪輯，就可以創造出影音內容的方式，但並非隨意擺放鏡頭就開拍，最好在事前想清楚節目腳本，特別要記得長久經營自己的品牌，呈現出來的作品創意是必須的，然後透過不公開或私人直播的方式預先測試音效和影像，讓你在直播時更有信心。如果你是第一次進行直播，那麼在頻道直播功能開啟前，必須先前往 youtube.com/verify 進行驗證。這個驗證程序只需要簡單的電話驗證，然後再啟用頻道的直播功能即可。驗證方式如下：

**STEP 1**

❶ 輸入要驗證的網址

❷ 設定提供驗證碼的方式

❸ 輸入個人手機號碼

❹ 按下「提交」鈕

**STEP 2**

❶ 從你的手機中將簡訊傳送過來的 6 位數驗證碼輸入

❷ 按下「提交」鈕

**STEP 3**

顯示 YouTube 帳戶已完成驗證

　　完成驗證程序後,只要登入 youtube.com,並在右上角的「建立」鈕下拉選擇「進行直播」即可。如果這是你第一次直播,畫面會出現提示,說明 YouTube 將驗證帳戶的直播功能權限,這個程序需要花費 24 小時的等待時間,等 24 小時之後就能選擇偏好的 YouTube 直播方

式。要特別注意的是,直播內容必須符合 YouTube 社群規範與服務條款,如果不符合要求,就可能被移除影片,或是被限制直播功能的使用。如果直播功能遭停用,帳戶會收到警告,並且 3 個月內無法再進行直播。

## 🛍️ 行動裝置直播

由於行動裝置攜帶方便,隨時隨地都可進行直播,記錄關鍵時刻或瞬間的精彩鏡頭是最好不過的了。不過以行動裝置進行直播,頻道至少要有 1000 人以上的訂閱者,且訂閱人數達標後,還需要等待一段時間,才能取得使用行動裝置直播權限。各位要在 YouTube 進行直播,請於頻道右上角按下  鈕,出現左下圖的視窗時,點選「允許存取」鈕。

❶ 按下此鈕 ←

❷ 點選「允許存取」鈕

由於是第一次使用直播功能,所以用戶必須允許 YouTube 存取裝置上的相片、媒體和檔案,也要允許 YouTube 有拍照、錄影、錄音的功能。

當各位允許 YouTube 進行如上的動作後,會看到「錄影」和「直播」兩項功能鈕,如下圖所示。

錄影　　　　　　　直播

　　點選「直播」鈕後，還要允許應用程式存取「相機」、「麥克風」、「定位服務」等功能，才能進行現場直播，萬一你的頻道不符合新版的行動裝置直播資格規定，它會顯示視窗來提醒你，你還是可以透過網路攝影機或直播軟體來進行直播。

### 網路攝影機直播

　　如果各位擁有 YouTube 頻道，就可以透過電腦和網路攝影機進行直播。利用這種方式進行直播，並不需要安裝任何的應用程式，而且大多數的筆電都有內建攝影鏡頭，一般的桌上型電腦也可以外接攝影機，所以不需要特別添加設備。網路攝影機很適合做主持實況訪問，或是與粉絲互動。

　　要在電腦上使用網路攝影機進行直播，請先確定 YouTube 帳戶已經通過驗證，接著由 YouTube 右上角按下 ▦ 鈕，下拉選擇「進行直播」指令，經過數個步驟後，你會看到如圖的畫面，請耐心等待一天的時間後，再進行直播的設定。

顯示要等 24 小時候才可準備就緒

　　經過 24 小時的準備時間後，帳戶的直播功能就可以開始啟用。請將麥克風接上你的電腦，再次由 YouTube 右上角按下 ▦ 鈕，下拉選擇「進行直播」指令，並依照下面的步驟進行設定。

**電子商務與 ChatGPT**
物聯網・KOL 直播・區塊鏈・社群行銷・大數據・智慧商務

**STEP 1**

❶ 按此鈕

❷ 下拉選擇「進行直播」指令

**STEP 2**

選此項準備開始直播

**STEP 3**

點選此項使用目前的網路攝影機

STEP 4

按「允許」鈕
允 許 YouTube
存取麥克風和
攝影機的功能

STEP 5

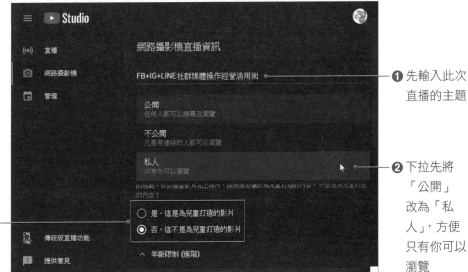

❶ 先輸入此次
直播的主題

❷ 下拉先將
「公開」
改為「私
人」,方便
只有你可以
瀏覽

❸ 設定內容是
否為兒童所
打造

STEP 6

❷ 按下「其他
選項」鈕會
看到如圖的
選項，可設
定影片類型
，「進階設
定」可設定
是否允許即
時留言，或
是影片含有
付費的宣傳
內容

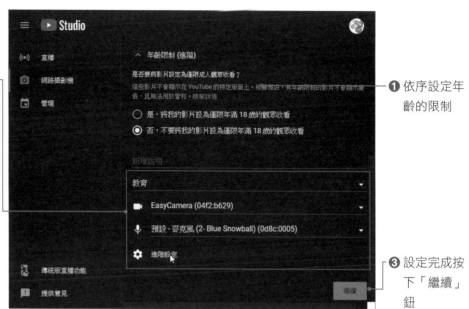

❶ 依序設定年
齡的限制

❸ 設定完成按
下「繼續」
鈕

STEP 7

按此鈕可上傳
自訂的縮圖

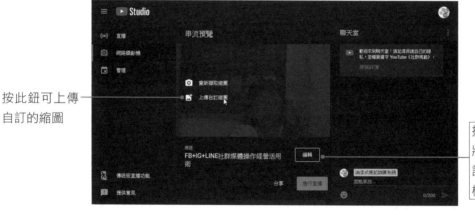

按「編輯」鈕
將回到原視窗
設定網路攝影
機直播資訊

STEP 8

❶ 點選圖片縮
圖

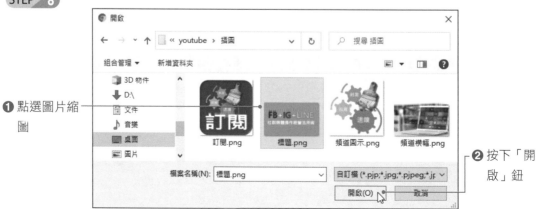

❷ 按下「開
啟」鈕

STEP 9

按此鈕開始進
行直播

STEP 10

❶ 開始直播後
，會在上方
看到「直播
中」的文
字，同時顯
現直播時間
與觀眾數目

❷ 直播完成按
此鈕結束

直播結束後，只要影片完成串流的處理，你就可以在「影片」類別中看到已結束直播的影
片。如下圖示：

❶ 切換到「影
片」

❷ 剛剛直播的
影片顯示在
此

在「直播影片」的標籤中，只要你將滑鼠移入該影片的欄位，就可針對直播的詳細資訊、數據分析、留言、取得分享連結、永久刪除…等進行設定。

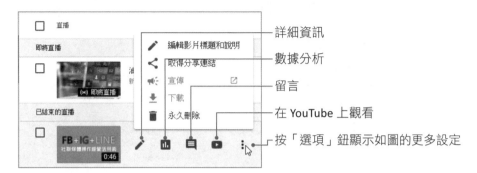

# OBS 直播工具軟體

　　OBS Studio（Open Broadcaster Software）是由 OBS Project 開發與維護，是一免費且開放原始碼的專業的螢幕錄製與串流直播軟體，能從電腦、攝影機、麥克風等來源裝置擷取素材，再上傳到 YouTube 串流播放直播。操作方式相當簡單，也有完整的繁體中文介面，可以支援多個作業系統，有 Windows、macOS 和 Linux 等，除了在 YouTube、Twitch、Facebook、LINE 和 Instagram 等等數十種影音與直播平台支援串流直播功能外，還能支援了螢幕錄製、場景組成、編碼和廣播等諸多實用功能，對於遊戲畫面、運動賽事、演唱會等都很適合，因為它可以重疊畫面，讓畫面更豐富多變，是許多直播主愛用的直播工具軟體：

加入的來源素材可透過紅色框線來調整比例大小

這套軟體的設定功能大致上可以在「檔案」功能表的「設定」指令中找到，各位可針對「串流」、「輸出」、「音效」、「影像」四個區塊來進行設定。

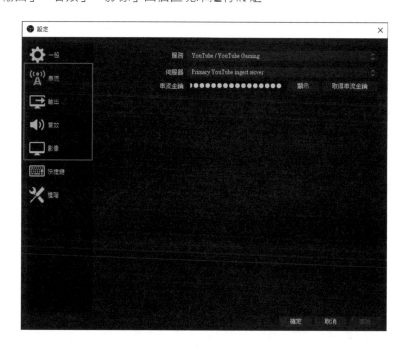

在「串流」類別中，服務的部分可以下拉選擇「YouTube/ YouTube Gaming」，伺服器為「Primary YouTube ingest server」，至於「串流金鑰」可按下後方的「取得串流金鑰」鈕，點進去後再從「編碼器設定」的區塊中，將「串流名稱 / 金鑰」複製後，貼入「串流金鑰」的空白欄位中，按下「套用」鈕就可設定完成。

在「輸出」類別中，影像位元率可設為 6500，畫面看起來會非常滑順。「編碼器」可選擇「硬體編碼」。至於「影像」部分，你可以自行設定來源與輸出的解析度，而「常用 FPS」的預設值為「30」，如果希望遊戲畫面能夠非常的順暢，可將數值設置到「60」。

當基本的設定都完成後，從視窗左下方的「場景」和「來源」兩個欄位就可以按下「+」
鈕來增設場景和各種的擷取來源，而擷取畫面出現後還可透過紅色的外框線來調整畫面的大
小，不想被看到的部分也可以透過眼睛圖示來將畫面隱藏。

1. 請簡介影音行銷。

2. 直播行銷的好處是什麼？

3. 何謂網紅（Internet Celebrity）？

4. 請簡述直播帶貨（Live Delivery）。

5. 什麼是 OBS Studio（Open Broadcaster Software）工具軟體？

6. Twitch 平台有哪些特色？

7. 請簡述 Facebook 直播的優勢。

8. 請介紹網紅行銷（Internet Celebrity Marketing）的由來與內容。

9. 請簡介 BS Studio（Open Broadcaster Software）工具軟體。

# 邁向成功店家的
# LINE 工作術

**14**

CHAPTER

>> LINE 行銷簡介

>> 個人檔案的設定

>> 建立 LINE 群組

>> 認識 LINE 官方帳號

>> 焦點專題：業績翻倍的 LINE 行銷工具

　　智慧型手機的普及讓不少個人和企業藉行動通訊軟體增進工作效率與降低通訊成本，甚至還能作為企業對外宣傳發聲的管道，行動通訊軟體已經迅速取代傳統手機簡訊。在台灣，國人最常用的前十名 APP 中，即時通訊類佔了四個，第一名便是 LINE。LINE 社群著重於品牌與人之間的交流，讓加入的用戶能夠在與 LINE 的接觸中感受出品牌與眾不同的特殊魅力！

　　LINE 的資訊接收精準度，帶來了全新的商業方式，提供了多元服務與應用內容，不但創造足夠的眼球與目光，更讓行銷可以不限於社群媒體的內容創作，而是屬於共同連結思考的客製化行銷服務。

# ⏱ 14-1　LINE 行銷簡介

　　LINE 是由韓國最大網路集團 NHN 的日本分公司開發設計完成，是可在行動裝置上使用的免費通訊 App。它能讓各位在一天 24 小時中，隨時隨地盡情享受免費通訊的樂趣，像是免費的視訊通話功能，即可和遠地的親朋好友聊天，就好像 Skype 即時通軟體一樣可以利用網路打電話或留訊息。LINE 縮短了人與人之間的距離，讓溝通變得無障礙，由 1 對 1 的使用情境出發延伸，許多店家與品牌都想藉由 LINE 行動精準行銷與消費者建立深度的互動關係。

## 14-1-1 LINE 行銷的集客風情

　　LINE 是亞洲最大的通訊軟體，台灣就有二千多萬的人口在使用 LINE 手機通訊軟體來傳遞訊息及圖片。LINE 在台灣積極推動行動行銷策略，如最新的 LINE@ 生活圈 2.0 版 -LINE 官方帳號，類似 FB 的粉絲團，讓 LINE 以「智慧入口」為遠景，打造虛實整合的 Online to Offline（O2O）生態圈，一方面鼓勵商家開設官方帳號，另一方面也企圖將社群力轉化為行銷力，形成新的社群行銷平台。

LINE 與 LINE 官方帳號圖示不同

　　LINE 的功能不只是在朋友圈發發照片，而是發展成為新的經營與行銷方式，核心價值在於快速傳遞訊息，包括照片分享、位置服務即時線上傳訊、影片上傳下載、打卡等功能，然後再藉由社群媒體廣泛的擴散效果，透過朋友間的串連、分享、社團的高速傳遞，使品牌與行銷資訊有機會直接觸及更多的顧客。

　　店家與品牌要做好 LINE 行銷，一定要先善用行動社群媒體的特性，除了抓緊現在行動消費者的「四怕一沒有」（怕被騙、怕等待、怕麻煩、怕買貴以及沒時間），避免服務失敗帶來的負面效應，還要控制好發送的頻率與內容，不要讓粉絲因為加入後收到疲勞轟炸般的訊息，造成閱讀意願低甚至封鎖。

　　LINE 的貼文不但沒有字數限制，還可以插入許多圖片相片、視頻等多媒體素材，例如標題是否能讓粉絲想點擊的興趣，最關鍵的是圖文是否能引起粉絲共鳴，避免落落長純文字內容，讓大多數潛在消費者主動關注，並有可能轉化成忠誠的客戶，跟 Facebook 不同之處是不著重在追求粉絲數量，而是強調 1 對 1 的互動交流，所以不像 Facebook 或其他社群平台可以創造熱門話題後引起迴響。

　　從社群行銷的特色來說，Facebook 與 IG 的傳播廣度雖然驚人，但是朋友間互動與彼此信任的深度卻是遠遠不及 LINE。各位要在手機上下載 LINE 軟體十分簡單，請在「Play 商店」或「App Store」中輸入 LINE 關鍵字，即可安裝或更新 LINE App：

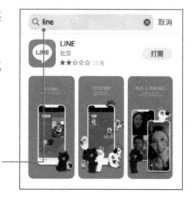

蘋果手機「App Store」中輸入 line 關鍵字就可以安裝或更新 LINE 程式

## 14-1-2 我們都愛 LINE 貼圖

LINE 設計團隊真的很會抓住東方消費者含蓄的個性，例如用貼圖來取代文字，活潑的表情貼圖是 LINE 的很大特色，不僅比文字簡訊更為方便快速，還可以表達出內在情緒的多元性，不但十分療癒人心，還能馬上拉近人與人之間的距離，非常受到亞洲手機族群的喜愛。LINE 貼圖能讓各位盡情表達內心悲傷與快樂，趣味十足的主題人物如熊大、兔兔、饅頭人與詹姆士等，更是 LINE 的超人氣偶像。

◎ 可愛貼圖行銷有一圖勝萬語的功用

## 14-1-3 企業貼圖療癒行銷

由於手機文字輸入沒有像桌上型電腦那麼便捷快速，對於聊天時無法用文字表達心情與感受時，圖案式的表情符號就成了最佳的幫手，只要選定圖案後按下「傳送」▶鈕，對方就可以馬上收到，讓聊天更精彩有趣。

貼圖顯示效果 ——

❶ 按此鈕會在下方顯示各種貼圖

❷ 直接點選圖樣即可進行傳送

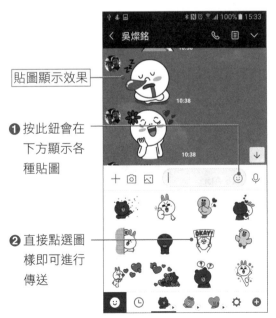

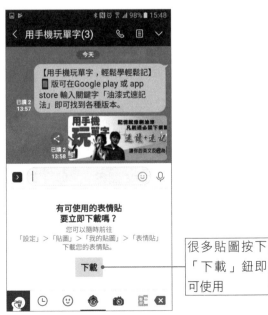

很多貼圖按下「下載」鈕即可使用

LINE 的免費貼圖，不但使用者喜愛，也早已成了企業的行銷工具，特別是一般的行動行銷工具並不容易接觸到掌握經濟實力的銀髮族，但是透過 LINE，能夠真正將行銷觸角伸入中大齡族群。通常企業為了做推廣，會推出好看、實用的免費貼圖，打開手機裡的 LINE，常不定期推出免費的貼圖，吸引不想花錢買貼圖的使用者下載，下載的條件－加入好友就成為企業推廣帳號、產品及促銷的一種重要管道。

越來越多店家和品牌開始在 LINE 上架專屬企業貼圖，為了龐大的潛在傳播者，許多知名企業無不爭相設計形象貼圖，除了可依照自己需求製作，還可以讓企業利用融入品牌效果的貼圖，短時間匯集大量粉絲，有助於品牌形象的提升。例如立榮航空企業貼圖第一天的下載量就達到 233 萬次、千山淨水 LINE 貼圖兩周貼就破 350 萬次下載。根據 LINE 官方資料，企業貼圖的下載率約九成，使用率約八成，而且有三成用戶會記得贊助貼圖的企業。

許多商家會提供貼圖免費下載，增加品牌知名度

只要加入好友就可下載可愛的企業貼圖

## ◎ 14-2 個人檔案的設定

經營 LINE 朋友圈沒有捷徑，店家想要在 LINE 上給大家一個特別的印象，那麼個人檔案的設定就絕對不可輕忽。尤其是擁有經營的事業或店面時，只要好友們點選你的大頭貼照時，就可以了解個人檔案或狀態消息，如果沒有加入個人的相片作為憑證，為了預防詐騙集團安全起見，多數人是不會願意把你加為好友。接下來我們針對個人檔案的設定做說明，首先來設定或

電子商務與 ChatGPT

物聯網・KOL 直播・區塊鏈・社群行銷・大數據・智慧商務

變更個人大頭貼照,請先切換到「主頁」 頁面,點選「設
定」 鈕。接著點選「個人檔案設定」鈕即可進入「個人檔
案」來進行大頭貼照、背景相片、狀態消息的設定。

設定背景相片

設定大頭貼照

加入背景歌曲

## 14-2-1 大頭貼照

經常聽到許多資深小編們提到:「讓消費者建立第一印象
的時間只能有短短的 3 秒鐘」,因此大頭貼的吸睛風格所傳達
的訊息就至關重要。大頭貼照主要用來吸引好友的注意,對方
也可以確認你是否是他所認識的人。按下大頭貼照可以選擇透
過「相機」進行拍照,或是從媒體庫中選取相片或影片,另外
也可以選擇虛擬人像。

LINE 提供的「相機」功能除了正常的拍照外，還能在拍照前加入各種貼圖效果，或是套用濾鏡變化處理成美美的藝術相片，一開始就要緊抓好友的視覺動線，加上運用創意且吸睛的配色，讓你的特色被一眼被認出。

套用濾鏡效果 ——

你也可以直接選擇照片或影片，勾選「分享至限時動態」選項，再按下「完成」鈕就會將你變更的相片自動張貼到「貼文串」的頁面中，接著就可以在個人檔案處看到大頭貼照片已更改。

狀態消息

好友清單上所顯示
的圓形大頭貼照

## 14-2-2 背景相片

在背景照片部分，如果有經營事業或店面，不妨將商品或相關的意念圖像加入，一個具有亮眼設計感的背景相片，一定能為你的品牌大大加分，按下背景相片從手機中的「所有照片」來找尋你要使用的相片。

❶ 按個人封面
　照片

❷ 按「選擇個
　人封面」

挑選要成為個
人封面的照片

你可以進行位置
的調整或是旋轉
畫面，按「下一
步」鈕後還可在背
景相片上加入塗
鴉線條、輸入文
字、可愛插圖、
或濾鏡效果，讓你
的底圖相片更具
有特色

按「完成」鈕完
成背景圖片的設
定

個人封面已變更成功

## ⊙ 14-3　建立 LINE 群組

　　LINE 行銷的起手式，無疑就是想方設法加入好友，有了一堆好友後，接下來就是創建群組邀請好友們加入。如果你是小店家，想要利用小成本來推廣你的商品，那麼「建立 LINE 群組」的功能不失為簡便的管道，好的群組行銷技巧，絕對不只把品牌當廣告。除了和自己的親朋好友聯繫感情外，很多的公司行號或商品銷售，也都是透過這樣的方式來傳送優惠訊息給消費者知道。只要將親朋好友依序加入群組中，當有新產品或特惠方案時，就可以透過群組方式放送訊息，讓群組中的所有成員都看得到，有需要的人直接在群組中發聲，進而開啟彼此之間的對話。

利用群組功能把朋友群聚在一起，一
次貼文公告大家都看得到

LINE 群組最多可以邀請 500 位好友加入，好友加入群組可以進行聊天，群組成員也可以使用相簿和記事本功能來相互分享資訊，即使刪除聊天室仍然可以查看已建立的相簿和記事本喔！

## 14-3-1 建立新群組

店家要在 LINE 裡面建立新群組是件簡單的事，請切換到「主頁」 頁面，由「群組」類別中點選「建立群組」即可開始建立：

接下來在已加入的好友清單中進行成員的勾選，可以一次把相關的好友名單通通勾選，按「下一步」鈕再輸入群組名稱，最後按下「建立」鈕完成群組的建立。作法如下：

❷ 按「下一步」鈕

❶ 把相關的好友名單通通勾選

❸ 再輸入群組名稱

❹ 按此建立群組圖片

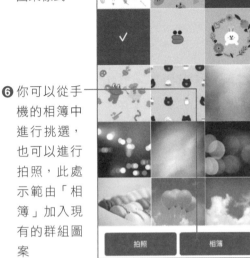

❺ LINE 內建的圖案樣式

❻ 你可以從手機的相簿中進行挑選，也可以進行拍照，此處示範由「相簿」加入現有的群組圖案

由此可為群組相片加入貼圖、文字、塗鴉、濾鏡等效果

最後按下「建立」鈕完成群組的建立

## 14-3-2 聊天設定

當群組建立成功後，「主頁」的群組列表中就可以看到你的群組名稱，點選名稱即可顯示群組頁面。頁面上除了群組圖片、群組名稱外，還會列出所有群組成員的大頭貼，方便你跟特定的成員進行聊天。

按此鈕進入「其
他設定」頁面

變更群組名稱，
最多 50 個字

顯示群組成員，
以及正在邀請中
的名單，也可以
進行新成員的邀
請

按此進行背景圖
設定

顯示已經加入的
群組成員

## 14-3-3 邀請新成員

在前面建立新群組時，已經順道從 LINE 裡面將已加入的好友中選取要加入群組的成員，
這些成員會同時收到邀請，並顯示如左下圖的畫面，被邀請者可以選擇參加或拒絕，也能看到
已加入的人數，願意「參加」群組的人就會依序顯示加入的時間，如下圖所示：

各位也可以在進入群組畫面後，點選右上角的 ☰ 鈕，就會顯示如下的選單，讓你進行邀請、聊天設定、編輯訊息…等各項設定工作。

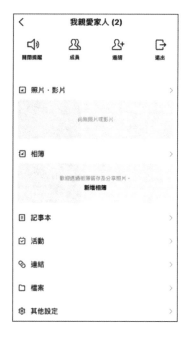

你可選擇行動條碼、邀請網址、電子郵件、SMS 等方式，將 LINE 社群以外的朋友也邀請加入至你的 LINE 群組中。

↗ 行動條碼：點選「行動條碼」會出現如右圖的條碼，你可以將它儲存在手機相簿中，屆時再讓對方進行掃描。

↗ 邀請網址：點選「複製邀請網址」鈕，就可以將邀請網址
轉貼到布告欄，或其他的通訊軟體上進行傳送。

↗ 電子郵件：提供電子郵件來傳送邀請，也可以使用連結分
享方式，以選定的應用程式來共享檔案。如下所示是透過
電子郵件來傳送群組邀請。

輸入收件者資料即可進行傳送 ────

邀請函內容 ──●

↗ SMS：會出現「新增訊息」的視窗，只要輸入收件人的電
話後，按下訊息內容右側的 ⬆ 「發送」鈕就可以邀請對
方加入群組。

　　如果因為某些因素或言論不遵守群組成員的共同規範，為
避免因為該成員而破壞群組成員聊天的心情，想要刪除群組特
定成員，作法如下：

❷ 點選群組下想要進行
　編輯工作的群組名稱

❶ 切換到「主頁」

點選群組成員大頭貼旁的數字

接著按「編輯」鈕

於欲刪除的好友大頭貼前按
「⊖」圖示

❶ 按「刪除」鈕

❷ 會出現再次確認視窗，若
確定這個動作，再按「刪
除」鈕

最後按「完成」鈕就完成將
群組某一位成員刪除的工作

該位群組成員已不在群組內了

萬一群組內的成員想主動退出群組，和上述作法類似，先切換到「主頁」，再找到想要退出的群組名稱。由該群組名稱最右側向左滑動，會出現「退出群組」鈕，按「確定」鈕就可以退出群組。不過有一點要特別提醒，當您退出群組後，群組成員名單及群組聊天記錄將會被刪除，所以進行這項動作前，請務必考慮清楚後再進行較好。

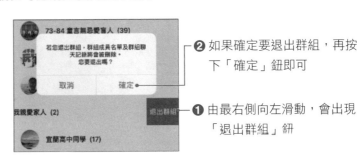

❷ 如果確定要退出群組，再按
下「確定」鈕即可

❶ 由最右側向左滑動，會出現
「退出群組」鈕

# 14-4 認識 LINE 官方帳號

由於 LINE 是 1 對 1 的行動通訊溝通軟體，對於網路行銷推廣上，還是有擴散力不足的疑慮，為了服務中小企業，LINE 開發出了更親民的行銷方案，導入日本的創新行銷工具「LINE@ 生活圈」，創造出新的行銷缺口。

LINE 官方帳號是台灣商家提供行動服務的最佳首選

LINE 個人帳號的群組訊息很容易被洗版

剛開始接觸 LINE 官方帳號時，一定有許多困惑，到底 LINE 官方帳號和平常我們所用 LINE 個人帳號有何不同？一般的 LINE「群組」可以將潛在客戶集結在一起，發送商品相關訊息，但不斷丟廣告給消費者，加上群組中的任何成員都可以隨意發送廣告或垃圾訊息形成洗版，導致每天都要花費心力在封鎖、刪除廣告帳號等事項，將造成無法有效管理顧客，使得商家行銷的觸及率也會受限。

全新 LINE 官方帳號擁有「無好友上限」的優點，以往 LINE@ 生活圈好友數量八萬的限制，在官方帳號沒有人數限制，還包括許多 LINE 個人帳號沒有的功能，例如：群發訊息、分眾行銷、自動訊息回覆、多元的訊息格式、集點卡、優惠券、問卷調查、數據分析、多人管理…等功能，不僅如此，LINE 官方帳號也允許多人管理，店家也可以針對顧客群發訊息，而顧客的回應訊息只有商家可以看到。

☺ 加入商家為好友，可不定期看到好康訊息

☺ 透過 LINE 官方帳號行銷，可培養忠實粉絲

我們還可以在後台設定多位管理者，來為商家管理階層分層負責各項行銷工作，有效改善店家的管理效率，以利提高商業利益。這樣的整合無非是企圖將社群力轉化為行銷力，形成新的行動行銷平台，以便協助企業主達成「增加好友」、「分眾行銷」、「品牌互動溝通」等目的，讓實體零售商家能靈活運用官方帳號和其延伸的周邊服務，真正和顧客建立長期的溝通管道。因應行動行銷的時代來臨，LINE 官方帳號的後台管理除了電腦版外，也提供行動裝置版的「LINE Offical Account」的 App，可以讓店家以行動裝置進行後台管理與商家行銷，更加提高行動行銷的執行效益與方便性。

## 14-4-1 官方帳號功能總覽

LINE 官方帳號是一種全新的溝通方式，類似於 FB 的粉絲團，讓店家可以透過 LINE 帳號推播即時活動訊息給其他企業、店家、甚至是個人，還可以同步打造「行動官網」，任何 LINE 用戶只要搜尋 ID、掃描 QR Code 或是搖一搖手機，就可以加入喜愛店家的官方帳號，在顧客還沒有到店前傳達訊息，並直接回應客戶的需求。商家只要簡單的操作，就可以輕鬆傳送訊息給所有客戶，除了可以透過聊天方式就可以輕鬆做生意外，各種回應顧客訊息的方式，及各種商業行銷的曝光管道及機制皆可以幫忙店家提高業績。

圖片來源：https://reurl.cc/MNvVkL

## 14-4-2 聊天也能蹭出好業績

現代人已經無時無刻都藉由行動裝置緊密連結在一起，LINE 官方帳號的主要特性就是允許各位以最熟悉的聊天方式透過 LINE 輕鬆做行銷，以更簡單及熟悉的方式來管理您的生意。透過官方帳號 App 可以將私人朋友與顧客的聯絡資料區隔出來，以最方便、輕鬆的方式管理顧客的資料，重點是與顧客的關係聯繫可以完全藉助各位最熟悉的聊天方式，即時回應顧客的需求拉近距離，其他群組中的好友不會看到發出的訊息，提高與商家交易資訊的隱私性。

ser電子商務與 ChatGPT

物聯網・KOL 直播・區塊鏈・社群行銷・大數據・智慧商務

　　說實話，沒有人喜歡被已讀不回，優質的 LINE 行銷一定要掌握雙向溝通的原則，在非營業時間內，也可以將真人聊天切換為自動回應訊息，只要在自動回應中，將常見問題設定為關鍵字，自動回應功能就如同客服機器人可以幫忙真人回答顧客特定的資訊，不但能降低客服回覆成本，同時也讓用戶能更輕易的找到相關資訊，24 小時不中斷提供最即時的服務。

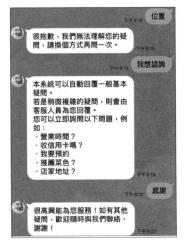

## 14-4-3 多元商家曝光方式

　　經營 LINE 官方帳號沒有捷徑，當然必須要有做足事前的準備，不夠完整或過時的資訊會顯得品牌不夠專業，在商家資訊的提供方面，盡可能在行動官網刊載店家的營業時間、地址、商品等相關資訊，假設開設的是實體商店，並希望增加在地化搜尋機會，那麼填寫地址、當地營業時間是非常重要的。

14-20

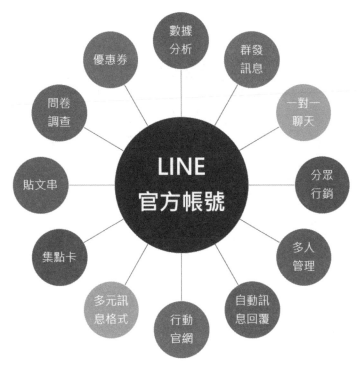

⬤ LINE 官方帳號擁有的優點

　　任何 LINE 用戶只要搜尋「官方帳號 ID」、「官方帳號網址」、「官方帳號行動條碼」、「官方帳號連結鈕」等方式，就可以加入喜愛店家的 LINE 官方帳號，在顧客還沒有到店前傳達訊息，並直接回應客戶的需求，像是預約訂位或活動諮詢等，實體店家也可以利用定位服務（LBS）鎖定生活圈 5 公里的潛在顧客進行廣告行銷，顧客只要加入指定活動店家的帳號，即可收到店家推播的專屬優惠。

## 14-4-4　申請一般帳號

　　前面提到過一般官方帳號是任何人都可以申請和擁有的帳號，不但步驟簡單，更無須進行繁複的審核流程，唯一的限制只有「申請者必須具備 LINE 帳號」這個條件而已，只要拿到帳號，就可給每一位有使用 LINE 的好友。接下來示範如何以建立新帳號的方式申請 LINE 官方帳號。首先開啟瀏覽器連上「LINE for Business」官網的首頁（https://tw.linebiz.com/），操作步驟如下：

於此按「免費開設帳號」鈕

在「LINE 官方帳號」頁面的下方按「免費開設帳號」鈕

LINE 官方帳號登入方式有兩種，一種是「使用 LINE 帳號登入」，另一種是「使用商用帳號登入」，請按下「建立帳號」

為了可以和 LINE 個人帳號有所區別,建議準備另一組電子郵件與密碼,再選按「使用電子郵件帳號註冊」

❶ 輸入電子郵件帳號

❷ 按「傳送註冊用連結」

❶ 開啟電子郵件信箱收信,會看到主旨為 [LINE 商用 ID] 註冊用連結

❷ 請按「前往註冊畫面」鈕

電子商務與 ChatGPT
物聯網．KOL 直播．區塊鏈．社群行銷．大數據．智慧商務

❶ 輸入官方帳號姓名，這是用來顯示給其他用戶看的

❷ 輸入登入密碼，必須為 6~120 個半形字母、數字或符號

❸ 核選「我不是機器人」

❹ 按「註冊」鈕

出現此畫面，再按「完成」鈕

出現「註冊完成」畫面，最後按下「前往服務」鈕

請依本畫面指示輸入建立 LINE 官方帳號的基本資訊

輸入完畢後按下「確認」鈕

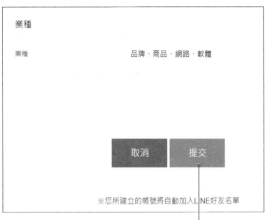

接著進入「確認輸入內容」頁面，如果帳號的基本資訊沒問題，最後按「提交」鈕

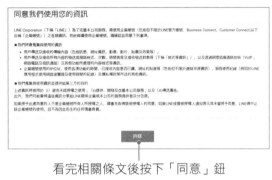

看完相關條文後按下「同意」鈕

出現此畫面表示官方帳號已建立完成，請點按「前往 LINE Official Account Manager」鈕

在官方帳號管理畫面的上方就可以看到各位所申請的官方帳號的名稱與系統隨機產生的一組 ID

接著會進入官方帳號管理畫面，並會在畫面中間出現如圖的歡迎畫面，請直接按下「略過」鈕

## 14-4-5 大頭貼與封面照片

完成帳號建立後，下一步就是設定帳號的各種基本資訊，當我們在 LINE 裡面點選某一帳號時，首先跳出的小畫面，或是按下「主頁」鈕所看到的畫面就是「主頁封面」。「主頁封面」照片關係到店家的品牌形象，假如不做設定，好友看到的只是一張藍灰色的底，這樣就無法凸顯出店家想表現的特色。主頁封面或大頭貼照，主要是讓用戶對你的品牌或形象產生影響和聯結，主頁封面是佔據官方帳號版面最大版面的圖片，所以在加入好友之前，一定要先設定好主頁封面照片，一開始就要努力緊抓粉絲的視覺動線。

主頁封面照片————   ————主頁封面照片

從設計上來看，最好嘗試整合大頭照與封面照，例如在大頭貼部分，選擇上傳店家的 Logo 或專屬商標，主頁封面則是展現出店內的特色景觀，加上運用創意且吸睛的配色，讓品牌被一眼認出。由 LINE 官方帳號進行「大頭貼」及「封面照片」的設定時，請切換到「首頁」並選按「設定」鈕，於「帳號設定 / 基本設定」的「基本檔案圖片」右側的「編輯」鈕可以設定大頭貼，目前基本檔案圖片的圖片規格需求如下：

檔案格式：JPG、JPEG、PNG

檔案容量：3MB 以下

建議圖片尺寸：640px × 640px

在電腦後台管理頁按下「設定」鈕

在「帳號設定 / 基本設定」下按「基本檔案圖片」右側的「編輯」鈕

直接將圖片檔案拖放至此或按「+」鈕選擇檔案

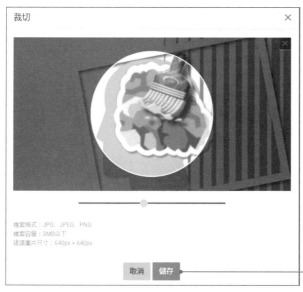

選取檔案後適當裁切圖片的範圍，最後按下「儲存」鈕

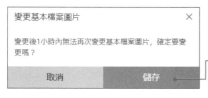

接著會出現此提醒視窗告知，變更後 1 小時內無法再次變更基本檔案圖片，如果確定要變更圖片，請再按下「儲存」鈕

同理請於「封面照片」右側的「編輯」鈕加入官方建議的封面照片的尺寸大小，可以選擇現有的照片或直接使用相機進行拍攝，目前基本檔案圖片的圖片規格需求如下：

檔案格式：JPG、JPEG、PNG

檔案容量：3MB 以下

建議圖片尺寸：1080px × 8148px

如果需裁切範圍請自行按下「裁切範圍」鈕進行設定，裁切好想要的圖片範圍後，就可以按下「套用」鈕。

接著會出現如下圖的詢問視窗，如果要將新的封面照片張貼至貼文串，則請按下「貼文」鈕。

# 業績翻倍的 LINE 行銷工具

對於 LINE 官方帳號來說，行銷工具的工具相當多，例如商家可以隨意無限制的發送貼文串（類似 FB 的動態消息），不定期地分享商家最新動態及商品最新資訊或活動訊息給客戶，好友們可以在你的投稿內容底下進行留言、按讚或分享。如果投稿的內容被好友按讚，就會將該貼文分享至好友的貼文串上，那麼好友的朋友圈也有機會看到，增加商家的曝光機會。

更具吸引力的地方，除了訊息的回應方式外，LINE 官方帳號提供更多元的互動方式，這其中包括了：電子優惠券、集點卡、分眾群發訊息、圖文選單…等。其中電子優惠券經常可以吸引廣大客戶的注意力，尤其是折扣越大買氣也越盛，對業績的提升有相當大的助益。

⊘ 電子優惠券對業績提升很有幫助

　　「LINE 集點卡」也是 LINE 官方帳號提供的一項免費服務，除了可以利用 QR Code 或另外產生網址在線上操作集點卡，透過此功能商家可以輕鬆延攬新的客戶或好友，運用集點卡創造更多的顧客回頭率，還能快速累積你的官方帳號好友，增加銷售業績。集點卡提供的設定項目除了款式外，還包括所需收集的點數、集滿點數優惠、有效期限、取卡回饋點數、防止不當使用設定、使用說明、點數贈送畫面設定…等。

⊘ LINE 集點卡創造更多的顧客回頭率

使用 LINE 官方帳號可以群發訊息給好友,讓店家迅速累積粉絲,也能直接銷售或服務顧客,在群發訊息中,可以透過性別、年齡、地區進行篩選,精準地將訊息發送給一群屬性相似的顧客,這樣好康的行銷工具當然不容錯過。

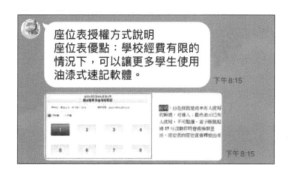

為了大力行銷企業品牌或店家的優惠行銷活動,使用 LINE 官方帳號也可以設計圖文選單內容,引導顧客進行各項功能的選擇,更讓人稱羨的是我們可以將所設計的圖文選單行銷內容以永久置底的方式,將其放在最佳的曝光版位。

1. 請簡介 LINE 提供的三種加好友方式？

2. 請簡述如何加入「LINE@ 生活圈」帳號。

3. 請簡介 LINE@ 生活圈的功能。

4. 請問如何將 LINE 訊息一次傳給多人？

5. 請説明網路電話（IP Phone）的原理。

6. LINE@ 電腦管理後台有哪些手機所沒有的功能？

7. 什麼是 LINE 的最大特色？

8. 在決定創作 LINE 貼圖時，首要工作是什麼？如何做？

9. 當店家註冊一般帳號並進入 LINE@ 手機管理介面後，可以看到哪幾個標籤？

10. 請問「狀態消息」的位置與功用。

11. 請簡述「LINE 集點卡」。

12. 如何能做好 LINE 行銷？

# 電子商務倫理與
# 法律相關議題

**15**

CHAPTER

>> 資訊倫理

>> 電子商務與智慧財產權法規

>> 常見網路侵權問題

>> 焦點專題：創用 CC 授權

　　隨著電子商務與傳統行業的加速融合,提供了新型態的網路交易模式,企業可藉此架構出全球化的商業模式,利用網路從事交易與行銷行為日趨增加,雖然創造了極大的線上商機,不過因為越來越多的產品和服務已可透過線上方式提供,也隱藏了諸多法律與安全上需要面對的問題。

🔵 部落格或 Facebook 上的行銷廣告必須小心侵犯著作權

　　網路的世界雖然並無國界可言,但並非就不受現實世界中法律或倫理所拘束。我們經常在媒體報導中發現,不少店家或廣告代理商,因為忽略電子商務或網路行銷活動所衍生的法律問題,諸如廣告侵犯智慧財產權或商標權、不實廣告、、不公平競爭、ISP 責任限制、使用 FB 或是 Twitter 社群網站上的照片與圖像、網域名稱、網路犯罪等議題,而被政府機關處以高額的罰款、禁止從事特定活動,或是被競爭對手起訴等。

🛒 **TIPS**

由於傳統的法律規定與商業慣例,限制了網上交易的發展空間,我國政府於民國 90 年 11 月 14 日為推動電子交易之普及運用,確保電子交易之安全,促進電子化政府及電子商務之發展,特制定「電子簽章法」,並自 2002 年 4 月 1 日開始施行。電子簽章法的目的就是希望透過賦予電子文件和電子簽章法律效力,建立可信賴的網路交易環境,使大眾能夠於網路交易時安心,還希望確保資訊在網路傳輸過程中不易遭到偽造、竄改或竊取,並能確認交易對象真正身分,並防止事後否認已完成交易之事實。

電子商務雖然是在網路經濟全球化的浪潮下所產生新商務活動，也是目前各國立法所關注的法律新領域，特別是同樣行銷方式在不同國家與法域可能受到不同法律評價，也是跨國交易上最大的挑戰之一，雖然處處是商機的商務與行銷活動，若處理失當也是處處危機，如何適當解決衍生的法律問題與消費紛爭，本章中我們將來探討這些相關的課題。

# ⏣ 15-1 資訊倫理

不斷推陳出新的科技模式，電腦的使用已不再只是單純的考慮到個人封閉的主機，許多前所未見的資訊操作與平台模式，顛覆了傳統電腦與使用者間人機互動關係。加上網路與行動通訊技術的普及，一方面為生活帶來空前便利與改善，但另一方面也衍生了許多未曾發生的複雜問題。網際網路架構協會（Internet Architecture Board, IAB）的工作是國際上負責網際網路間的行政、技術事務監督、網路標準和長期發展，其曾將以下網路行為視為不道德：

(1) 在未經任何授權情況下，故意竊用網路資源。
(2) 干擾正常的網際網路使用。
(3) 以不嚴謹的態度在網路上進行實驗。
(4) 侵犯別人的隱私權。
(5) 故意浪費網路上的人力、運算與頻寬等資源。
(6) 破壞電腦資訊的完整性。

在傳統社會倫理道德規範日漸薄弱下，具有的公開分享、快速、匿名等特性，使網路社會產生了越來越多倫理價值改變與偏差行為。除了資訊素養的訓練外，如何在一定的行為準則與價值要求下，從事資訊相關活動時該遵守的規範，就有待於資訊倫理體系的建立。

簡單來說，「資訊倫理」就是探究人類使用資訊行為對與錯之問題，適用的對象包含廣大的資訊從業人員與使用者，範圍則涵蓋了使用資訊與網路科技的價值觀與行為準則。接下來引用 Richard O. Mason 於 1986 年時提出以資訊隱私權（Privacy）、資訊正確性（Accuracy）、資訊所有權（Property）、資訊存取權（Access）等四類議題，稱為 PAPA 理論，來討論資訊倫理的標準所在。

**電子商務與 ChatGPT**
物聯網‧KOL 直播‧區塊鏈‧社群行銷‧大數據‧智慧商務

## 15-1-1 資訊隱私權

在今天高速資訊化環境中，不論是電腦或網路中所流通的資訊，都已經是一種數位化資料，透過電腦硬碟或網路雲端資料庫的儲存，取得與散佈機會也相對容易，間接也造成隱私權容易被侵害的潛在威脅。隱私權在法律上的見解是「獨處而不受他人干擾的權利」，屬於人格權的一種，是為了主張個人自主性及其身分認同，並達到維護人格尊嚴的目的。在國外隱私權政策最早可以追溯到 1988 年 10 月，歐盟通過了監督隱私權保護指導原則（OECD 原則），而到了 1997 年 7 月則有美國政府也公佈「全球電子商務架構」的政策，都是針對現代網路社會隱私權的討論。

「資訊隱私權」討論的是有關個人資訊的保密或予以公開的權利，並應該擴張到由我們自己控制個人資訊的使用與流通，核心概念就是在於個人掌握資料之產出、利用與查核權利。包括什麼資訊可以透露？什麼資訊可以由個人保有？也就是個人有權決定對其資料是否開始或停止被他人收集、處理及利用的請求，並進而擴及到什麼樣的資訊使用行為，可能侵害別人的隱私和自由的法律責任。

例如未經當事人的同意，就將收到的 Email 轉寄給其他人，這就可能侵犯到別人的資訊隱私權。如果是未經網頁主人同意，就將該網頁中的文章或圖片轉寄出去，就有侵犯重製權的可能。Google 也十分注重使用者的隱私權與安全，當 Google 地圖小組在收集街景服務影像時會進行模糊化處理，讓使用者無法認出影像中行人的臉部和車牌，以保障個人的資訊隱私權，避免透露入鏡者的身分與資料。

目前電商網站中最常用來追蹤瀏覽者行為以做為未來關係行銷的依據，就是使用 Cookie 這樣的小型文字檔。Cookie 在網際網路上所扮演的角色，基本上是針對不同網路使用者而予以「個人化」功能的過濾機制，作用就是透過瀏覽器在使用者電腦上記錄使用者瀏覽網頁的行為，網站經營者可以利用 Cookie 來了解到使用者的造訪記錄，例如造訪次數、瀏覽過的網頁、購買過哪些商品等，進而根據 Cookie 及相關資訊科技所發展出來的客戶資料庫，企業可以直接鎖定特定消費者的消費取向，進而進行未來產品銷售的依據。

**TIPS**

> Cookie 是網頁伺服器放置在電腦硬碟中的一小段資料，例如使用者最近一次造訪網站的時間、用戶最喜愛的網站記錄以及自訂資訊等。當用戶造訪網站時，瀏覽器會檢查正在瀏覽的 URL 並查看其 Cookie 檔，如果瀏覽器發現和此 URL 相關的 Cookie，會將此 Cookie 資訊傳送給伺服器。這些資訊可用於追蹤人們上網的情形，並協助統計人們最喜歡造訪何種類型的網站。

隨著數據帶來的便利與精準度等益處，「數據隱私」也成了大議題，在未經網路使用者或消費者同意的情況下，收集、處理、流通甚至公開其個人數據，將更加凸顯出個人隱私保護與商業利益間的緊張關係與平衡問題。例如以台灣的個人資料保護法為例，蒐集、處理及利用個人資料都必須符合比例原則、合理關聯性原則。由於消費者隱私意識覺醒，Safari 早在 2017 年便推出智慧反追蹤功能（Intelligent Tracking Prevention），Google 也順應趨勢，在減少侵犯消費者隱私的前提下，宣布 Chrome 瀏覽器將在 2022 年後停止支持第三方 Cookie。

上網過程中會透過瀏覽器記錄使用者的個人資料

圖片來源：http://shopping.pchome.com.tw/

之前 Facebook 為了幫助用戶擴展網路上的人際關係，設計了尋找朋友（Find Friends）的功能，並且直接邀請將這些用戶通訊錄名單上的朋友加入 Facebook。後來德國柏林法院判決 Facebook 敗訴，因為此功能並未得到當事人同意卻收集個人資料做為商業利用，因此 Facebook 將此功能改為必須經過用戶確認後才能寄出邀請郵件。

隨著全球無線通訊的蓬勃發展及智慧型手機普及率的提升，結合無線通訊與網際網路的行動網路（mobile Internet）服務成為最被看好的明星產業，其中的定位服務（Location Based System, LBS）是電信業者利用 GPS、藍牙、Wi-Fi 熱點和行動通訊基地台來判斷您的裝置位置的功能，並將用戶當時所在地點及附近地區的資訊，下載至用戶的手機，當電信業者取得用戶所在地的資訊，就可能帶來各種行動行銷的商機。

然而有關定位資訊的控管與利用當然也會涉及隱私權的爭議，因為用戶個人手機會不斷地與附近基地台進行訊號聯絡，才能在移動過程中接收來電或簡訊，因此相關個人位址資訊無可避免的會暴露在電信業者手中。濫用定位科技所引發的隱私權侵害並非空穴來風，例如手機業

者如果主動發送廣告資訊，會涉及用戶是否願意接收手機上傳遞的廣告，與是否願意暴露自身位置，或者個人定位資訊若洩露給第三人作為商業利用，也造成隱私權侵害將會被擴大。

## 15-1-2 資訊精確性

資訊精確性的精神就在討論資訊使用者擁有正確資訊的權利，或資訊提供者必須提供正確資訊的責任，例如有人謊稱哪裡受到核彈襲擊，而造成股市大跌，或提供錯誤的美容小偏方，讓相信的網友深受其害等，都是沒顧及到資訊正確性。有些業者為了讓產品快速抓住消費者的目光，會在廣告中使用誇張用語來放大產品的效用，例如在商品廣告中使用世界第一、全球唯一、網上最便宜、最安全、最有效等誇大不實的用語來吸引消費者購買，或許成功達到廣告吸睛的目的，但稍有不慎就有可能觸犯不實廣告（False advertising）的規範。

2014 年時三星電子在台灣就發生了一件稱為三星寫手事件，是指台灣三星電子疑似透過網路寫手進行不真實的產品行銷被揭發而衍生的事件。三星涉嫌與網路業者合作雇用工讀生，假冒消費者在網路上發文誇大三星產品的功能，蓄意惡意解讀數據，再以攻擊方式評論對手宏達電（HTC）的智慧手機，企圖影響網路輿論，並打擊競爭對手的品牌形象。由於涉及了造假與所謂資訊精確性的問題，此事件也創下了台灣網路行銷史上最高的罰鍰金額，而三星電子除了金錢的損失以外，也賠上了消費者對品牌價值的信任。

## 15-1-3 資訊財產權

資訊財產權是指資訊資源的擁有者對於該資源所具有的相關附屬權利。簡單來說，就是要定義出什麼樣的資訊使用行為算是侵害別人的著作權，並要承擔哪些責任。例如將網路上所收集的圖片燒成光碟、拷貝電腦遊戲程式送給同學、將大補帖的軟體灌到個人電腦上、電腦掃描或電腦列印等行為都是侵犯到資訊財產權。或旅遊時拍了一系列的風景照片，但同學未經你同意就把相片放在部落格上當作內容時，不管展示的是原件還是重製物，都算侵犯了你的資訊財產權，再者網路行銷經常製作、投放的電視廣告（Commercial Film, CF），只要使用到他人著作，包括廣告中任何音樂都必須取得擁有資訊財產權所有人的授權。

隨著線上遊戲的魅力不減，且虛擬貨幣及商品價值日漸龐大，遊戲中價值不斐的虛擬寶物皆需要投入大量的時間才可能獲得，也因此有不少針對線上遊戲設計的外掛程式，可用來修改人物、裝備、金錢、機器人等，目的是為了想要提升等級或打寶，進而縮短投資在遊戲裡的時間。而遊戲中虛擬的物品不僅在遊戲中有價值，其價值感更延伸至現實生活中，往往可以轉賣其他玩家以賺取實體世界的金錢，並以一定的比率兌換。

天堂遊戲中的天幣是玩家打敗怪獸所獲得的虛擬貨幣

圖片來源：http://lineage2.plaync.com.tw/

　　例如有些線上遊戲玩家利用特殊軟體（如特洛依木馬程式）進入電腦暫存檔竊取其他玩家的帳號及密碼，或用外掛程式洗劫對方的虛擬寶物，把人家的裝備轉到自己的帳號來。這樣究竟構不構成犯罪行為？由於線上寶物目前已被認為具有財產價值，因此這已構成了意圖為自己或第三人不法之所有或無故取得、竊盜與刪除，或變更他人電腦或其相關設備之電磁記錄的罪責，自然也是侵犯了別人的資訊財產權。

## 15-1-4　資訊存取權

　　資訊存取權最直接的意義，就是在探討維護資訊使用的公平性，包括如何維護個人對資訊使用的權利？如何維護資訊使用的公平性？與在哪個情況下，組織或個人所能存取資訊的合法範圍。隨著智慧型手機的廣泛應用，最容易發生資訊存取權濫用的問題。通常手機除了有個人重要資料外，還有許多朋友私人通訊錄與隱私的相片。當下載或安裝 App 時，有時會遇到許多 App 要求權限過高，這時就可能會造成資訊安全的風險。

App Store 首頁畫面

　　我們知道 P2P（Peer to Peer）是一種點對點分散式網路架構，可讓兩台以上的電腦，藉由系統間直接交換來進行電腦檔案和服務分享的網路傳輸型態。雖然伺服器本身只提供使用者連線的檔案資訊，並不提供檔案下載的服務，可是凡事有利必有其弊，如今的 P2P 軟體儼然成為非法軟體、影音內容及資訊文件下

載的溫床。在此特別提醒讀者，要注意所下載軟體的合法資訊存取權，不要因為方便且取得容易，就造成侵權的行為。

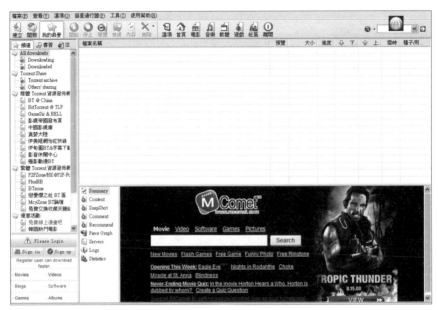

◎ 使用 BitComet 下載軟體，容易造成侵權的爭議

## ⏱ 15-2 電子商務與智慧財產權法規

在電子商務快速發展的同時，「智慧財產權」所牽涉的範圍也越來越廣，例如如何在網路上合法利用別人的著作？從網站設置、網頁製作、申請網域名稱、建置雲端資料庫、軟體使用以及對營業有關的科技，及商業資訊進行保密（加密）措施等，都直接涉及智慧財產權的相關法律問題。

### 15-2-1 認識智慧財產權

我國目前將「智慧財產權」（Intellectual Property Rights, IPR）劃分為著作權、專利權、商標權等三個範疇進行保護規範，這三種領域保護的智慧財產權並不相同，在制度的設計上也有所差異，權利的內容涵蓋人類思想、創作等智慧的無形財產，並由法律所創設之一種權利，或者可以看成是在一定期間內有效的「知識資本」（Intellectual capital）專有權，例如發明專利、文學和藝術作品、表演、錄音、廣播、標誌、圖像、產業模式、商業設計等等。

↗ 著作權：指政府授予著作人、發明人、原創者一種排他性的權利。著作權是在著作完成時立即發生的權利，也就是說著作人享有著作權，不需要經由任何程序，當然也不必登記。

↗ 專利權:指專利權人在法律規定的期限內,對其發明創造所享有的一種獨佔權或排他權,並具有創造性、專有性、地域性和時間性。但必須向經濟部智慧財產局提出申請,經過審查認為符合專利法之規定,而授與專利權。

↗ 商標權:「商標」指企業或組織用以區別自己與他人商品或服務的標誌,自註冊之日起,由註冊人取得「商標專用權」,他人不得以同一或近似之商標圖樣,指定使用於同一或類似商品和服務。

巴冷公主商標是屬於榮欽科技公司所有

## 15-2-2 著作權的內容

著作權屬於智慧財產權的一種,我國也在保護著作人權益,調和社會利益,促進國家文化發展下制定著作權法,而著作權內容則是指因著作完成,就立即享有這項著作的著作權,並受到著作權法的保護。我國著作權法對著作的保護,採用「創作保護主義」,而非「註冊保護主義」。不需要經由任何程序,當然也不必登記,著作財產權的存續期間,於著作人之生存期間及其死後五十年。至於著作權的內容則包括以下兩項:

| 著作權內容 | 說明與介紹 |
|---|---|
| 著作人格權 | • 姓名表示權:著作人對其著作有公開發表、出具本名、別名與不具名之權利。<br>• 禁止不當修改權:著作人就此享有禁止他人以歪曲、割裂、竄改或其他方法改變其著作之內容、形式或名目致損害其名譽之權利。例如要將金庸的小說改編成電影,金庸就能要求是否必須忠於原著,能否省略或容許不同的情節。<br>• 公開發表權:著作人有權決定他的著作要不要對外發表,如果要發表的話,決定什麼時候發表,以及用什麼方式來發表,但一經發表這個權利就消失了。 |
| 著作財產權 | 包括重製、公開口述、公開播放、公開上映、公開演出、公開展示、公開傳輸權、改作權、編輯權、出租權、散布權等。 |

## 15-2-3  合理使用原則

基於公益理由與促進文化、藝術與科技之進步，為避免著作權過度之保護，且為鼓勵學術研究與交流，法律上乃有合理使用原則。著作權法第一條開宗明義規定：「為保障著作人著作權益，調和社會公共利益，促進國家文化發展，特制定本法。本法未規定者，適用其他法律之規定。」

然而國內著作權法目前廣泛規範的刑責，卻造成資訊數位內容產業發展上的瓶頸，任意地下載、傳送、修改等行為，都可能構成侵害著作權，也造成相關業者很大的困擾。因此保護作者是著作權法中很重要的目的之一，但這絕不是著作權法所宣示的唯一政策。還必須考慮到要「促進國家文化發展」，也就是為了公益考量，又以「合理使用」規定，限制著作財產權可能無限上綱之行使。

「合理使用原則」是即使未經著作權人之允許而重製、改編及散布仍是在合法範圍內。其中的判斷標準包括使用的目的、著作的性質、佔原著作比例原則，與利用結果對市場潛在影響等。例如對於教育、研究、評論、報導或個人非營利使用等目的，在法律所允許的條件下，得於適當範圍內逕行利用他人著作，不經著作權人同意，而不會構成侵害著作權。

著作權政策一直在作者的私利與公共利益間努力維繫平衡，並無具體之法律定義與界線，其平衡關鍵即在於如何促進國家文化的發展，希望不但能達到著作權人享有著作權法上所規範的一定權利，至於著作權法未規範者，均屬社會大眾所共同享有。雖然在著作的合理使用原則下，即使某些合理使用的情形，最好還是明示出處，而且要以合理方式表明著作人的姓名或名稱。當然最佳的方式是在使用他人著作之前，能事先取得著作人的合法授權。

## 15-2-4  個人資料保護法

隨著科技與網路的不斷發展，資訊得以快速流通，存取也更加容易，特別是在享受網路交易帶來的便利與榮景時，也必須承擔個人資訊容易外洩、甚至被不當利用的風險。例如某知名拍賣網站的資料庫曾遭到入侵，導致全球有 1 億多筆的個資外洩，顯示這些有大量會員的網購及社群網站在個資方面的投資與防護必須要再加強。

在台灣，民眾對於個人資料安全的警覺度還不夠，對於個資的蒐集與使用，常認為理所當然，也因此造成詐騙事件頻傳，於是個人資料保護的議題也就越來越受到重視。經過不斷的呼籲與努力，法務部組成修法專案小組於 93 年間完成修正草案，歷經數年審議，終於在 99 年 4 月 27 日完成三讀，同年 5 月 26 日總統公布「個人資料保護法」，其餘條文行政院指定於 101 年 10 月 1 日施行。

個人資料保護法簡稱「個資法」，所規範範圍幾乎觸及到生活的各個層面，尤其新版個資法上路後，無論是公務機關、企業或自然人，對於個人資訊的蒐集、處理或利用，都必須遵循該法規的規範，採取適當安全措施，以防止個人資料被竊取、竄改或洩漏。個資法所規範的使用範圍，不論是電腦中的數位資料，或者是寫在紙張上的個人資料，全都一體適用，不僅都有嚴格規範，而且制定嚴厲罰則，一旦造成資料外洩或不法侵害，企業或負責人均需負擔高額的金錢賠償或刑事責任，甚至讓網站營運及商譽遭受重大損失。

個資法立法目的為規範個人資料之蒐集、處理及利用，核心是為了避免人格權受侵害，並促進個人資料合理利用。關於個人資料保護法的詳細條文，請參考全國法規資料庫：（http://law.moj.gov.tw/LawClass/LawAll.aspx?PCode=I0050021）。

## ◎ 15-3 常見網路侵權問題

網際網路尚未普及的時期，任何盜版及侵權行為都必須有實際的成品（如影印本及光碟）才能實行。然而在數位化網際網路環境裡，數位化著作物的重製非常容易，只要一些電腦指令，就能輕易的將任何的「智慧作品」複製與大量傳送。雖然網路是虛擬的世界，但仍要受到相關法令的限制，也就是包括文章、圖片、攝影作品、電子郵件、電腦程式、音樂等，都是受著作權法保護的對象。在我國著作權法的第一條中就強調著作權法並不是專為保護著作人的利益而制定，尚有調和社會發展與促進國家文化發展的目的。

**電子商務與 ChatGPT**

物聯網・KOL 直播・區塊鏈・社群行銷・大數據・智慧商務

網路著作權就是討論在網路上流傳他人的文章、音樂、圖片、攝影作品、視聽作品與電腦程式等相關衍生的著作權問題，特別是「重製權」及「公開傳輸權」，必須經過著作財產權人授權才能加以利用。在著作權法的「合理使用原則」之下，應限於個人或家庭、非散布、非營利之少量下載，如為報導、評論、教學、研究或其他正當目的之必要的合理引用。

很多人誤以為只要不是商業性質的使用，就是合理使用，其實未必。例如單就個人使用或是學術研究等行為，就無法完全斷定是屬於侵犯智慧財產權，網路著作權的合理使用問題很多，以下來進行討論。

## 15-3-1 網路流通軟體介紹

由於資訊科技與網路的快速發展，智慧財產權所牽涉的範圍越來越廣，例如網路下載與燒錄功能的方便性，都使得網路著作權問題越顯複雜。例如網路上流通的軟體就可區分為三種，分述如下：

| 軟體名稱 | 說明與介紹 |
|---|---|
| 免費軟體<br>（Freeware） | 擁有著作權，在網路上提供給網友免費使用的軟體，並且可以免費使用與複製。不過不可將其拷貝成光碟販賣圖利。 |
| 公共軟體<br>（Public domain software） | 作者已放棄著作權或超過著作權保護期限的軟體。 |
| 共享軟體<br>（Shareware） | 擁有著作權，可讓人免費試用一段時間，但如果試用期滿，則必須付費取得合法使用權。 |

其中像「免費軟體」與「共享軟體」仍受到著作權法的保護，就使用方式與期限仍有一定限制，如果沒有得到原著作人的許可，都有侵害著作權之虞。即使是作者已放棄著作權的公共軟體，仍要注意著作人格權的侵害問題。以下再介紹一些常見的網路著作權爭議問題。

## 15-3-2 網站圖片或文字

某些網站的圖片與文字，若未經由網站管理或設計者的同意，就將其加入到自己的頁面內容中就會構成侵權的問題。或者從網路直接下載圖片，然後在上面修正圖形或加上文字做成海報，若事前未經著作財產權人同意或授權，都可能侵害到重製權或改作權。至於自行列印網頁內容或圖片，如果只供個人使用，並無侵權問題，但建議還是取得著作權人的同意較好。不過如果只是將著作人的網頁文字或圖片作為超連結的對象，由於只是讓使用者作為連結到其他網站的識別，因此是否涉及到重製行為，仍有待各界討論。

🔗 任意使用他人網站或社群圖片可能有侵權之虞

圖片來源：Disney 網站

## 15-3-3　超連結的問題

所謂的超鏈結（Hyperlink）是網頁設計者以網頁製作語言，將他人的網頁內容與網址連結至自己的網頁內容中，例如：http://www.google.com.tw，雖然涉及了網址的重製問題，但因為網址本身並不屬於著作的一部份，故不會有著作權問題，或是單純的文字超鏈結，只是單純文字敘述，故也未涉及著作權法規範的重製行為。但如果是以圖像作為鏈結按鈕的型態，因為網頁製作者已將他人圖像放置於自己網頁，似乎便有發生重製行為之虞，不過這已成網路普遍之現象，也有人主張是在合理使用範圍之內。

還有一種框架連結（Framing）則是將連結的頁面內容在自己網頁中的某一框架畫面中顯示，對於被連結網站的網頁呈現，因而產生其連結內容變成自己網頁中的部份時，即有重製侵權的問題。

此外，國內盛行網路部落格文化，並以悅耳的音樂來吸引瀏覽者，曾經有一位部落格版主用 HTML 語法的框架將音樂播放器嵌入網頁中，就被檢察官起訴侵害著作權人之公開傳輸權。因此建議在設計網站架構時，除非取得被連結網站主的同意，否則儘可能不要使用視窗連結技術。

## 15-3-4 影片上傳問題

我們再來討論 YouTube 上影片所有權的問題，許多網友經常隨意把他人的影片或音樂上傳 YouTube 供人欣賞瀏覽，雖然沒有營利行為，但也造成了許多糾紛，甚至有人控告 YouTube 不僅非法提供平台讓大家上載影音檔案，還積極地鼓勵大家非法上傳影音檔案，這就是盜取別人的資訊財產權。

⊘ YouTube 上的影音檔案也擁有資訊財產權

最後 YouTube 總部引用美國 1998 年數位千禧年著作權法案（DMCA），內容是防範任何以電子形式（特別是在網際網路上）進行的著作權侵權行為，其中訂定有相關的免責規定，只要網路服務業者（如 YouTube）收到著作權人的通知，就必須立刻將被指控侵權的資料隔絕下架，網路服務業者就可以因此免責。YouTube 網站充分遵守 DMCA 的免責規定，所以在 YouTube 經常看到很多遭到刪除的影音檔案。

## 15-3-5 網域名稱權爭議

任何連上 Internet 的電腦，我們都叫做「主機」（host）。而且只要是 Internet 上的任何一部主機都有唯一的 IP 位址去辨別它。IP 位址就是「網際網路通訊定址」（Internet Protocol Address, IP Address）的簡稱，由於 IP 位址是一人串的數字組成，因此十分不容易記憶，而「網域名稱」（Domain Name）是以一組英文縮寫來代表以數字為主的 IP 位址，例如榮欽科技的網域名稱是 www.zct.com.tw。

在網路發展的初期，許多人都把網域名稱當成是一個網址而已，扮演著類似「住址」的角色，後來隨著網路技術與電子商務模式的蓬勃發展，企業開始留意網域名稱也可擁有品牌的效益與功用，因為網域名稱不僅是讓電腦連上網路而已，還應該是企業的重要形象的意義，特別是以容易記憶及建立形象的名稱，更提升為辨識企業提供電子商務或網路行銷的表徵。因此擁有一個好記、獨特的網域名稱，便成為現今企業在網路行銷領域中，相當重要的一項，例如網域名稱中有關鍵字確實對 SEO 排名有很大幫助，基於網域名稱具有不可重複的特性，大家便開始爭相註冊與企業品牌相關的網域名稱。

由於「網域名稱」採取先申請先使用原則，許多企業因為尚未意識到網域名稱的重要性，導致無法以自身商標或公司名稱作為網域名稱。而近年來出現的一群搶先登記知名企業網域名稱的「域名搶註者」（Cybersquatter），俗稱為「網路蟑螂」，更讓網域名稱爭議與搶註糾紛日益增加，不願妥協的企業公司就無法取回與自己企業相關的網域名稱。政府為了處理域名搶註者所造成的亂象，或者網域名稱與申訴人之商標、標章、姓名、事業名稱或其他標識相同或近似，台灣網路資訊中心（TWNIC）於 2001 年 3 月 8 日公布「網域名稱爭議處理辦法」，所依循的是 ICANN（InternetCorporation for Assigned Names and Numbers）制訂之「統一網域名稱爭議解決辦法」。

# 創用 CC 授權

　　隨著數位化作品透過網路的快速分享與廣泛流通，有時因為電商網站設計或進行網路行銷時，需要到網路上找素材（文章、音樂與圖片），不免都會有著作權的疑慮，一般人因為害怕造成侵權行為，卻也不敢任意利用。加上網路社群與自媒體經營盛行，一些網路知名電商社群時常有轉載他人原創內容的需求，卻也因而被檢舉侵犯著作權而造成不少風波，也讓人再次思考網路著作權的議題。不過現代人觀念有了改變，多數人也樂於分享，覺得獨樂樂不如眾樂樂，因此有越來越多人喜歡將生活點滴以影像或文字記錄下來，並透過社群來分享給普羅大眾。

台灣創用 CC 的官網

　　因此對於網路上著作權問題開始產生了一些解套的方法，就是採用「創用 CC」授權模式。基本上，創用 CC 授權的主要精神是來自於善意換取善意的良性循環，不僅不會減少對著作人的保護，同時也讓使用者在特定條件下能自由使用這些作品，並因應各國的著作權法分別修訂，許多共享或共筆的網站服務都採用此種授權方式，讓大眾都有機會共享智慧成果，並激發出更多的創作理念。

所謂創用 CC（Creative Commons）授權是源自美國史丹佛大學法律教授 Lawrence Lessig 於 2001 年成立的 Creative Commons 非營利性組織，目的在提供一套簡單、彈性的「保留部分權利」（Some Rights Reserved）著作權授權機制。「創用 CC 授權條款」分別由四種核心授權要素（「姓名標示」、「非商業性」、「禁止改作」以及「相同方式分享」），組合設計了六種核心授權條款（姓名標示、姓名標示—禁止改作、姓名標示—相同方式分享、姓名標示—非商業性、姓名標示—非商業性—禁止改作、姓名標示—非商業性—相同方式分享），讓著作權人可以透過簡單的圖示，針對自己所同意的範圍進行授權。創用 CC 的 4 大授權要素說明如下：

| 標誌 | 意義 | 說明 |
|---|---|---|
| 🯄 | 姓名標示 | 允許使用者重製、散佈、傳輸、展示以及修改著作，不過必須按照作者或授權人所指定的方式，標示出原著作人的姓名。 |
| ⊜ | 禁止改作 | 僅可重製、散佈、展示作品，不得改變、轉變或進行任何部份的修改與產生衍生作品。 |
| 🛇 | 非商業性 | 允許使用者重製、散佈、傳輸以及修改著作，但不可以為商業性目的或利益而使用此著作。 |
| ↻ | 相同方式分享 | 可以改變作品，但必須與原著作人採用相同的創用 CC 授權條款來授權或分享給其他人使用。也就是改作後的衍生著作必須採用相同的授權條款才能對外散布。 |

透過創用 CC 的授權模式，創作者或著作人可以自行挑選出最適合的條款作為授權之用，藉由標示於作品上的創用 CC 授權標章，讓創作者能在公開授權且受到保障的情況下，更樂於分享作品，無論是個人或團體的創作者都能夠在相關平台進行作品發表及分享。對使用者而言，可以很清楚知道創作人對該作品的使用要求與限制，只要遵守著作人選用的授權條款來利用這些著作，所有人都可以自由重製、散布與利用這項著作，不必再另行取得著作權人的同意。當然最好能夠完整保留這些授權條款聲明，日後如有紛爭便可作為該著作確實採用創用 CC 授權的證明。從另一方面來看，對著作人而言，採用創用 CC 授權，不但可以減少個別授權他人所要花費的成本，同時也能讓其他使用者清楚地了解使用你的著作所該遵守的條件與規定。

1. 請簡述電子簽章法的目的。

2. 何謂「資訊倫理」？有哪四種標準？

3. 請解釋「資訊隱私權」的內容。

4. 什麼是 Cookie？有什麼用途？

5. 資訊精確性的精神為何？

6. 請解釋資訊存取權的意義。

7. 何謂著作權法的「合理使用原則」？

8. 請簡述用戶隱私權與定位資訊的控管與利用所帶來的爭議。

9. 試簡述重製權的內容與刑責。

10. 著作人格權包含哪些權利？

11. 試簡述專利權。

12. 有些玩家利用特殊軟體進入電腦暫存檔獲取其他玩家的虛擬寶物，可能觸犯哪些法律？

13. 請簡述創用 CC 的 4 大授權要素。

14. 請簡介創用 CC 授權的主要精神。

15. 什麼是網域名稱？網路蟑螂？

# 電子商務的未來 —
# 全通路、大數據與
# 智慧商務

**16**

CHAPTER

電子商務改變了傳統的交易模式，促使消費及貿易金額快速增加。電子商務不受天候、時間、地點的限制，產品項目選擇眾多，通路也很快速方便。2020 年新冠肺炎疫情影響各國經濟，民眾為了防疫減少外出，也造成實體零售通路市場的人潮大為減少，一股靠著網路的宅經濟旋風趁勢而起，全球電子商務的產值突破預期，像是網購、線上遊戲、手機遊戲、電腦等可讓人宅在家中的產業，業績更是大幅成長。

⊙ 新冠疫情逆勢為電子商務的成長帶來超倍速的動能成長

電子商務目前已經成為所有產業必須認真面對的必要通路，特別是經由行動裝置普及與雲端運算的協助之下，都可發現電子商務的創新應用，已經走向以消費者為思考中心，未來的電商市場將不會只重視價格和規格，還要著重於提升消費者服務與體驗。

# ⊙ 16-1　認識全通路時代

當行動購物趨勢成熟，搶攻 ON 世代商機就成了零售業的首要目標，PChome 的詹宏志先生曾經表示：「越來越多消費者使用行動裝置購物，這件事極可能帶來根本性的轉變，甚至讓傳統電子商務產業一切重來」，更強調：「未來更是虛實相滲透的商務世界」。隨著線下（offline）跟線上（online）的界線逐漸消失，當消費者購物的大部分重心已經轉移到線上時，

通路其實就不單僅於實體店、網路商城、行動購物、App、社群等，現在通路的融合是各界關注的重點。

 **TIPS**

所謂「ON 世代」是指每日上網 3 小時（Always online）以上，通常是指使用智慧手機或平板等行動裝置上網的年輕族群，這個族群對於行動科技有重度的依賴。

在今天「社群」與「行動裝置」的發展下，零售業態已堂堂進入 4.0 時代，宣告零售業正式從多通路（multi-channel）轉變成全通路（Omni-Channel）的虛實整合型態，全通路與多通路（multi-channel）型態的最大不同是各通路彼此並非獨立運行，而是讓不同通路間進行會員資料與消費訊息的共享與連結，專注於成為全管道、全天候、全頻道的消費年代，關鍵在於縮短服務提供者與消費者的距離，使得消費者無論透過桌機、智慧型手機或平板電腦，都能隨時輕鬆上網購物。

網路購物的項目已從過去單純買衣服、買鞋子，朝向行動裝置等多元銷售、支付和服務通路，透過各種平台加強和客戶的溝通，不僅讓零售商的營運效率大幅提升，更為消費者提供高品質的購物感受，打造精緻個人化服務。面臨虛實整合時代的全通路商機，最重要的基礎是提供創新的商業模式來迎接以消費者，與推動全通路體驗（Omni-Channel Experience）的發展，接著介紹目前全通路的熱門零售模式。

 **TIPS**

- 全通路（Omni-Channel）就是利用各種通路為顧客提供交易平台，「賣場」已不只是店面，而是在任何時間、地點都能進行購買行為的平台，並以消費者為中心的 24 小時營運模式，運用物聯網滿足顧客的需要。
- 多通路零售（multi-channel）是指企業採用兩條或以上完整的零售通路進行銷售活動，每條通路都能完成銷售的所有功能，例如同時採用直接銷售、電話購物或在 PChome 商店街上開店，也擁有自己的品牌官方網站，就是每條通路都能完成買賣的功能。

### 16-1-1　O2O 行銷

　　O2O 模式就是整合「線上與線下」兩種不同平台所進行的一種行銷模式，可以讓顧客透過線上的購買動作，「促進」線下的到店取貨或接受服務，聚焦在「將消費者從網路上帶到實體商店」。由於消費者都能「Always Online」，因此可讓線上與線下快速接軌，一旦連結成功將是商業加乘效果，透過改善線上消費流程，直接帶動線下消費，特別適合「異業結盟」與「口碑銷售」，因為 O2O 的好處在於訂單於線上產生，每筆交易可追蹤，也更容易溝通及維護與用戶的關係，如此才能以零距離提升服務價值，包括流暢地連接瀏覽商品到消費流程，打造全通路的 360 度完美體驗。

　　我們以提供消費者 24 小時餐廳訂位服務的訂位網站「EZTABLE 易訂網」為例，易訂網的服務宗旨是希望消費者從訂位開始就是一個很棒的體驗，除了餐廳訂位的主要業務，後來也導入了主動銷售餐券的服務，不僅滿足熟客的需求，成為免費宣傳，也實質帶進訂單，並拓展了全新的營收來源。

◎ EZTABLE 買家於線上付費購買，然後至實體商店取貨

### 16-1-2　反向 O2O 行銷

　　隨著 O2O 迅速發展後，現在也有企業採用反向的 O2O 通路模式（Offline to Online），從實體通路（線下）連回線上，就是將上一節傳統的 O2O 模式做法反過來，消費者可透過在線下實際體驗後，透過 QR Code 或是行動終端連結等方式，引導消費者到線上消費，並且在線上平台完成購買並支付，達到充分利用消費者的自助性與節省企業的人工交易成本。

　　反向 O2O 模式就是回歸了實體零售的本質，儘可能保持或提高消費者在傳統模式時的體驗，將消費者引導到線上，更容易傾聽消費者的反饋，讓再利用行動裝置線上消費，從而為消費者提供具有針對性的產品推薦，引導其進行二次消費，包括餐廳、咖啡館、酒吧、美容院、大賣場或者生活服務產業等都具有這樣的改變趨勢。例如南韓特易購（Tesco）的虛擬商店首次與三星合作，在地鐵內裝置了多面虛擬商店數位牆，當通勤族等車瀏覽架上商品時，透過 QR Code 或是行動終端連結等方式，就可以快快樂樂一邊等車、一邊購物，然後等宅配直接送貨到府。

◎ 特易購的虛擬商店可以讓顧客一邊等車、一邊購物

## 16-1-3 ONO 行銷

在初期要成功把 O2O 模式做好相當困難，最好是起步時能先做到線上與線下融合，也就是 ONO 模式。所謂 ONO（Online and Offline）模式，就是將線上網路商店與線下實體店面高度結合的共同經營模式，從而實現線上線下資源互通，雙邊的顧客也能彼此融合的一體化雙店經營模式。

由於大多數消費者對實體購物還是情有獨鍾，網路雖然方便，實體商店還是有電商完全沒有辦法提供的加值服務，除了擁有真人的服務與溫度，包括「即買即用」，「所見既所得」也是實體商店的一大優勢。例如阿里巴巴創辦人馬雲更積極入股實體零售業大潤發，進一步打通線上線下的通路，實現品牌的全通路布局，不但能改善傳統門市的經營效率，更能發展出顛覆實體零售的創新模式。

◎ 阿里巴巴與大潤發聯手全通路零售

🛒 **TIPS**

OIO（Online interacts with Offline）模式就是線上線下互動經營模式，近年電商業者陸續建立實體據點與體驗中心，除了提供網購服務之外，並協助實體零售業者在既定的通路基礎上，給予消費者與商品面對面接觸，並且為消費者提供交貨或者送貨服務，彌補了電商平台經營服務的不足。

## 16-1-4　O2M/OMO 行銷

　　越來越多行動購物族群都是全通路消費者，電商面臨的消費者是一群全天候、全通路無所不在的消費客群，傳統 O2O 手段已無法滿足全通路快速的發展速度，以往電商可能只要關注 PC 端用戶，現在更要關注行動端用戶。行動購物現在更朝虛實整合 OMO（Online/Offline to Mobile）體驗發展，包括流暢地連接瀏覽商品到消費流程，線上線下無縫整合的行銷體驗。

　　O2M 是線下、線上和行動端進行互動，或稱為 OMO，也就是 Online（線上）To Mobile（行動端）和 Offline（線下）To Mobile（行動端）並在行動端完成交易，與 O2O 不同，O2M 更強調的是行動端，線上與線下將隨時相互匯流，打造線上 - 行動 - 線下三位一體的全通路模式，形成實體店家、網路商城、與行動終端深入整合行銷，並在線下完成體驗與消費的新型交易模式。

　　從本質上講，O2M 是 O2O 的升級，想要邁向線上線下深度融合的 O2M 階段，第一步落實的概念就是行動行銷，唯有透過不斷創新行動端行銷來吸引客戶，才能有效促進實體店面的業績與績效。例如台灣最大的網路書店「博客來」所推出的 App「博客來快找」，可以讓使用者在逛書店時，透過輸入關鍵字搜尋以及用「博客來快找」App 快速掃描書上的條碼，導引你在博客來網路上購買相同的書或將推薦閱讀的清單加入博客來的購物車，完成交易後，還會即時告知取貨時間與門市地點，並享受到更多折扣。

◎ GOMAJI 經由 O2O 轉型成為吃喝玩樂券的 O2M 平台

◎ 博客來快找會幫忙搶實體書店客戶訂單

### TIPS

OSO（Online Service Offline）模式並不是線上與線下的簡單組合，而是結合 O2O 模式與 B2C 的行動電商模式，把用戶服務納入進來的新型電商運營模式，即線上商城 + 直接服務 + 線下體驗。如果與 O2O 模式相比，OSO 模式的優勢是增加了直接服務環節。

## 16-2 大數據與電子商務

　　大數據時代翻轉了人們的生活方式，繼雲端運算（Cloud Computing）之後，儼然成為現代科技業中最熱門的顯學，自從 2010 年開始全球資料量已進入 ZB（zettabyte）時代，且每年以 60%~70% 的速度向上攀升，以驚人速度不斷被創造出來的大數據，為各種產業的營運模式帶來新契機。特別是在行動裝置蓬勃的人口數已經超越桌機，一支智慧型手機的背後就代表著一份獨一無二的個人數據！大數據應用已經在生活周遭發生，例如透過即時蒐集用戶的位置和速度，經過大數據分析，Google Map 就能快速又準確地提供用戶即時交通資訊。

　　由於消費者在網路及社群上累積的使用者行為及口碑都能被量化，生活上最顯著的應用莫過於 Facebook 上的個人化推薦商品和廣告推播，為了記錄每一位好友的資料、動態消息、按讚、打卡、分享、狀態及新增圖片，FB 藉助大數據的技術，接著分析每個人的喜好，再投放他感興趣的廣告或行銷訊息。

透過大數據分析就能提供用戶最佳路線建議

 **TIPS**

為了讓各位了解大數據資料量，故整理了大數據資料單位如下表，提供參考：

1 Terabyte=1000 Gigabytes=$1000^9$Kilobytes
1 Petabyte=1000 Terabytes=$1000^{12}$Kilobytes
1 Exabyte=1000 Petabytes=$1000^{15}$Kilobytes
1 Zettabyte=1000 Exabytes=$1000^{18}$Kilobytes

Facebook 廣告背後包含了最新大數據技術

## 16-2-1 大數據的應用

阿里巴巴創辦人馬雲在德國 CeBIT 開幕式上指出：「未來的世界，將不再由石油驅動，而是由數據來驅動！」在國內外許多擁有大量顧客資料的企業，例如 Facebook、Google、Twitter、Yahoo 等科技龍頭企業，都紛紛感受到這股如海嘯般來襲的大數據浪潮。大數據應用相當廣泛，我們的生活中也有許多重要的事需要利用大數據來解決。

就以醫療應用為例，能夠在幾分鐘內就可以解碼整個 DNA，並且讓我們制定出最新的治療方案，為了避免醫生的疏失，美國醫療機構與 IBM 推出 IBM Watson 醫生診斷輔助系統，會從大數據分析的角度，幫助醫生列出更多的病癥選項，大幅提升疾病診癒率，甚至能幫助衛星導航系統建構完備即時的交通資料庫。即便是目前喊得震天價響的全通路零售，真正核心價值還是建立在大數據資料驅動決策上。

🔗 IBM Waston 透過大數據實踐了精準醫療的成果

不僅如此，大數據還能與網路行銷領域相結合，當作終端的精準廣告投放，只要有能力整合這些資料並做分析，在大數據的幫助下，消費者輪廓將變得更加全面和立體，包括使用行為、地理位置、商品傾向、消費習慣都能記錄分析，就可以更清楚地描繪出客戶樣貌，更可以協助擬定最源頭的行銷策略，進而更精準的找到潛在消費者。

這些大數據中遍地是黃金，更是一場從管理到行銷的全面行動化革命，不少知名企業更是從中嗅到了商機，各種品牌紛紛大舉跨足網路行銷的範疇。由於大數據是智慧零售不可忽視的需求，當大數據結合了網路行銷，將成為最具革命性的行銷大趨勢，顧客變成了現代真正的主

人，企業主導市場的時光已經一去不復返了，行銷人員可以藉由大數據分析，將網友意見化為改善產品或設計行銷活動的參考，深化品牌忠誠，甚至挖掘潛在需求。

例如台灣大車隊是全台規模最大的小黃車隊，透過 GPS 衛星定位與智慧載客平台全天候掌握車輛狀況，並充分利用大數據技術，將即時的乘車需求提供給司機，讓司機更能掌握乘車需求，將有助降低空車率且提高成交率，並運用雲端資料庫，透過分析當天的天候時空情境和外部事件，精準推薦司機優先去哪個區域載客，優化與洞察出乘客最真正迫切的需求，也讓乘客叫車更加便捷，提供最適當的產品和服務。

台灣大車隊利用大數據提供更貼心叫車服務

## 16-2-2 大數據的特性

由於數據的來源有非常多的途徑，大數據的格式也將會越來越複雜，大數據解決了商業智慧無法處理的非結構化與半結構化資料，優化了組織決策的過程。將數據應用延伸至實體場域，最早是在 90 年代初，全球零售業的巨頭 Walmart 超市就選擇把店內的尿布跟啤酒擺在一起，透過帳單分析，找出尿片與啤酒產品間的關聯性，尿布賣得好的店櫃位，附近啤酒也意外賣得很好，進而調整櫃位擺設及推出啤酒和尿布共同銷售的促銷手段，成功帶動相關營收成長，開啟了數據資料分析的序幕。

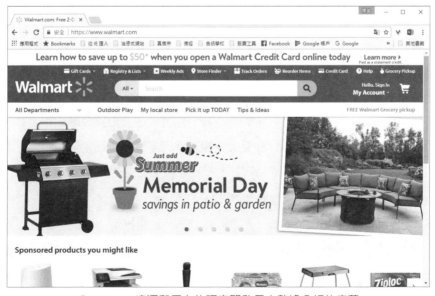

Walmart 啤酒和尿布的研究開啟了大數據分析的序幕

**TIPS**

- 結構化資料（Structured data）是指目標明確，有一定規則可循，每筆資料都有固定的欄位與格式，偏向一些日常且有重覆性的工作，例如薪資會計作業、員工出勤記錄、進出貨倉管記錄等。
- 非結構化資料（Unstructured Data）是指那些目標不明確，不能數量化或定型化的非固定性工作與讓人無從打理起的資料格式，例如社群網路的互動資料、網際網路上的文件、影音圖片、網路搜尋索引、Cookie 記錄、醫學記錄等資料。

大數據涵蓋的範圍太廣泛，許多專家對大數據的解釋又各自不同，在維基百科的定義，大數據是指無法使用一般常用軟體在可容忍時間內進行擷取、管理及分析的大量資料，我們可以這麼簡單解釋：大數據其實是巨大資料庫加上處理方法的一個總稱，是一套有助於企業組織大量蒐集、分析各種數據資料的解決方案，並包含以下四種基本特性：

大數據的四項特性

- 大量性（Volume）：現代社會每分每秒都在生成龐大的數據量，是過去的技術無法管理的巨大資料量，資料量的單位可從 TB（terabyte，一兆位元組）到 PB（petabyte，千兆位元組）。

- 速度性（Velocity）：隨著使用者每秒都在產生大量的數據回饋，更新速度也非常快，資料的時效性也是另一個重要的課題，反應這些資料的速度也成為他們最大的挑戰。大數據產業應用成功的關鍵在於速度，往往取得資料時，必須在最短時間內反應，許多資料要能即時得到結果才能發揮最大的價值，否則將會錯失商機。

- 多樣性（Variety）：大數據技術徹底解決了企業無法處理的非結構化資料，例如存於網頁的文字、影像、網站使用者動態與網路行為、客服中心的通話記錄，資料來源多元及種類繁多。通常我們在分析資料時，不會單獨去看一種資料，大數據課題真正困難的問題在於分析多樣化的資料，彼此間能進行交互分析與尋找關聯性，包括企業的銷售、庫存資料、網站的使用者動態、客服中心的通話記錄、社交媒體上的文字影像等。

- 真實性（Veracity）：企業在今日變動快速又充滿競爭的經營環境中，取得正確的資料是相當重要，因為要用大數據創造價值，所謂「垃圾進，垃圾出」（GIGO），這些資料本身是否可靠是一大疑問，不得不注意數據的真實性。大數據資料收集的時候必須分析並過濾資料有偏差、偽造、異常的部分，資料的真實性是數據分析的基礎，防止這些錯誤資料損害到資料系統的完整跟正確性，就成為一大挑戰。

大數據現在不只是資料處理工具，更是企業思維和商業模式。大數據揭示的是一種「資料經濟」的精神。長期以來企業經營往往仰仗人的決策方式，導致決策結果不如預期，日本野村高級研究員城田真琴曾經指出，「與其相信一人的判斷，不如相信數千萬人的資料」，就一語道出了大數據分析所帶來商業決策上的價值，因為採用大數據可以更加精準的掌握事物的本質與訊息。

## 16-3 大數據與電商結合的優點

在網路與行動裝置的加持下，以智慧型手機收看影音內容的族群大幅成長，根據 BrightEdge 最新數據顯示，超過半數（57%）的 Google 搜尋流量來自行動用戶，顯示速度就是力量，大數據中浮現的各種行動行為相關性，可以幫我們篩選出較正確的消費者洞察和預測分析方向。在新的網路行銷世界裡，當任何數據都可以輕易被追蹤的時候，唯有結合大數據進行全方位行銷，讓電商的創新模式真正有感，創造出全新的超倍速行銷方式。以下我們將介紹大數據與電商結合的三大優點。

### 16-3-1 精準的個人化行銷

在大數據的幫助下，已可透過多種跨螢裝置等產品，把消費者的消費模式、瀏覽記錄、個人資料、網路使用行為、購物習性、商品好壞評論等，統統一手掌握，且運用在顧客關係管理（CRM）上，進行綜合分析後，將其從以往管理顧客關係層次，提升到服務顧客的個人化行銷，行銷人員將更加全面的認識消費者，從傳統亂槍打鳥式的行銷手法進入精準化個人行銷，洞察出消費者最真正迫切的需求，深入了解顧客，以及顧客真正想要什麼。

美國最大的線上影音出租服務的網站 NETFLIX，長期對節目的進行分析，透過對觀眾收視習慣的了解，對客戶的行動裝置行為做大數據分析，透過大數據分析引擎的推薦，證明使用者有 70% 以上的機率會選擇 NETFLIX 曾經推薦的影片，使 NETFLIX 節省不少行銷成本。

🔟 NETFLIX 借助大數據技術成功推薦影給消費者喜歡的影片

電子商務與 ChatGPT

物聯網・KOL 直播・區塊鏈・社群行銷・大數據・智慧商務

## 16-3-2  找出最有價值的顧客

資料經濟時代使得大數據成為企業在市場上競爭的重要關鍵，網路行銷與大數據結合大概是消費者擁有過變化最徹底的行銷體驗，過去行銷人員僅能以誰是花錢最多的顧客來判斷顧客的價值，但長期忠誠度卻不一定是最高的一群人。當透過大數據掌握了更多消費者的資訊時，行銷人員除了會參考上述的單一指標，任何一位顧客的價值，都不僅止於他買過的東西而已，還必須考慮他的忠誠度與未來帶來更多客戶的潛在能力，例如參考平均購買量、顧客終身價值（Customer's Lifetime Value, CLV）、顧客的取得成本、顧客滿意度、每一個櫃位停留的時間與頻率等。

 **TIPS**

顧客終身價值（Customer's Lifetime Value, CLV）是指每一位顧客未來可能為企業帶來的所有利潤預估值，也就是透過購買行為，企業會從一個顧客身上獲得多少營收。

忠誠顧客並不是一般消費者，而是真心喜愛你的產品而支持到底的一群人，從策略面鎖定這些顧客的「情感動機」找出未來最有價值的顧客，實現品牌的最大潛在價值，甚至還能增加價值，為了讓顧客使用頻率增加，並維繫顧客忠誠度，企業開始對於忠誠顧客給予不同服務，進行顧客分級化經營，藉此培養忠誠顧客逐漸成為網路行銷操作新趨勢。

星巴克在美國乃至全世界有數千個接觸點，早已將大數據應用到營運的各個環節，包括從新店選址、換季菜單、產品組合到提供限量特殊品項的依據，都可見到大數據的分析痕跡。星巴克對任何行動體驗的耕耘很深，深知唯有與顧客良好的互動，才是成功的關鍵，例如推出手機 App 蒐集顧客行的購買數據，了解清楚顧客的喜好、消費品項、地點等，就能省去輸入一長串的點單過程，配合貼心驚喜活動創造附加價值感，從中找到最有價值的潛在客戶，終極目標是希望每兩杯咖啡，就有一杯是來自熟客所購買，這項目標成功的背後靠的就是收集以會員為核心的行動大數據。

⊙ 星巴克咖啡利用大數據找出最忠誠的顧客

### 16-3-3 提升消費者購物體驗

　　大數據資料分析是企業成功迎向零售 4.0 的關鍵，行銷思維轉移意味著行動裝置已成了消費體驗的中心，大數據分析不只是對數據進行分析，而是要從資訊中找出企業未來網路行銷的契機，並將這些大量且多樣性的數據運用在顧客關係管理上，針對顧客需要的意見，來全面提升消費者購物體驗。

　　例如汽車產業，未來在物聯網的支援下，順應精準維修的潮流，例如應用大數據資料分析協助預防性維修，利用每半年車子就得進廠維修的規定，並依據每台車主的使用狀況，預先預測潛在的故障可能，和偵測保固維修時點，提供專屬適合的進廠維修時間，大大提升了顧客的使用者經驗。

◎ 汽車業利用大數據來進行預先維修的服務

　　行動化時代讓消費者與店家間的互動行為更加頻繁，同時也讓消費者購物過程中越來越沒耐性，為了提供更優質的個人化購物體驗，Amazon 對於消費者行為的追蹤更是不遺餘力，利用超過 20 億用戶的大數據，盡可能地追蹤消費者在網站以及 App 上的一切行為，經過分析後推薦給消費者真正想要買的商品，用以確保對顧客做個人化的推薦、價格的優化與鎖定目標客群等。

　　如果各位曾經有在 Amazon 購物的經驗，一開始會看到一些沒來由的推薦名單，因為 Amazon 商城會根據客戶瀏覽的商品，從已建構的大數據庫中整理出曾經瀏覽該商品的所有人，然後會給新客戶一份建議清單，建議清單中會列出曾瀏覽這項商品的人也會同時瀏覽過哪些商品？由這份建議清單，新客戶可以快速作出購買的決定，讓他們與顧客之間的關係更加緊密，而這種大數據技術也確實為 Amazon 商城帶來更大量的商機與利潤。

◎ Amazon 應用大數據提供更優質購物體驗

⏺ Prime 會員享有大數據的快速到貨成果

圖片來源：https://reurl.cc/MNvVbp

　　Amazon 甚至推出了所謂 Prime 的 VIP 訂閱服務，不但加入 Prime 後即可享有 Amazon 會員專屬的好處，最直接且有感的就屬免費快速到貨（境內），讓 Prime 的 VIP 用戶都可以在兩天內收到在網路上下訂的貨品（美國境內），靠著大數據與 AI，事先分析出各州用戶在平台上購物的喜好與頻率，當網路下單後，立即就在你附近的倉庫出貨到你家，因為在大數據時代為個別用戶帶來最大價值，可能才是 AI 時代最重要的顛覆力量。

## ⏰ 16-4 人工智慧與電子商務

　　在大數據蓬勃的時代，資料科學（Data Science）的狂潮不斷地推動著這個世界，加上大數據為人工智慧（Artificial Intelligence, AI）的發展，提供了前所未有的機遇與養分，人工智慧儼然是未來科技發展的主流趨勢，更是零售業優化客戶體驗的最佳神器。在行動網路與社群媒體崛起下，不僅讓消費者趨於分眾化，消費行為也呈現碎片化發展，連帶使得行動行銷變得十分複雜，借助人工智慧在智能行銷方面的應用層面越來越廣，也容易取得更為人性化的分析。

### TIPS

資料科學（Data Science）就是為企業組織解析大數據當中所蘊含的規律，研究從大量的結構性與非結構性資料中，透過資料科學分析其行為模式與關鍵影響因素，也就是在模擬決策模型，進而發掘隱藏在大數據資料背後的商機。

AI 的應用領域不僅展現在機器人、物聯網、自駕車、智能服務等，更與電商及行銷產業息息相關。根據美國最新研究機構報告顯示，2025 年人工智慧將會在行銷和銷售自動化方面，取得更人性化的表現，有 50% 的消費者希望在日常生活中使用 AI 和語音技術。隨著物聯網在日常生活越來越普遍，人類每天消費活動的大數據正不斷被收集，其他還包括蘋果手機的 Siri、LINE 聊天機器人、垃圾信件自動分類、指紋辨識、自動翻譯、人臉辨識、智能醫生、健康監控、自動駕駛、自動控制等，都是屬於 AI 與日常生活的經典案例。

⚙ 指紋辨識系統已經相當普遍

事實上，電子商務領域老早就是 AI 密集使用的重要行業，AI 被大量應用在分析大數據、優化行銷系統、精準描繪消費者輪廓等領域，AI 的作用就是消除資料孤島，主動吸取並把它轉換為結構化資料，從而提高經營效率，AI 能讓行銷人員掌握更多創造性要素，將會為品牌業者與消費者，帶來新的對話契機，也就是讓品牌過去的「商品經營」理念，轉向「顧客服務」邏輯，能夠對目標客群的個人偏好與需求，帶來更深入的分析與洞察。

## 16-4-1 人工智慧簡介

要充分發揮資料價值，不能只光談大數據，人工智慧是絕對不能忽略的相關領域，我們可以很明顯地說，人工智慧、機器學習（Machine Learning, ML）與深度學習（Deep Learning, DL）是大數據的下一步。人工智慧的概念最早是由美國科學家 John McCarthy 於 1955 年提出，目標為使電腦具有類似人類學習解決複雜問題與展現思考等能力，舉凡模擬人類的聽、說、

讀、寫、看、動作等的電腦技術,都被歸類為人工智慧的可能範圍。簡單地說,人工智慧就是由電腦所模擬或執行,具有類似人類智慧或思考的行為,例如推理、規劃、問題解決及學習等能力。

微軟亞洲研究院曾經指出:「未來的電腦必須能夠看、聽、學,並能使用自然語言與人類進行交流。」人工智慧的原理是認定智慧源自於人類理性反應的過程而非結果,即是來自於以經驗為基礎的推理步驟,那麼可以把經驗當作電腦執行推理的規則或事實,並使用電腦可以接受與處理的型式來表達,這樣電腦也可以發展與進行一些近似人類思考模式的推理流程。

🔘 人工智慧為現代產業帶來全新的革命

圖片來源:中時電子報

## 16-4-2　人工智慧的種類

人工智慧可以形容是電腦科學、生物學、心理學、語言學、數學、工程學為基礎的科學,由於記憶容量與高速運算能力的發展,人工智慧未來一定會發展出各種不可思議的能力,不過首先必須理解 AI 本身之間也有程度強弱之別,美國哲學家約翰・瑟爾(John Searle)便提出了「強人工智慧」(Strong A.I.)和「弱人工智慧」(Weak A.I.),主張應區別開來。

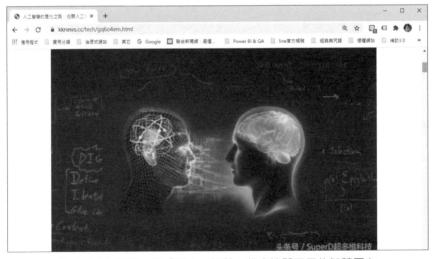

🔘 「強人工智慧」與「弱人工智慧」代表機器不同的智慧層次

圖片來源:https://kknews.cc/tech/gq6o4em.html

## 弱人工智慧（Weak AI）

弱人工智慧是只能模仿人類處理特定問題的模式，不能深度進行思考或推理的人工智慧，乍看下似乎有重現人類言行的智慧，但還是與強 AI 相差很遠，因為只可以模擬人類的行為做出判斷和決策，是以機器來模擬人類部分的「智能」活動，並不具意識、也不理解動作本身的意義，所以嚴格說起來並不能被視為真的「智慧」。

毫無疑問，今天各位平日所看到的絕大部分 AI 應用，都是弱人工智慧，不過在不斷改良後，還是能有效地解決某些人類的問題，例如先進的工商業機械人、語音識別、圖像識別、人臉辨識或專家系統等，弱人工智慧仍會是短期內普遍發展的重點。

⊙ 銀行的迎賓機器人是屬於一種弱 AI

## 強人工智慧（Strong AI）

所謂強人工智慧（Strong AI）或通用人工智慧（Artificial General Intelligence）是具備與人類同等智慧或超越人類的 AI，以往電影的描繪使人慣於想像擁有自我意識的人工智慧，能夠像人類大腦一樣思考推理與得到結論，更多了情感、個性、社交、自我意識，自主行動等等，也能思考、計畫、解決問題快速學習和從經驗中學習等操作，不過目前主要出現在科幻作品中，還沒有成為科學現實。事實上，從弱人工智慧時代邁入強人工智慧時代還需要時間，但絕對是一種無法抗拒的趨勢，人工智慧未來肯定會發展出來各種人類無法想像的能力，雖然現在人類僅僅在弱人工智慧領域有了出色的表現，不過我們相信未來肯定還是會往強人工智慧的領域邁進。

⊙科幻小說中活靈活現、有情有義的機器人就屬於強 AI

## 16-4-3 GPU 發展的轉變

近幾年人工智慧的應用領域愈來愈廣泛，主要原因之一就是圖形處理器（Graphics Processing Unit, GPU）與雲端運算等關鍵技術愈趨成熟與普及，使得平行運算的速度更快、成本更低廉，我們也因人工智慧而享有許多個人化的服務、生活變得也更為便利。GPU 可說是近年來科學計算領域的最大變革，是指以圖形處理單元（GPU）搭配 CPU 的微處理器，GPU 則含有數千個小型且更高效率的 CPU，不但能有效處理平行處理（Parallel Processing），還可以達到高效能運算（High Performance Computing, HPC）能力，藉以加速科學、分析、遊戲、消費和人工智慧應用。

**TIPS**

- 平行處理（Parallel Processing）技術是同時使用多個處理器來執行單一程式，藉以縮短運算時間。其過程會將資料以各種方式交給每一顆處理器，為了實現在多核心處理器上程式性能的提升，還必須將應用程式分成多個執行緒來執行。
- 高效能運算（High Performance Computing, HPC）能力則是透過應用程式平行化機制，在短時間內完成複雜、大量運算工作，專門用來解決耗用大量運算資源的問題。

## 16-4-4 機器學習

我們知道 AI 最大的優勢在於「化繁為簡」，將複雜的大數據加以解析，AI 改變產業的能力已經是相當清楚，而且可以應用的範圍相當廣泛。機器學習（Machine Learning，ML）是大數據與 AI 發展相當重要的一環，是大數據分析的一種方法，透過演算法給予電腦大量的「訓練資料（Training Data）」，在大數據中找到規則，機器學習是大數據發展的下一個進程，可以發掘多資料元變動因素之間的關聯性，進而自動學習並且做出預測，意即機器模仿人的行為，很適合將大量資料輸入後，讓電腦自行嘗試演算法找出其中的規律性，對機器學習的模型

機器也能一連串模仿人類學習過程

來說，用戶越頻繁使用，資料的量越大越有幫助，機器就可以學習的愈快，進而達到預測效果不斷提升的過程。

人臉辨識系統就是機器學習的常見應用

過去人工智慧發展的最大問題是：AI 是由人類撰寫出來，當人類無法回答問題時，AI 同樣也不能解決人類無法回答的問題。直到機器學習的出現，完全解決了這種困境。Google 旗下的 Deep Mind 公司所發明的 Deep Q learning（DQN）演算法甚至都能讓機器學會如何打電玩，包

括 AI 玩家如何探索環境,並透過與環境互動得到回饋。機器學習的應用範圍相當廣泛,從健康監控、自動駕駛、自動控制、自然語言、醫療成像診斷工具、電腦視覺、工廠控制系統、機器人到網路行銷領域。隨著網路行銷而來的是龐雜與多維的大數據資料,最適合利用機器學習解決問題。

🎵 DQN 是會學習打電玩遊戲的 AI

各位應該都有在 YouTube 觀看影片的經驗,YouTube 致力於提供使用者個人化的服務體驗,包括改善電腦及行動網頁的內容,近年來更導入了 TensorFlow 機器學習技術,來打造 YouTube 影片推薦系統,特別是 YouTube 平台加入了不少個人化變項,過濾出使用者可能感興趣的影片,並顯示在「推薦影片」中。

YouTube 上每分鐘超過數以百萬小時影片上傳,無論是想找樂子或學習新技能,AI 演算法的主要工作就是幫用戶在海量內容中找到想看的影片,事實證明全球 YouTube 超過 7 成用戶會觀看來自自動推薦影片,為了能推薦精準影片,用戶顯性與隱性的使用回饋,不論是喜歡以及不喜歡的影音檔案都要納入機器學習的訓練資料。

🎵 YouTube 透過 TensorFlow 技術
過濾出受眾感興趣的影片

當用戶觀看的影片數量越多,YouTube 越容易從瀏覽影片歷史、搜尋軌跡、觀看時間、地理位置、關鍵詞搜尋記錄、當地語言、影片風格、使用裝置以及相關的用戶統計訊息,將 YouTube 的影音資料庫中的數百萬個影音資料篩選出數百個以上和使用者相關的影音系列,然後以權重評分找出和使用者有關的訊號,並基於這些訊號來加以對幾百個候選影片進行排序,最後根據記錄這些使用者觀看經驗,產生數十個以上影片推薦給使用者,希望能列出更符合觀眾喜好的影片。

Yotube 廣告效益相當驚人！框起的區塊都是可用的廣告區

☝ YouTube 廣告透過機器學習達到精準投放的效果

　　目前 YouTube 平均每日向使用者推薦 2 億支影片，涵蓋 80 種不同語言，隨著使用者行為的改變，近年來越來越多品牌選擇和 YouTube 合作，因為 YouTube 以內部數據為基礎，能夠根據消費者在 YouTube 的多元使用習慣擬定合適的媒體和品牌創新廣告投放方案，讓品牌從流量與內容分進合擊，透過機器學習不斷優化，再追蹤評估廣告效益進行再行銷，進而達成廣告投放的目標來觸及觀眾，更能將轉換率成效極大化。

**TIPS**

TensorFlow 是 Google 於 2015 年由 Google Brain 團隊所發展的開放原始碼機器學習函式庫，可以讓許多矩陣運算達到最好的效能，並且支持不少針對行動端訓練和優化好的模型，無論是 Android 和 iOS 平台的開發者都可以使用，例如 Gmail、Google 相簿、Google 翻譯等都有 TensorFlow 的影子。

⚑ 透過電腦視覺技術來找出數位看板廣告最佳組合

從網路行銷的策略面來看,最容易應用機器學習的領域之一就是電腦視覺(Computer Version, CV),CV 是一種研究如何使機器「看」的系統,讓機器具備與人類相同的視覺,以做為產品差異化與大幅提升系統智慧的手段。例如國外許多大都市的街頭紛紛出現了一種具備 AI 功能的數位電子看板,會追蹤路過行人的舉動來與看板中的數位廣告產生互動效果,透過人臉辨識來偵測眾人臉上的表情,由 AI 來動態修正調整看板廣告所呈現的內容,即時把最能吸引大眾的廣告模式呈現給觀眾,並展現更有說服力的行銷創意效果。

⚑ 電腦視覺技術也可為門禁管制提供臉部辨識功能

圖片來源:https://reurl.cc/oQLA1q

網路行銷業者如果及時引進機器學習（ML），將可更準確預測個別用戶偏好，機器會從數據中自主且重複地學習，分析每個消費者在電腦、平板與手機上的使用行為，也可以從過去的資料或經驗當中，由機器學習（machine learning）的模型搜尋所有商品之後，提供買家最相關的購物選項，當作我們網路行銷時參考的基準。

## 16-4-5 深度學習

　　隨著科技和行動網路的發達，其中所產生的龐大、複雜資訊，已非人力所能分析，由於AI 改變了網路行銷的遊戲規則，讓店家藉此接觸更多潛在消費者與市場，深度學習（Deep Learning, DL）算是 AI 的一個分支，也可以看成是具有層次性的機器學習法，更將 AI 推向類似人類學習模式的優異發展。深度學習並不是研究者們憑空創造出來的運算技術，而是源自於類神經網路（Artificial Neural Network）模型，並且結合了神經網路架構與大量的運算資源，目的在於讓機器建立與模擬人腦進行學習的神經網路，以解釋大數據中圖像、聲音和文字等多元資料，例如可以代替人們進行一些日常的選擇和採買，或者在茫茫網海中，找出分眾消費的數據，協助病理學家迅速辨識癌細胞，乃至挖掘出可能導致疾病的遺傳因子，未來也將有更多深度學習的應用。

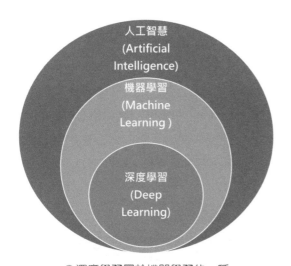

◎ 深度學習屬於機器學習的一種　　　　　　　　◎ 深度學習源自於類神經網路

　　人腦是由約一千億個腦神經元組合而成，是身體中最神祕的一個器官，蘊藏著靈敏而奇妙的運作機制，神經系統間的傳導就是靠著神經元之間的訊息交流所引發。神經元會長出兩種觸手狀的組織，稱為軸突（axons）與樹突（dendrites）。軸突是負責將訊息傳遞出去，樹突負責將訊息帶回細胞，而神經系統間的傳導就是靠著神經元之間的訊息交流所引發。當我們開始學習新的事物時，數以萬計的神經元就會自動組成一組經驗拼圖，當神經元發出與過去經驗拼圖類似的訊號時，就出現了記憶與學習模式。

類神經網路是模仿生物神經網路的數學模式，取材於人類大腦結構，使用大量簡單而相連的人工神經元（Neuron）來模擬生物神經細胞受特定程度刺激來反應刺激架構為基礎的研究，這些神經元將基於預先被賦予的權重，各自執行不同任務，只要訓練的歷程愈扎實，這個被電腦系統所預測的最終結果，接近事實真相的機率就會愈大。

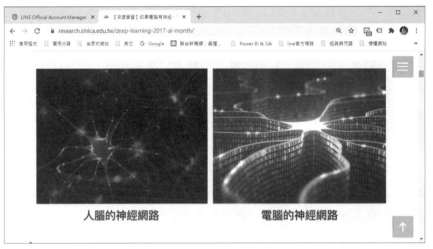

🔗 深度學習可以說是模仿大腦，具有多層次的機器學習法

圖片來源：https://reurl.cc/pMdAM8

由於類神經網路具有高速運算、記憶、學習與容錯等能力，可以利用一組範例，經由神經網路模型建立出系統模型，讓類神經網路反覆學習，經過一段時間的經驗值，便可產生推估、預測、決策、診斷的相關應用。最為人津津樂道的深度學習應用，當屬 Google Deepmind 開發的 AI 圍棋程式 AlphaGo 接連大敗歐洲和南韓圍棋棋王，AlphaGo 的設計是大量的棋譜資料輸入，還有精巧的深度神經網路設計，透過深度學習掌握更抽象的概念，讓 AlphaGo 學習下圍棋的方法，接著就能判斷棋盤上的各種狀況，後來創下連勝 60 局的佳績，並且不斷反覆跟自己比賽來調整神經網路。

🔗 AlphaGo 接連大敗歐洲和南韓圍棋棋王

透過深度學習的訓練，機器正在變得越來越聰明，不但會學習也會進行獨立思考，人工智慧的運用也更加廣泛，深度學習包括建立和訓練一個大型的人工神經網路，人類要做的事情就是給予規則跟大數據的學習資料，相較於機器學習，深度學習在數位行銷方面的應用，不但能解讀消費者及群體行為的的歷史資料與動態改變，更可能預測消費者的潛在欲望與突發情況，能應對未知的情況，設法激發消費者的購物潛能，進而提供高相連度的未來購物可能推薦與更好的用戶體驗。

🖉 Google 的 Waymo 自駕車就是深度學習的應用

圖片來源：https://reurl.cc/9pEaVV

## 16-4-6 聊天機器人

　　我們可以預期未來人工智慧力量定將大幅改寫電商產業，例如過去為了與消費者互動，需聘請專人全天候在電話或通訊平台前待命處理龐大的客戶量與資訊，而今聊天機器人（Chatbot）則是目前許多店家客服的創意新玩法，背後的核心技術以自然語言處理（NLP）為主，利用電腦模擬與使用者互動對話，全天候提供即時服務，與自設不同的流程來達到目的，精準地提供產品資訊與個人化的服務，能夠即時在線上回覆客戶的疑問、引導訪客進行問答或購買、蒐集問卷與回饋，甚至未來能進行網路標售，且當聊天機器人被使用得越多，它就有更多的學習資料庫，呈現更好的應答服務。

🔲 疾管家聊天機器人協助民眾掌握疫情與流感資訊

自然語言處理（Natural Language Processing, NLP）是讓電腦擁有理解人類語言的能力，也就是一種藉由大量的文字資料搭配音訊數據，並透過複雜的數學聲學模型（Acoustic model）及演算法來讓機器去認知、理解、分類，並運用人類日常語言的技術。

Chatisfy 官方網站，按此立即免費試用

🔲 Facebook 粉絲專頁提供能留言回覆或私訊互動等聊天機器人

事實上，利用聊天機器人不僅能夠節省人力資源，還能依照消費者的需要來客製化服務，極有可能會是改變未來銷售及客服模式的利器。對於有更多客源的企業，透過 Chatbot，可在短時間內大量篩選、過濾低價值用戶，並把更有價值的客戶轉交由業務人員服務。

　　TaxiGo 就是一種全新的行動叫車服務，產品設計跟 Uber 截然不同，運用最新的聊天機器人技術，透過 AI 模擬真人與使用者互動對話，不用下載 App，也不須註冊資料，直接利用聊天機器人就能夠和計程車司機傳訊息，只要打開 LINE 或 Facebook Messenger 就可以輕鬆預約叫車。TaxiGo 官方這樣形容：「如果 Uber 是行動時代產物，還需要下載 App；TaxiGo 則是 AI 時代產物。

⊙ TaxiGo 利用聊天機器人提供計程車秒回服務

　　由於消費者行為的改變，行銷產業正面臨前所未見的重大變革，行銷自動化的快速進步已逐漸走向人工智慧的趨勢，人工智慧正迅速滲透到每個行業，以人工智慧取代傳統人力進行各項業務已成趨勢，決定這些 AI 服務能不能獲得更好發揮的關鍵，除了靠目前最熱門的機器學習（Machine Learning, ML）的研究外，還有深度學習（Deep Learning, DL）的類神經演算法，才能更容易透過人工智慧解決行銷策略方面的問題與有更卓越的表現。

# 智慧商務

自從 IBM 於 1995 年提出「電子商務」（E-Commerce）後，迅速改變了傳統的交易模式，不受天候、時間、地點的限制，產品項目選擇眾多，通路也很快速方便，促使消費及貿易金額快速增加。2011 年 3 月，IBM 再度提出了「智慧商務」（Smarter Commerce）理念，同時推出智慧商務解決方案，宣示智慧商務代表了電子商務的未來，也是 IBM 在全球範圍針對電子商務領域的一項重要戰略舉措。智慧商務是利用社群網路、行動應用、雲端運算、大數據、物聯網與人工智慧等技術，透過多元平台的串接，以更規模化、系統化地與客戶互動，讓企業的商務模式帶來更多智慧便利的想像，並且大幅提升電商服務水準與營業價值。

◎ IBM 最早提出了智慧商務的願景

從實體商務走到電子商務，新科技繼續影響消費者行為造成的改變，電子商務市場開始轉向以顧客為核心的智慧商務時代，由於這是一群史上最難討好的智慧型消費者，他們有強烈的自我意識，了解自己的需求，呼朋引伴地彼此連結與分享資訊，因此未來的商務世界將是以客戶體驗為中心。

智慧商務作為企業與消費者的新對話形式，要能夠洞察客戶內心真實想法以預測服務與產品的需求，讓商務運作能在資訊科技的協助下，以更聰明的方式運行，從面對客戶的銷售、金流服務、物流管理、行銷工具，到面對營運的供應鏈管理、製造生產，整個企業的完整價值鏈都以客戶的需求為依歸，更可以一路延伸到售後服務的體系，透過導入智慧商務，為企業創造品牌知名度與客戶忠誠度，保證企業能夠適時、適地提供符合客戶需求的產品或服務。

例如人工智慧與零售商會員體系結合，能做到即時智能決策，代表的是必須對客戶行為有高程度的理解，以便打造新的購物環境體驗。例如機器學習的應用也可以透過賣場中主動推播的 Beacon 裝置，商家只要在店內部署多個 Beacon 裝置，利用機器學習技術來對消費者進行觀察，則賣場不只是提供產品，更領先與消費者互動，一旦顧客進入訊號區域時，就能夠透過手機上 App，對不同顧客進行精準的「個人化習慣」分眾行銷，提供「最適性」服務的體驗。

在偵測顧客的網路消費軌跡後，進而分析其商品偏好，並從過去購買與瀏覽網頁的相關記錄運算出最適合的商品組合與優惠促銷專案，發送簡訊到其行動裝置，甚至還可對於賣場配置、設計與存貨提供更精緻與個人化管理，不但能優化門市銷售，還可以提供更貼身的低成本行銷服務。

◎ 台中大遠百裝置 Beacon，提供消費者優惠推播

1. 請簡述平行處理（Parallel Processing）與高效能運算（HPC）。

2. AlphaGo 如何學會圍棋對弈？

3. 請介紹深度學習與類神經網路（Artificial Neural Network）間的關係。

4. 請簡述大數據（Big Data）及其特性。

5. 請簡述反向 O2O 模式。

6. 何謂 ONO（Online and Offline）模式？

7. 試說明 OMO（Offline mobile Online）。

8. 零售 4.0 與全通路（Omni-Channel）是什麼概念，請簡單說明。

9. 請描述穿戴式裝置未來的發展重點。

10. 何謂資料科學（Data Science）？

11. 請簡介 GPU（Graphics Processing Unit）。

12. 請簡述人工智慧（AI）。

13. 請列出大數據與電子商務應用的三大優點。

14. 什麼是顧客終身價值（CLV）？

15. 何謂自然語言處理（NLP）？

16. 何謂智慧商務（Smarter Commerce）？

# 電子商務最強魔法師
# —ChatGPT 與 AI 繪圖

**17**

CHAPTER

今年度最火紅的話題絕對離不開 ChatGPT，ChatGPT 引爆生成式 AI 革命，首當其衝的便是電子商務。ChatGPT 是由 OpenAI 所開發的一款基於生成式 AI 的免費聊天機器人，擁有強大的自然語言生成能力，可以根據上下文進行對話，並進行多種應用，包括客戶服務、銷售、產品行銷等，短短 2 個月全球用戶超過 1 億。ChatGPT 是由 OpenAI 公司所開發，技術的基礎是深度學習（Deep Learning）和自然語言處理技術（Natural Language Processing, NLP）。由於 ChatGPT 是以開放式網路的大量資料進行訓練，故能夠產生高度精確、自然流暢的對話回應，並與人進行互動。如下圖所示：

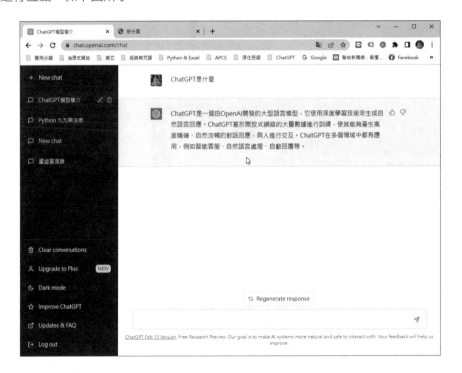

ChatGPT 能以一般人的對話方式與使用者互動，例如提供建議、寫作輔助、寫程式、寫文章、寫信、寫論文、劇本小說…等，而且所回答的內容有模有樣，除了可以給予各種問題的建議，也可以幫忙完成作業或編寫程式碼，如下列二圖的回答內容：

程式中使用了兩個 `for` 迴圈，第一個 `for` 迴圈控制乘數，第二個 `for` 迴圈控制被乘數，
兩個相乘的結果存放在 `product` 變數中，最後使用 `cout` 輸出結果。在第一個 `for` 迴圈
的結尾使用 `cout << endl;` 換行，使得每個乘數的結果都在單獨一行上顯示。

## 17-1 聊天機器人與電子商務

人工智慧與電子商務從本世紀以來，一直都是店家或品牌尋求擴大影響力和與客戶互動的強大工具，若能充份善用 AI 將改變你的行銷模式及經營法則。過去企業為了與消費者互動和克服需求，需聘請專人全天候在電話或通訊平台前待命，不僅耗費了人力成本，也無法妥善地處理龐大的客戶量與資訊，而聊天機器人（Chatbot）產生後，成為目前許多店家客服的創意新玩法，其核心技術即是以「自然語言處理」（Natural Language Processing, NLP）中的 GPT（Generative Pre-Trained Transformer）模型為主，它利用電腦模擬與使用者互動對話，是以對話或文字進行交談的電腦程式，並讓用戶體驗像與真人一樣的對話。聊天機器人能夠全天候地提供即時服務，與自設不同的流程來達到想要的目的，協助企業輕鬆獲取第一手消費者偏好資訊，有助於公司精準行銷、強化顧客體驗與個人化的服務。這對許多粉絲專頁的經營者，或是想增加客戶名單的行銷人員來說相當適用。

AI 電話客服也是自然語言的應用之一

圖片來源：https://www.digiwin.com/tw/blog/5/index/2578.html

電腦科學家通常將人類的語言稱為自然語言 NL（Natural Language），比如說中文、英文、日文、韓文、泰文等，這也使得自然語言處理（Natural Language Processing, NLP）的範圍非常廣泛，所謂 NLP 就是讓電腦擁有理解人類語言的能力，也就是一種藉由大量的文字資料搭配音訊資料，並透過複雜的數學聲學模型（Acoustic model）及演算法來讓機器去認知、理解、分類，並運用人類日常語言的技術。

而 GPT 是「生成式預訓練變換模型（Generative Pre-trained Transformer）」的縮寫，是一種語言模型，可以執行非常複雜的任務，會根據輸入的問題自動生成答案，並具有編寫和除錯電腦程式的能力，如回覆問題、生成文章和程式碼，或者翻譯文章內容等。

## 17-1-1 ChatGPT 的應用領域

　　ChatGPT 的應用也取決於人類的使用心態，正確地使用 ChatGPT 可以創造不同的可能性，隨著越來越多的律師、臨床醫生、教授和學生相繼使用 ChatGPT，也開始在電子商務品牌行銷領域顯示出實用性，包括從提升內容和創意，到優化活動策劃和提供一流的客戶服務。例如有些廣告主認為使用 AI 工具幫客戶做網路行銷企劃，有「偷吃步」的嫌疑，其實這反而應該看成是產出過程中的助手，甚至可以讓行銷團隊的工作流程更順暢進行，達到意想不到的事半功倍效果。因為 ChatGPT 之所以強大，是它背後難以數計的資料庫，任何食衣住行育樂的各種生活問題或學科都可以問 ChatGPT，而 ChatGPT 也會以類似人類會寫出來的文字，給予相當到位的回答，與 ChatGPT 互動是一種雙向學習的過程，在用戶獲得想要資訊內容文字的過程中，ChatGPT 也不斷在吸收與學習，用不了多久，ChatGPT 這類生成式人工智慧工具就會成為人們在工作上的得力助手，幫助商務人士減少日常繁重的重複性工作。

　　隨著聊天機器人 ChatGPT 的出現，為電商客服帶來了解決方案的曙光，和以往聊天機器人不同的是，ChatGPT 除了可以用更口語的方式溝通，還可以記住顧客的消費習慣和分析對話動機，也標誌著電商客服即將進入一個全新的時代，凡是使用過 ChatGPT 的店家或用戶，無不對其強大的語言能力感到驚嘆，還能將 AI 技術導入 LINE、FB Messenger、WeChat 的聊天機器人當中，讓它可以自動回應用戶。ChatGPT 可說是目前為止最懂得溝通的 AI，因此也掀起一股 AI 旋風。根據國外報導，很多 Amazon 的店家和品牌，紛紛在進行網路行銷時使用 ChatGPT，為他們的產品生成吸引人的標題和尋找宣傳方法，進而與廣大的目標受眾產生共鳴，從而提高客戶參與度和轉換率。

## 🕒 17-2 ChatGPT 初體驗

從技術的角度來看，ChatGPT 是根據從網路上獲取的大量文字樣本進行人工智慧的訓練，與一般聊天機器人的相異之處在於 ChatGPT 有豐富的知識庫，以及強大的自然語言處理能力，能夠充分理解並自然地回應訊息，不管你有什麼疑難雜症都可以詢問它。國外許多專家一致認為 ChatGPT 聊天機器人比 Apple Siri 語音助理或 Google 助理更聰明，當用戶不斷以問答的方式和 ChatGPT 進行互動對話，聊天機器人除了根據問題進行相對應的回答外，也提升此 AI 的邏輯與智慧。

登入 ChatGPT 網站註冊的過程雖然是全英文介面，但是註冊過後在與 Chat GPT 聊天機器人互動發問時，是可以直接使用中文的方式來輸入，且答覆的專業性也不失水平。

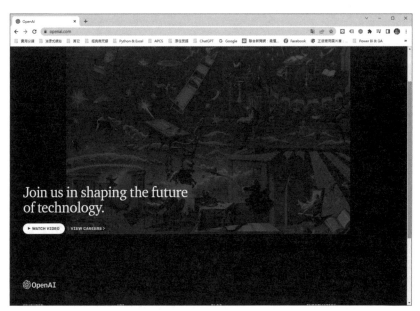

🗝 OpenAI 官網：https://openai.com/

目前 ChatGPT 可以辨識中文、英文、日文或西班牙等多國語言，透過人性化的回應方式來回答各種問題。這些問題甚至含括了各種專業技術領域或學科的問題，可以說是樣樣精通的百科全書，不過 ChatGPT 的資料來源並非 100% 正確，在使用 ChatGPT 時所獲得的回答可能會有偏誤，為了使得到的答案更準確，當詢問 ChatGPT 時，應避免使用模糊的詞語或縮寫。「問對問題」不僅能夠幫助用戶獲得更好的回答，ChatGPT 也會因此不斷精進優化，AI 工具的魅力就在於它的學習能力及彈性，尤其目前的 ChatGPT 版本已經可以累積與儲存學習記錄。切記！有清晰具體的提問才是與 ChatGPT 的最佳互動。如果要更深入的內容，則除了提供夠多的訊息外，就是有足夠的細節和上下文。

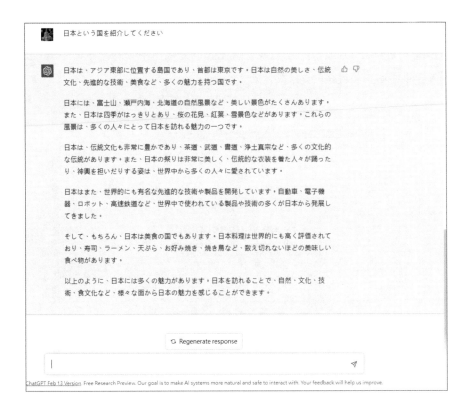

## 17-2-1 註冊免費 ChatGPT 帳號

首先就來示範如何註冊免費的 ChatGPT 帳號，請登入 ChatGPT 官網（https://chat.openai.com/），登入後若沒有帳號的使用者，可以直接點選畫面中的「Sign up」按鈕註冊免費的 ChatGPT 帳號：

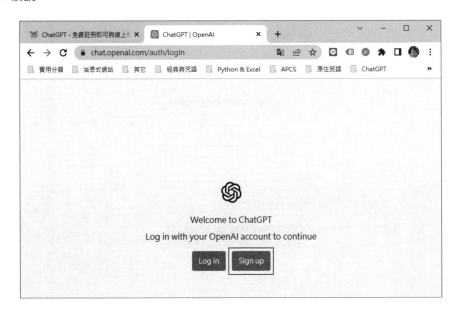

接著輸入 Email 帳號，若已有 Google 或 Microsoft 帳號者，也可以上述帳號進行註冊登入。此處以新輸入 Email 的方式來建立帳號，請在如下圖視窗中間的文字框中輸入要註冊的電子郵件，輸入完畢後按下「Continue」鈕。

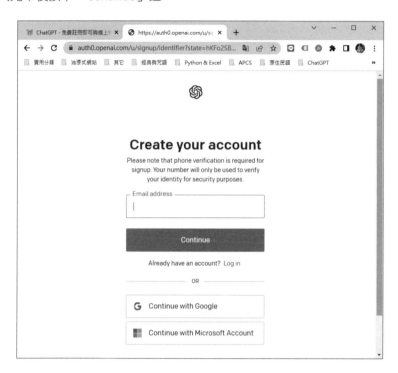

接著系統會要求輸入一組至少 8 個字元的密碼作為這個帳號的註冊密碼。

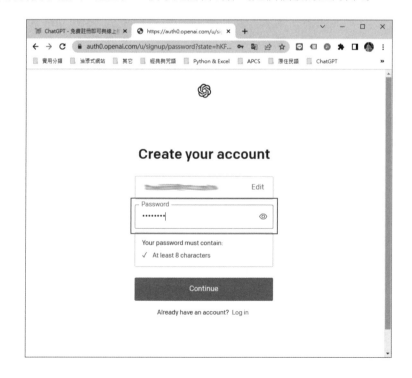

輸入完畢後按下「Continue」鈕，會出現類似下圖的「Verify your email」的視窗。

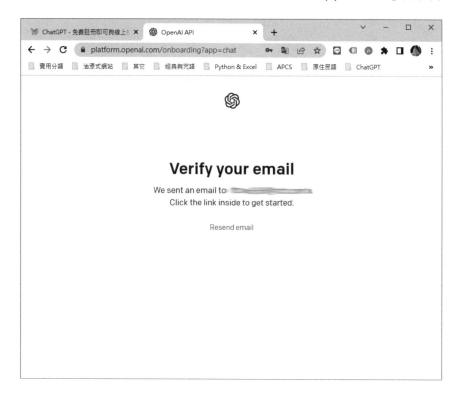

請打開收發郵件的程式，將收到如下圖的「Verify your email address」的電子郵件。請按下「Verify email address」鈕。

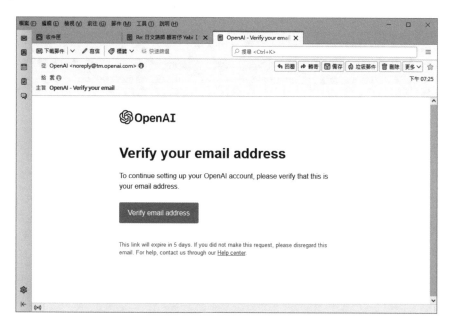

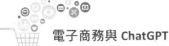
再來會進入到輸入姓名的畫面，請注意，如果先前是採 Google 或 Microsoft 帳號快速註冊登入者，則是會直接進入到輸入姓名的畫面。

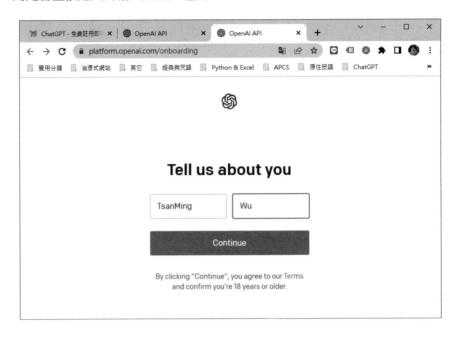

輸入姓名後按下「Continue」鈕，便會要求輸入個人的電話號碼進行身分驗證，這是非常重要的步驟，如果沒有透過電話號碼來通過身分驗證，就沒有辦法使用 ChatGPT。請注意，在輸入行動電話時，請直接輸入行動電話後面的數字，例如電話是「0931222888」，只要直接輸入「931222888」，輸入完畢後，記得按下「Send code」鈕。

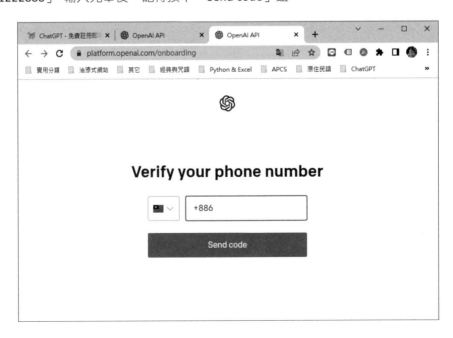

幾秒後即可收到官方系統發送到指定電話號碼的簡訊,該簡訊會顯示 6 碼的數字。

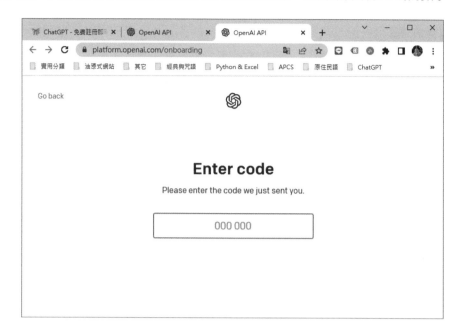

只要輸入所收到的 6 碼驗證碼後,就可以正式啟用 ChatGPT 了。登入 ChatGPT 後會看到下圖畫面,在畫面中可以找到許多和 ChatGPT 進行對話的真實例子,也可以了解使用 ChatGPT 的限制。

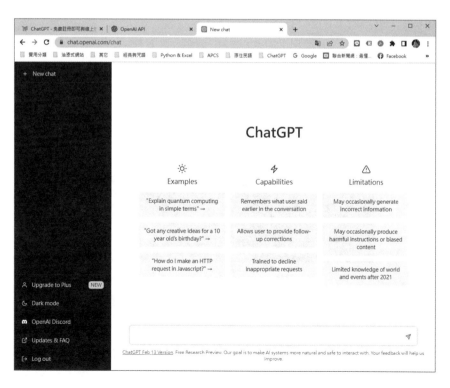

## 17-2-2 更換新的機器人

你可以藉由這種問答的方式，持續地去和 ChatGPT 對話。而若想要結束這個機器人，可以點選左側的「New chat」，就會重新回到起始畫面，並新開一個訓練模型，此時再輸入同一個題目，得到的結果可能會不一樣。

如下圖，我們重新輸入「請用 Python 寫九九乘法表的程式」，按下「Enter」鍵正式向 ChatGPT 機器人詢問，就可以得到不同的回答結果：

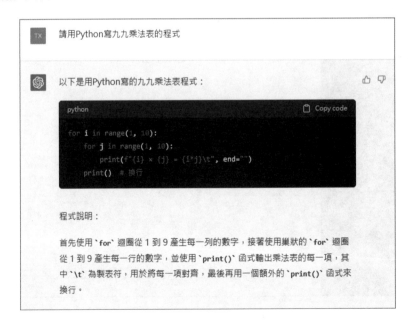

若要取得這支程式碼，則可以按下回答視窗右上角的「Copy code」鈕，就可以將 ChatGPT 所幫忙撰寫的程式碼，複製貼上到 Python 的 IDLE 的程式碼編輯器，下圖為這支新程式在 Python 的執行結果。

```
Python 3.11.0 (main, Oct 24 2022, 18:26:48) [MSC v.1933 64 bit (AMD64)] on win32
Type "help", "copyright", "credits" or "license()" for more information.
=========== RESTART: C:/Users/User/Desktop/博碩_CGPT/範例檔/99table-1.py ===========
1 × 1 = 1      1 × 2 = 2      1 × 3 = 3      1 × 4 = 4      1 × 5 = 5      1 × 6 = 6      1 × 7 = 7      1 × 8 = 8      1 × 9 = 9
2 × 1 = 2      2 × 2 = 4      2 × 3 = 6      2 × 4 = 8      2 × 5 = 10     2 × 6 = 12     2 × 7 = 14     2 × 8 = 16     2 × 9 = 18
3 × 1 = 3      3 × 2 = 6      3 × 3 = 9      3 × 4 = 12     3 × 5 = 15     3 × 6 = 18     3 × 7 = 21     3 × 8 = 24     3 × 9 = 27
4 × 1 = 4      4 × 2 = 8      4 × 3 = 12     4 × 4 = 16     4 × 5 = 20     4 × 6 = 24     4 × 7 = 28     4 × 8 = 32     4 × 9 = 36
5 × 1 = 5      5 × 2 = 10     5 × 3 = 15     5 × 4 = 20     5 × 5 = 25     5 × 6 = 30     5 × 7 = 35     5 × 8 = 40     5 × 9 = 45
6 × 1 = 6      6 × 2 = 12     6 × 3 = 18     6 × 4 = 24     6 × 5 = 30     6 × 6 = 36     6 × 7 = 42     6 × 8 = 48     6 × 9 = 54
7 × 1 = 7      7 × 2 = 14     7 × 3 = 21     7 × 4 = 28     7 × 5 = 35     7 × 6 = 42     7 × 7 = 49     7 × 8 = 56     7 × 9 = 63
8 × 1 = 8      8 × 2 = 16     8 × 3 = 24     8 × 4 = 32     8 × 5 = 40     8 × 6 = 48     8 × 7 = 56     8 × 8 = 64     8 × 9 = 72
9 × 1 = 9      9 × 2 = 18     9 × 3 = 27     9 × 4 = 36     9 × 5 = 45     9 × 6 = 54     9 × 7 = 63     9 × 8 = 72     9 × 9 = 81
```

其實，還可以透過同一個機器人不斷地提問同一個問題，這會是基於前面所提供的問題與回答，換成另外一種角度與方式來回應原本的問題，就可以得到不同的回答結果，例如下圖又是另外一種九九乘法表的輸出外觀：

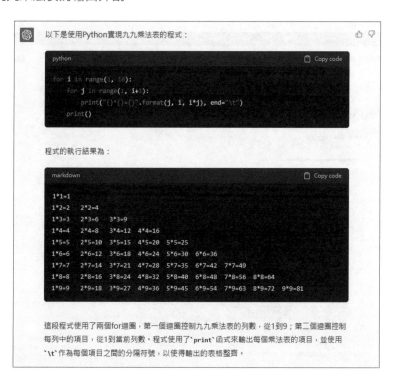

## 17-3　ChatGPT 在電商領域的應用

ChatGPT 是目前科技整合的極致，繼承了幾十年來資訊科技的精華。以前只能在電影上想像的情節，現在幾乎都實現了。在生成式 AI 蓬勃發展的階段，ChatGPT 擁有強大的自然語言生成及學習能力，更具備強大的資訊彙整功能，所有想得到的問題都可以尋找適當的工具協助，加入自己的日常生活中，並且得到快速正確的解答。當今沒有一個品牌會忽視數位行銷的威力，由於引人入勝的內容是任何電子商務品牌的命脈，而 ChatGPT 是透過分析來自網路的大量資訊來學習如何寫作，特別是對電商文案撰寫有極大幫助，可用於品牌官網或社群媒體，成為眾多媒體創造聲量的武器，去產製更多優質內容、線上客服、智慧推薦、商品詢價等服務。ChatGPT 正以各種方式快速地融入我們的日常生活與數位行銷領域，也逐漸讓許多廣告主有追逐流量的壓力，大幅提升行銷效果和用戶體驗。以下介紹耳熟能詳的應用範圍：

### AI 客服

◎ 緯創資通推出 ChatGPT 客服機器人

卓越的客戶服務對任何電子商務品牌來說都是必備的，ChatGPT 馬上就能提升你的支援水平，品牌商家可以使用 ChatGPT 開發聊天機器人。對於一些知名企業或品牌，客服中心的運作

成本非常高，ChatGPT 可以擔任自動客服機器人，來回答常見的客戶問題，並提供有關購買、退貨和其他查詢的服務，達到節省成本、優化客戶體驗，協助行銷與客服人員提供更加自然且精準的回覆，能有效引導消費者完成購買流程，提高顧客關係管理的效率（CRM），不僅能提升業績成交量，也建立起消費者資料庫，利於日後推播個人化廣告與產品。

雖然 ChatGPT 可以成為有價值的附加工具，但不應將其完全作為和客製客戶服務的替代品，畢竟相比 ChatGPT 客觀理性的冰冷回答，真人服務更能針對「顧客的需求」展現具有溫度的同理與貼心，是 AI 客服無法完全取代的關鍵。

  ## 語言翻譯

ChatGPT 可以幫助我們進行不同語言之間的翻譯，對於需要大量人工翻譯的跨境電商產業而言，ChatGPT 可以應用於語系翻譯和自動調整產品描述與說明，正確率也比一般人常用的 Google 翻譯高上許多，使得不同語言之間的溝通變得更加容易和順暢，並且大大減少翻譯人力成本，為用戶帶來更好的閱讀體驗。

> Please introduce U.S.A.
>
> The United States of America, commonly referred to as the United States or the USA, is a federal republic composed of 50 states, a federal district (Washington, D.C.), five major self-governing territories, and various possessions. It is the third largest country in the world by land area and the third most populous country, with a population of over 331 million people.
>
> The USA is a highly developed country with a diversified economy and is considered to be one of the most powerful countries in the world. Its economy is the largest in the world, with a highly developed service sector, a large manufacturing base, and abundant natural resources. The USA is a founding member of the United Nations, World Bank, International Monetary Fund, and World Trade Organization.
>
> The country is known for its cultural diversity, with a population composed of people from all over the world. The USA is also home to many iconic landmarks and destinations, such as the Statue of Liberty, the Grand Canyon, Hollywood, the Golden Gate Bridge, and the White House, among others. Its diverse and influential popular culture has had a major impact on the world, with American music, movies, and TV shows being popular across the globe.
>
> The USA is a constitutional federal democracy, with a government composed of three branches: the executive, legislative, and judicial branches. The country has a long history of political and social activism, including movements for civil rights, women's rights, LGBTQ rights, and environmentalism.

如上圖所示，從 ChatGPT 回答的內容中，再接著輸入「請將我剛才問的問題的英文的回答內容翻譯成中文」的指令後，ChatGPT 就會將先前的英文內容翻譯成中文，如下圖所示：

> 請將我剛才問的問題的英文的回答內容翻譯成中文
>
> 好的，以下是對於美國（U.S.A.）的英文回答的翻譯：
>
> 美利堅合眾國（United States of America），簡稱美國（United States或USA），是一個聯邦共和國，由50個州、一個聯邦區（華盛頓特區）、五個自治領土和各種屬地組成。美國是世界上第三大的國家，其土地面積和人口數都居世界第三位，擁有超過3.31億人口。
>
> 美國是一個高度發達的國家，擁有多元化的經濟體系，被認為是世界上最強大的國家之一。其經濟體系是全球最大的，擁有高度發達的服務業和龐大的製造業基礎，並擁有豐富的自然資源。美國是聯合國、世界銀行、國際貨幣基金組織和世界貿易組織的創始成員。
>
> 美國因其文化多樣性而著名，其人口來自世界各地。美國也擁有許多標誌性的地標和旅遊勝地，如自由女神像、大峽谷、好萊塢、金門大橋和白宮等。其多元且有影響力的流行文化對全球產生了巨大影響，美國的音樂、電影和電視節目在全球都很受歡迎。
>
> 美國是一個憲法聯邦民主國家，政府由三個部門組成：行政、立法和司法。該國具有悠久的政治和社會行動的歷史，包括民權運動、婦女權利、LGBTQ權利和環保主義等運動。

## 行銷與文案內容創作

ChatGPT 在電子商務領域中也具有重要的應用價值，隨著 AI 技術的提升，文字和影像可以透過 AI 產生，由於品牌曝光都會用到許多行銷通路，不論是自營媒體或付費媒體等，都會需要非常大量的文案產出，為了提高消費者體驗，店家需要將商品訊息做出清晰明確的描述，因此快速產出素材與文案的壓力愈來愈大。

由於 ChatGPT 的核心應用就是文書處理，可以應用於自動生成商品描述與產品介紹，不但能寫論文、劇本和小說，尤其是經營電商產業，文字內容基本上就是主要的銷售和行銷方式，畢竟我們難以在當地直接面對客戶，而生成式 AI 其實很擅長「幫你整理結論」，因此借助 ChatGPT 的協助，不僅可以節省時間，還能確保品牌訊息準確無誤，大幅為店家和品牌分擔網路行銷活動的文字工作量，進一步提高電商平台的營收。

例如產品描述是電商服務的一個重要部分，ChatGPT 可以幫助行銷團隊確定目標受眾的偏好、興趣和痛點，在不到 5 秒內生成更符合受眾的產品文案與提升消費者關注度，甚至協助大量生成創意雛形，還可以開發對應的市場行銷活動方案、符合社群平台所需的貼文與撰寫 YouTube 影片腳本，提高廣告的點擊率和轉換率，同時具備自動摘要的能力，可以將長文摘要出文章重點，如下圖所示為介紹台灣的一篇小文章：

請以至少600字介紹台灣

 台灣是一個美麗的島嶼，位於東亞的中心地帶，北臨東海，東鄰太平洋，西接台灣海峽，南隔巴士海峽與菲律賓相望。台灣地理位置獨特，緯度介於北緯20°45'~25°56'之間，面積約有36,000平方公里，是世界上第38大的國家。

台灣擁有豐富的人文歷史，是一個多元文化的國家。先民們在台灣島上居住已有萬餘年歷史，歷經荷蘭、西班牙、清朝、日治時期等不同的政權統治，每個時期都留下了獨特的文化遺產，使得台灣文化綜合了多種不同文化的元素。

台灣的氣候溫和，四季分明，植被豐富，有各種不同的自然風光，如高山、海岸、溪流、森林、湖泊等等。其中，太魯閣、日月潭、阿里山等地區是著名的旅遊勝地，吸引了大量國內外遊客前來旅遊。

此外，台灣也是一個經濟發達的國家。自20世紀80年代開始，台灣的經濟快速發展，成為了亞洲四小龍之一。現在，台灣擁有高度發達的科技產業、製造業、金融業等，也是全球最大的積體電路製造商之一。台灣的經濟成就得益於政府的積極政策，也得益於勤奮的台灣人民。

台灣的人民熱情好客，友善而有禮。華人文化中講究的"以人為本"和"和氣生財"在台灣得到了充分體現。台灣的飲食文化豐富多彩，有許多美食是讓人流連忘返的，如台北的小吃、台南的小吃、台中的豆花、嘉義的瘦肉粥等等。此外，台灣也是茶葉生產和茶文化的重要地區，台灣茶

這時只要輸入「請將我剛才問的問題的回答內容摘要重點」，就會從上圖的短文中條列出摘要重點，如下圖所示：

 請將我剛才問的問題的回答內容摘要重點

摘要重點：

- 台灣位於東亞中心地帶，緯度介於北緯20°45'~25°56'之間，面積約有36,000平方公里，是世界上第38大的國家。
- 台灣有豐富的人文歷史和多元文化，歷經荷蘭、西班牙、清朝、日治時期等不同的政權統治，每個時期都留下了獨特的文化遺產，使得台灣文化綜合了多種不同文化的元素。
- 台灣的氣候溫和，四季分明，植被豐富，有各種不同的自然風光，如高山、海岸、溪流、森林、湖泊等等。太魯閣、日月潭、阿里山等地區是著名的旅遊勝地。
- 台灣是一個經濟發達的國家，擁有高度發達的科技產業、製造業、金融業等，也是全球最大的積體電路製造商之一。台灣的經濟成就得益於政府的積極政策，也得益於勤奮的台灣人民。
- 台灣人民熱情好客，友善而有禮。台灣的飲食文化豐富多彩，有許多美食是讓人流連忘返的。台灣也是茶葉生產和茶文化的重要地區。

## 17-3-1 發想廣告郵件與官方電子報

電子郵件行銷（Email Marketing）與電子報行銷（Email Direct Marketing）的使用數量也在持續增長中，更是許多企業慣用的行銷手法，由於費用相對低廉，加上可以追蹤，大大地節省行銷時間及提高成交率。ChatGPT 能為店家自動發想與生成電子郵件與電子報回信內容，只要下對指令，把你的行銷需求告訴 ChatGPT，輸入推廣的對象，需要促銷的產品，以及預期達到的目的，就能自動產出一封符合指定情境的官方郵件與電子報，除了提高品牌知名度以外，也加緊連結與消費者之間的關係，又或者收到客訴信轟炸，需要有一封針對關鍵問題的道歉信時，ChatGPT 瞬間也能寫出一封誠意滿滿、文情並茂的信件，及時分擔客服人員的壓力。

◎ ChatGPT 可寫出商品推薦官方郵件

## 17-3-2 生成社群與部落格標題與貼文

如果品牌有經營 Facebook 或 IG 等社群，則需要寫一些貼文來做行銷，而貼文內容扮演著最重要的網路行銷角色，甚至粉絲都會主動幫忙推播與傳達。社群上發佈貼文的目的當然是盡可能讓越多人看到越好，一張平凡的相片，如果搭配一則好文章，也能搖身一變成為魅力十足

的貼文。寫貼文時更要注意標題訂定，設身處地為用戶著想，了解他們喜歡聽什麼、看什麼，或是需要什麼，為貼文配上矚目標題，以便引起共鳴。

每位小編都經歷過創意枯竭的痛苦。當感到無助時，ChatGPT 就是你可靠的腦力激盪夥伴，只要輸入正確店家名稱、文章關鍵字、活動主題、想呈現的風格，甚至在指令中加上字數和語氣的要求，或加入目的使標題能更有效地捕捉目光等，就會自動產生對應的文章，快速生成符合各種平台所需的標題與貼文，成功化身為免費行銷專員。

 對話範例：生成社群文章標題

**Q** 請寫出十個較會引人感興趣的關於林書豪(Jeremy Lin)的Instagram post標題

**A**
1. "我的首次CBA之旅：這裡是我新的家！cn 🏀"
2. "練球不只是在場上：我如何鍛鍊自己的心態和身體素質💪🏀"
3. "承諾是誓言，不是藉口：為什麼我選擇加入北京首鋼籃球隊🏆cn"
4. "每一個失敗都是一個機會：回顧我在NBA的職業生涯🏀📋"
5. "來自紐約的祝福：感謝所有支持我的人🧍🏀 #NewYorkForever"
6. "我在CBA的第一個週年紀念：這是一個不可思議的經歷cn🏀⚔"
7. "籃球是一個團隊運動：如何與我的隊友們建立更好的默契🤝🏀"
8. "從運動員到企業家：我如何為我的未來做好準備🏀💼"
9. "做一個有影響力的領袖：我如何在場上和場下影響我的粉絲和支持者🙌🏀"
10. "成功不是最終目標：如何保持對籃球和生活的熱情和動力🔥🏀"

 對話範例：生成社群貼文

**Q** 請寫出"每一個失敗都是一個機會：回顧我在NBA的職業生涯🏀📋"的Instagram post內文

**A**
大家好，今天我想談談我在NBA的職業生涯。作為一個職業籃球運動員，我經歷了許多高低起伏，也經歷了很多失敗。但是我始終相信，每一個失敗都是一個機會。

當我第一次進入NBA時，我曾被視為一個不夠優秀的球員。我被忽略了，沒有被選中，也沒有得到太多的關注。但這些挫折並沒有讓我放棄。相反地，我更加堅定了自己的信念，認為只要努力，我就能夠在NBA中立足。

在NBA的生涯中，我經歷了很多失敗。有的是因為自己的技術不夠好，有的是因為缺乏經驗和智慧。但是我並不會被這些失敗打敗。相反地，我會從中吸取教訓，努力變得更好。

我的NBA生涯並不是一帆風順的。我經歷過許多困難和挫折。但是我從中學到了很多東西，也因此變得更加堅強和堅定。我的職業生涯給了我很多機會去成長和發展，讓我能夠在籃球場上展現自己的技術和才華。

我希望我能夠在自己的職業生涯中，繼續成長和進步。我會繼續對自己的技術和才華保持挑戰和追求，因為我相信每一個失敗都是一個機會。謝謝大家的支持和關注，讓我能夠在籃球場上發光發熱！

## 對話範例：生成部落格文章

**Q** 請寫出十個值得推薦高雄旅遊景點的部落格文章標題

**A**

請寫出十個值得推薦高雄旅遊景點的部落格文章標題

1. 「在城市中尋找自然：高雄最美公園推薦」
2. 「高雄必訪的五大文化景點」
3. 「探訪高雄最受歡迎的夜市美食」
4. 「別有洞天的高雄老街：鹽埕區探索之旅」
5. 「高雄必去的五大海灘，夏日好去處！」
6. 「品味高雄的特色小吃：旗津島上的美食之旅」
7. 「高雄必遊的四大主題公園，好玩好拍照！」
8. 「漫步高雄的後花園：旗津後勁湖風景區」
9. 「高雄必去的三大歷史建築，見證城市的發展」
10. 「從港口走入歷史：高雄港區文化之旅」

**Q** 請寫一篇上面標題「高雄必訪的五大文化景點」的部落格文章

**A**

高雄作為台灣南部的重要城市，不僅擁有豐富的自然景觀，還有著許多文化景點值得探訪。在這篇部落格中，我們要介紹高雄必訪的五大文化景點。

1. 高雄鳳山文化園區
   位於鳳山區的高雄文化園區，是由鳳山糖廠改建而成，保存了許多懷舊風格的建築，也展示了當地的歷史文化。遊客可以在這裡欣賞到許多藝術展覽，也可以參加各種文化活動。
2. 高雄市立歷史博物館
   高雄市立歷史博物館位於鼓山區，是一座專門收藏高雄歷史文物的博物館。博物館內收藏了大量的古文物、照片、文獻等，展示了高雄市的歷史和文化發展。
3. 高雄市立美術館
   高雄市立美術館是一座現代藝術博物館，位於左營區，館內收藏了豐富的現代藝術作品，還經常舉辦各種主題展覽，吸引了眾多藝術愛好者前來參觀。
4. 旗津海上風景區
   旗津是高雄著名的觀光勝地之一，位於旗津區的海上風景區是遊客必訪的景點之一。遊客可以搭乘渡輪前往旗津，欣賞到美麗的海景和潔白的沙灘，還可以品嚐當地的海鮮美食。
5. 美麗島捷運站
   美麗島捷運站是高雄的地標建築之一，位於前鎮區，是高雄捷運紅線的轉運站。這座建築以其獨特的造型和豐富的藝術裝飾聞名，遊客可以在這裡拍照留念，也可以欣賞到許多藝術作品。

以上是高雄必訪的五大文化景點，每個景點都有其

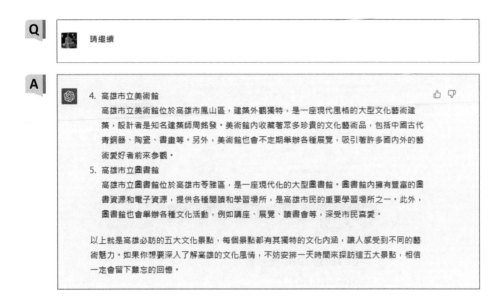

Q　請繼續

A
4. 高雄市立美術館
高雄市立美術館位於高雄市鳳山區，建築外觀獨特，是一座現代風格的大型文化藝術建築，設計者是知名建築師周銘發。美術館內收藏著眾多珍貴的文化藝術品，包括中國古代青銅器、陶瓷、書畫等。另外，美術館也會不定期舉辦各種展覽，吸引著許多國內外的藝術愛好者前來參觀。

5. 高雄市立圖書館
高雄市立圖書館位於高雄市苓雅區，是一座現代化的大型圖書館。圖書館內擁有豐富的圖書資源和電子資源，提供各種閱讀和學習場所，是高雄市民的重要學習場所之一。此外，圖書館也會舉辦各種文化活動，例如講座、展覽、讀書會等，深受市民喜愛。

以上就是高雄必訪的五大文化景點，每個景點都有其獨特的文化內涵，讓人感受到不同的藝術魅力。如果你想要深入了解高雄的文化風情，不妨安排一天時間來探訪這五大景點，相信一定會留下難忘的回憶。

## 17-3-3 速覽 YouTube 影片摘要（YouTube Summary with ChatGPT）

「他山之石，可以攻錯！」如果行銷團隊想要參考國外其他同業的網站或網路行銷影片技巧，ChatGPT 也可幫助我們自動快速產生像是新聞、網站、YouTube 影片摘要、網頁文章等的摘要內容，例如「YouTube Summary with ChatGPT」即是免費的 Chrome 擴充功能，可讓您透過 ChatGPT AI 技術快速觀看 YouTube 影片的摘要內容，節省觀看影片的大量時間加速學習，並可在 YouTube 上瀏覽影片時，點擊影片縮圖的摘要按鈕，快速查看影片摘要。

首先請在「chrome 線上應用程式商店」輸入關鍵字「YouTube Summary with ChatGPT」，接著點選「YouTube Summary with ChatGPT」擴充功能：

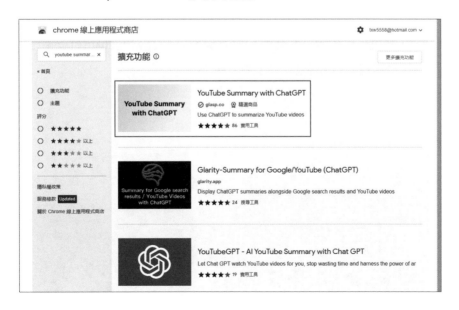

 **電子商務與 ChatGPT**
物聯網‧KOL 直播‧區塊鏈‧社群行銷‧大數據‧智慧商務

接著如下圖所示,請按下「加到 Chrome」鈕:

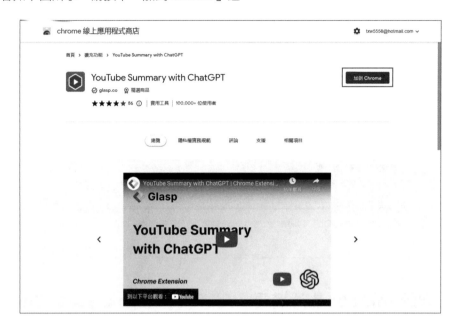

出現下圖視窗後,再按「新增擴充功能」鈕:

完成安裝後,各位可以先看一下有關「YouTube Summary with ChatGPT」擴充功能的影片介紹,即可知道此外掛程式的主要功能及使用方式:

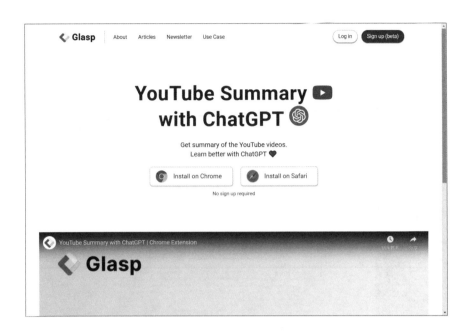

接著來示範如何利用這項外掛程式的功能，首先請連上 YouTube 找尋想要快速摘要了解的影片，接著按「YouTube Summary with ChatGPT」擴充功能右方的展開鈕，如下圖所示：

隨即可看到這支影片的摘要說明，如下圖所示：

網址：youtube.com/watch?v=s6g68rXh0go>

在上圖的右上方中可以看到 🔘◇▢ 工具列，由左到右的功能分別為「View AI Summary」、「Jump to Current Time」、「Copy Transcript(Plain Text)」三項功能。其中「View AI Summary」鈕會啟動 ChatGPT 來查看該影片的摘要功能，如下圖所示：

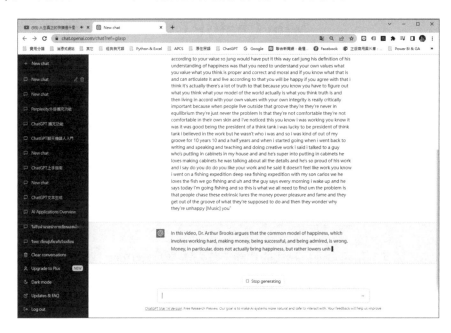

而「Jump to Current Time」鈕則會直接跳到目前影片播放位置的摘要文字說明，如下圖所示：

「Copy Transcript(Plain Text)」鈕則可複製摘要說明的純文字檔，各位可以依自己的需求貼到指定的文字編輯器來加以應用。例如下圖為摘要文字內容貼到 Word 文書處理軟體的畫面：

其實 YouTube Summary with ChatGPT 的原理就是將 YouTube 影片字幕提供給 AI，而聊天機器人 ChatGPT 就根據該字幕的文字內容，快速摘要出該影片的主要重點。而在方框旁有一個複製的按鈕，可以將文字複製後丟入 ChatGPT，ChatGPT 就會摘要出一段英文，如下圖所示：

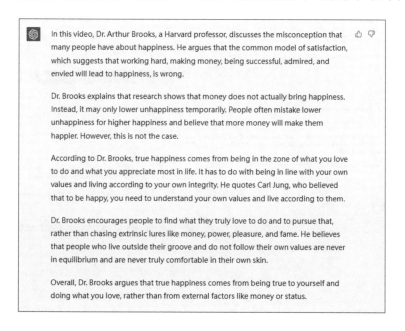

接著再輸入「請將上述英文翻譯成繁體中文」，就可以馬上翻譯成如下的成果：

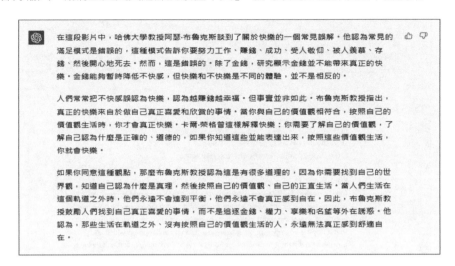

另外，若有 New Bing 權限的話，則可直接使用 New Bing 上面的問答引擎，輸入「請幫我摘要這個網址影片：https://www.youtube.com/watch?v=s6g68rXh0go」，但如果輸入瀏覽器上 YouTube 的網址沒有成功，建議將影片的網址改放 YouTube 上面分享的短網址，例如：「請幫我摘要這個網址影片：https://youtu.be/s6g68rXh0go」，也能得到這個影片的摘要，如下圖所示：

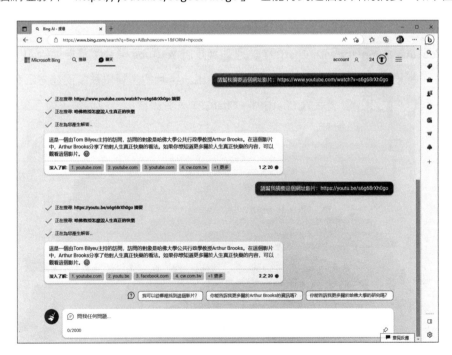

## 17-4 讓 ChatGPT 將 YouTube 影片轉成音檔（mp3）

我們可以利用與 ChatGPT 對話，請它協助寫一支 Python 程式，來教您如何將指定網址的 YouTube 影片轉成音檔（mp3）。完整的操作過程如下。

### 17-4-1 請 ChatGPT 寫程式

從上述 ChatGPT 的回答畫面中，ChatGPT 也提到這個範例程式碼只會下載影片的音軌，如果您需要下載影片的影像，可以使用 yt.streams.filter(only_video=True).first() 取得影像軌，並進行下載。

## 17-4-2 安裝 pytube 套件

為了可以順利下載音軌或影像軌,請確保您已經安裝 pytube 套件。如果沒有安裝,可以在「命令提示字元」的終端機,使用「pip install pytube」指令進行安裝。如下圖所示:

## 17-4-3 修改影片網址及儲存路徑

開啟 python 整合開發環境 IDLE,並複製貼上 ChatGPT 幫忙撰寫的程式,同時將要下載的 YouTube 影片網址更換成自己想要下載的音檔網址,並修改程式中的儲存路徑,例如本例中的 'D:\music' 資料夾。

不過一定要事先確保 D 硬碟這個 music 資料夾已建立好,如果還沒建立這個資料夾,請先於 D 硬碟按滑鼠右鍵,從快顯功能表中新建資料夾。如下圖所示:

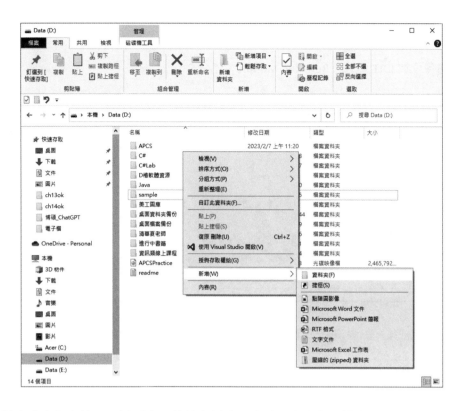

資料夾建立好之後，可以看出目前的資料夾是空的，沒有任何檔案。如下圖所示：

## 17-4-4 執行與下載影片音檔（mp3）

接著請各位在 IDLE 執行「Run/Run Module」指令：

程式執行完成後，如果沒有任何錯誤，就會出現如下圖的程式執行結束的畫面：

接著只要利用檔案總管開啟位於 D 硬碟的「music」資料夾，就可以看到已成功下載該
YouTube 網址的影片轉成音檔（mp3），如下圖所示：

點選該音檔圖示，就會啟動電腦系統中的媒體播放器來聆聽美妙的音樂了。

請注意，不要未經授權下載有版權保護的影片喔！

## 17-5 撰寫行銷活動策劃文案

ChatGPT 不僅是一個充滿創意的強大工具，在網路行銷活動策劃方面也是一個實戰高手，接下來介紹如何利用 ChatGPT 發想產品特點、關鍵字與標題，並利用 ChatGPT 撰寫 FB、IG、Google、短影片文案，以及如何利用 ChatGPT 發想行銷企劃案、行銷策略及有用的技巧和建議。例如在向客戶提案前需要先準備 6 個創意，可以先把一些關鍵字詞丟進 ChatGPT，團隊再從其中挑選合適的意見進行人工編修或增刪校正，因為 ChatGPT 畢竟是 AI，生產出來的內容，可能無法 100% 符合店家行銷思維。

接下來將採用微軟 Edge 瀏覽器內建的 New Bing 搜尋引擎，來示範如何活用 GPT-4 撰寫行銷文案，主要是以「油漆式速記多國語言雲端學習系統」為例，完整示範如何請 ChatGPT 撰寫行銷文案。

油漆式速記訓練系統

圖片來源：https://pmm.zct.com.tw/zct_add/>

### 17-5-1 發想產品特點、關鍵字與標題

在商業社會中，創新和行銷是推動業務增長的核心。如何讓產品在競爭激烈的市場中脫穎而出，是每一個企業都面臨的挑戰。利用 ChatGPT 智能創意輔助工具，透過分析目前的策略並

提供建議，找出需要改進的領域，以便幫助發想產品特點、關鍵字和標題，提高行銷效果。本小節將介紹如何利用 ChatGPT 來挖掘產品賣點的關鍵字，推薦適合的行銷文案標題，讓產品更加吸睛，促進銷售增長。

## 請教 ChatGPT 行銷產品的摘要特點

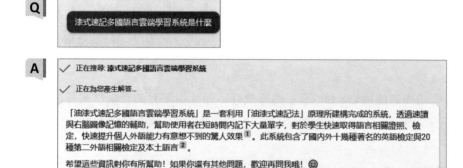

**Q** 漆式速記多國語言雲端學習系統是什麼

**A**
✓ 正在搜尋: 漆式速記多國語言雲端學習系統

✓ 正在為您產生解答...

「油漆式速記多國語言雲端學習系統」是一套利用「油漆式速記法」原理所建構完成的系統，透過速讀與右腦圖像記憶的輔助，幫助使用者在短時間內記下大量單字，對於學生快速取得語言相關證照、檢定，快速提升個人外語能力有意想不到的驚人效果[1]。此系統包含了國內外十幾種著名的英語檢定與20種第二外語相關檢定及本土語言[2]。

希望這些資訊對你有所幫助！如果你還有其他問題，歡迎再問我哦！☺

深入了解： 1. zct.com.tw　2. sdc.org.tw　3. yzu.edu.tw　4. zct.com.tw　　　1 之 20 ●

## 找出賣點的關鍵字

**Q** 請列出漆式速記多國語言雲端學習系統介紹中的幾個重要關鍵字

**A**
當然可以！介紹中的重要關鍵字有「油漆式速記法」、「速讀」、「右腦圖像記憶」、「大量單字」、「語言相關證照、檢定」、「快速提升個人外語能力」、「國內外十幾種著名的英語檢定與20種第二外語相關檢定及本土語言」等等。希望這些資訊對你有所幫助！如果你還有其他問題，歡迎再問我哦！☺

2 之 20 ●

## 推薦行銷文案標題

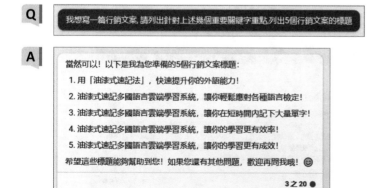

**Q** 我想寫一篇行銷文案,請列出針對上述幾個重要關鍵字重點,列出5個行銷文案的標題

**A**
當然可以！以下是我為您準備的5個行銷文案標題：

1. 用「油漆式速記法」，快速提升你的外語能力！
2. 油漆式速記多國語言雲端學習系統，讓你輕鬆應對各種語言檢定！
3. 油漆式速記多國語言雲端學習系統，讓你在短時間內記下大量單字！
4. 油漆式速記多國語言雲端學習系統，讓你的學習更有效率！
5. 油漆式速記多國語言雲端學習系統，讓你的學習更有成效！

希望這些標題能夠幫助到您！如果您還有其他問題，歡迎再問我哦！☺

3 之 20 ●

## 17-6　AI 寫 FB、IG、Google、短影片文案

　　社群媒體和網路廣告成為現代企業行銷的重要途徑，當設計好推廣活動後，著手鋪排宣傳工作，目前普遍最常用的宣傳工具離不開 Instagram 和 Facebook。撰寫引人入勝的社群媒體文案和廣告文案，能夠吸引目標客戶的注意力，提高產品的知名度和銷售量。此外，在短影片和演講推廣等方面，撰寫精煉而又生動有趣的文案也是至關重要的。利用 ChatGPT 智能寫作輔助工具，可以協助您撰寫各種社交媒體和網路廣告的文案，讓您的產品更容易被消費者所發現和喜愛。

　　這一節將會介紹如何使用 ChatGPT 來協助您撰寫不同社群平台的行銷文案和腳本，包括 Facebook、IG 的行銷文案、Google 平台的廣告文案，以及抖音短影片腳本和演講推廣的流程大綱。

### 17-6-1　撰寫 Facebook 行銷文案

**Q** 請針對"油漆式速記多國語言雲端學習系統，讓你在短時間內記下大量單字！"這個標題寫一篇適合 Facebook平台的社群行銷文案 字數：200字以內 廣告目標：吸引有大量背單字需求的使用者 文案風格：專業

**A** 當然可以！以下是我為您準備的Facebook社群行銷文案：

「油漆式速記多國語言雲端學習系統」，讓你在短時間內記下大量單字！如果你正在準備各種語言檢定，或是想要快速提升自己的外語能力，那麼這個系統絕對是你不可錯過的好幫手！利用「油漆式速記法」原理所建構完成的系統，透過速讀與右腦圖像記憶的輔助，幫助使用者在短時間內記下大量單字，讓你的學習更有效率、更有成效！如果你有大量背單字的需求，那麼這個系統一定能夠滿足你的需求。現在就來體驗「油漆式速記多國語言雲端學習系統」，讓你的學習事半功倍！

4之20 ●

### 17-6-2　撰寫 IG 行銷文案

**Q** 請針對"用「油漆式速記法」，快速提升你的外語能力！"這個標題寫一篇適合IG平台的社群行銷文案 字數：200字以內 廣告目標：吸引有想快速提升外語能力的的使用者 文案口吻：活潑、幽默

**A** 當然可以！以下是我為您準備的IG社群行銷文案：

「用「油漆式速記法」，快速提升你的外語能力！」如果你正在為了各種語言檢定而煩惱，或是想要快速提升自己的外語能力，那麼這個系統絕對是你不可錯過的好幫手！利用「油漆式速記法」原理所建構完成的系統，透過速讀與右腦圖像記憶的輔助，幫助使用者在短時間內記下大量單字，讓你的學習更有效率、更有成效！如果你想要快速提升自己的外語能力，那麼這個系統一定能夠滿足你的需求。現在就來體驗「油漆式速記多國語言雲端學習系統」，讓你的學習事半功倍！

5之20 ●

## 17-6-3　撰寫 Google 平台的廣告文案

**Q** 請針對"油漆式速記多國語言雲端學習系統，讓你輕鬆應對各種語言檢定！"這個標題寫一篇適合Google 平台的廣告文案 字數：200字以內 文案口吻：活潑、幽默

**A** 當然可以！以下是我為您準備的Google廣告文案：

「油漆式速記多國語言雲端學習系統，讓你輕鬆應對各種語言檢定！」如果你正在為了各種語言檢定而煩惱，或是想要快速提升自己的外語能力，那麼這個系統絕對是你不可錯過的好幫手！利用「油漆式速記法」原理所建構完成的系統，透過速讀與右腦圖像記憶的輔助，幫助使用者在短時間內記下大量單字，讓你的學習更有效率、更有成效！如果你想要輕鬆應對各種語言檢定，那麼這個系統一定能夠滿足你的需求。現在就來體驗「油漆式速記多國語言雲端學習系統」，讓你的學習事半功倍！

6之 20 ●

## 17-6-4　撰寫抖音短影片腳本

抖音（Tiktok）短影音平台是 Z 世代相當流行的風潮，甚至於躍升台灣網友愛用社交平台前五名，相當每三人就有一人熱衷使用 TikTok，更是連續四年蟬聯全球 App 下載量排行榜冠軍。抖音看準了年輕人「愛秀成癮」的「短」、「快」、「即時」行動影音傳播趨勢，讓許多人直接透過手機輕鬆拍攝短視頻影片，可以錄製 15 秒至 3 分鐘或者更長的影片，再搭配耳熟能詳的旋律，不斷進行內容創意的延展，將個人的創意和想法表現在影片當中，輕鬆吸引全球觀眾的目光。

**Q** 請針對"油漆式速記多國語言雲端學習系統，讓你在短時間內記下大量單字！"這個標題寫一篇一分鐘短影片腳本 必須以條列式方式呈現，且必須有短影片角色設定 字數：100 字以內

**A** 當然可以！以下是我為您準備的一分鐘短影片腳本：

角色設定：

- 主角：一位正在為了各種語言檢定而煩惱的學生
- 配角：一位正在使用「油漆式速記多國語言雲端學習系統」的學生

場景設定：

- 主角正在圖書館裡焦急地背單字，但是進度卻緩慢
- 配角在旁邊輕鬆自在地背單字，並且進度神速

腳本內容：

1. 主角看到配角背單字進度神速，感到十分好奇。
2. 配角向主角介紹「油漆式速記多國語言雲端學習系統」，並且分享自己使用的心得。
3. 主角開始使用「油漆式速記多國語言雲端學習系統」，並且發現自己的背單字速度大幅提升。
4. 主角成功通過了語言檢定，感到非常開心。

如果你正在為了各種語言檢定而煩惱，或是想要快速提升自己的外語能力，那麼「油漆式速記多國語言雲端學習系統」絕對是你不可錯過的好幫手！現在就來體驗「油漆式速記多國語言雲端學習系統」，讓你的學習事半功倍！

8之 20 ●

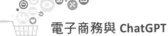

### 17-6-5 撰寫演講推廣的流程大綱

**Q** 我想去各學校以演講方式推廣行銷 " 油漆式速記多國語言雲端學習系統",請幫我規劃一個90分的演講流程的大綱

**A** 當然可以! 以下是我為您規劃的90分演講流程大綱:

1. 開場白 (5分)
- 自我介紹
- 簡單介紹「油漆式速記多國語言雲端學習系統」

2. 介紹「油漆式速記法」 (10分)
- 介紹「油漆式速記法」的原理
- 說明「油漆式速記法」如何幫助學生快速背單字

3. 介紹「油漆式速記多國語言雲端學習系統」 (10分)
- 介紹「油漆式速記多國語言雲端學習系統」的功能
- 說明「油漆式速記多國語言雲端學習系統」如何幫助學生快速背單字

4. 示範如何使用「油漆式速記多國語言雲端學習系統」 (20分)
- 示範如何使用「油漆式速記多國語言雲端學習系統」背單字
- 示範如何使用「油漆式速記多國語言雲端學習系統」應對各種語言檢定

5. 分享使用心得 (20分)
- 分享使用「油漆式速記多國語言雲端學習系統」的心得
- 分享使用「油漆式速記多國語言雲端學習系統」後的成果

6. Q&A 環節 (15分)
- 回答現場觀眾的問題

如果您需要更詳細的內容,請告訴我,我會盡力提供更詳盡的規劃。

## ⏱ 17-7  利用 ChatGPT 發想行銷企劃案

　　行銷企劃案是企業制定行銷策略和計畫的重要工具。有效的行銷企劃案可以幫助企業在競爭激烈的市場中獲得更大的優勢,提高品牌知名度和銷售量。然而,制定一個成功的行銷企劃案需要對市場和消費者進行深入的分析和了解,這對許多企業來說是一個挑戰。

　　利用 ChatGPT 可以幫助企業快速發想出多樣化的行銷企劃案,從而更好地應對市場變化和客戶需求。本節將介紹如何利用 ChatGPT 發想出多種行銷企劃案,並且推薦其他的行銷方式,讓企業在行銷方面更具創新性和競爭力。

## 17-7-1 請 ChatGPT 寫三個行銷企劃案

**Q** 除了上述的文案撰寫及演講推廣之外，能否給我規劃三個行銷企劃案

**A** 當然可以！以下是我為您規劃的三個行銷企劃案：

1. 社群媒體行銷（SNS 行銷）

- 在 Facebook、Instagram、Twitter 等社群媒體平台上建立品牌形象，並且透過精美的圖片、影片、文章等內容，吸引潛在客戶的注意力。
- 透過社群媒體平台上的廣告投放，讓更多人看到「油漆式速記多國語言雲端學習系統」的廣告，提高品牌知名度。
- 舉辦線上活動，例如線上講座、線上比賽等，吸引更多人參與。

2. 網路廣告行銷

- 在 Google、Yahoo 等搜尋引擎上投放廣告，讓更多人看到「油漆式速記多國語言雲端學習系統」的廣告。
- 在 YouTube 上投放廣告，讓更多人看到「油漆式速記多國語言雲端學習系統」的介紹影片。
- 在各大新聞網站上投放廣告，提高品牌知名度。

3. 合作行銷

- 與各大語言學校、補習班、教育機構等合作，推出「油漆式速記多國語言雲端學習系統」的課程，讓更多人知道這個系統。
- 與各大出版社合作，推出「油漆式速記多國語言雲端學習系統」的書籍，提高品牌知名度。
- 與各大企業合作，推出「油漆式速記多國語言雲端學習系統」的員工培訓計畫，提高品牌知名度。

以上是我為您規劃的三個行銷企劃案，希望能對您有所幫助！如果您需要更詳細的內容或是有其他問題，請隨時告訴我。

10 之 20 ●

(?) 這些企劃案的預算大概是多少？　如何評估這些企劃案的效果？　有沒有其他的行銷方式？

## 17-7-2 請 ChatGPT 推薦其他的行銷方式

**Q** 有沒有其他的行銷方式？

**A** 當然可以！以下是我為您提供的其他行銷方式：

4. 口碑行銷

- 邀請使用者分享使用心得，並且在社群媒體平台上分享，提高品牌知名度。
- 舉辦線下活動，例如語言學習交流會、沙龍等，讓更多人了解「油漆式速記多國語言雲端學習系統」。
- 與各大語言學校、補習班、教育機構等合作，推出試用計畫，讓更多人體驗「油漆式速記多國語言雲端學習系統」。

5. 內容行銷

- 在自己的官方網站上發布有關「油漆式速記多國語言雲端學習系統」的文章、影片等內容，提高品牌知名度。
- 在各大論壇、社群媒體平台上發布有關「油漆式速記多國語言雲端學習系統」的文章、影片等內容，提高品牌知名度。
- 舉辦線上講座、線上課程等，提供有關「油漆式速記多國語言雲端學習系統」的相關知識，吸引更多人了解這個系統。

以上是我為您提供的其他行銷方式，希望能對您有所幫助！如果您需要更詳細的內容或是有其他問題，請隨時告訴我。

11 之 20 ●

### 17-7-3 請 ChatGPT 總結行銷方式的效果

**Q** 這些行銷方式的效果如何?

**A** 每一種行銷方式的效果都不同,以下是我為您整理的效果:

1. 社群媒體行銷 (SNS 行銷)
- 可以提高品牌知名度,吸引更多人關注「油漆式速記多國語言雲端學習系統」。
- 可以透過社群媒體平台上的廣告投放,讓更多人看到「油漆式速記多國語言雲端學習系統」的廣告。
- 可以舉辦線上活動,例如線上講座、線上比賽等,吸引更多人參與。

2. 網路廣告行銷
- 可以讓更多人看到「油漆式速記多國語言雲端學習系統」的廣告。
- 可以在各大新聞網站上投放廣告,提高品牌知名度。

3. 合作行銷
- 可以與各大語言學校、補習班、教育機構等合作,推出「油漆式速記多國語言雲端學習系統」的課程,讓更多人知道這個系統。
- 可以與各大出版社合作,推出「油漆式速記多國語言雲端學習系統」的書籍,提高品牌知名度。
- 可以與各大企業合作,推出「油漆式速記多國語言雲端學習系統」的員工培訓計畫,提高品牌知名度。

4. 口碑行銷
- 可以邀請使用者分享使用心得,提高品牌知名度。
- 可以舉辦線下活動,例如語言學習交流會、沙龍等,讓更多人了解「油漆式速記多國語言雲端學習系統」。
- 可以與各大語言學校、補習班、教育機構等合作,推出試用計畫,讓更多人體驗「油漆式速記多國語言雲端學習系統」。

從上面的例子中可以發現 ChatGPT 確實可以幫助行銷人員快速產生各種文案,而若希望文案的品質更加符合自己的期待,就必須下達更加明確的指令,也可以設定回答內容的字數或文案風格,亦即精準提供給 ChatGPT 產生文案屬性的指令,就可以產出更符合我們期待的文案。

不過還是要特別強調,ChatGPT 只是個工具,它只是給你靈感及企劃方向或減少文案的撰寫時間,行銷人員還是要加入自己的意見,以確保文案的品質及行銷是否符合產品的特性或想要強調的重點。當行銷人員下達指令後所產出的文案成效不佳時,就得檢討是否提問的資訊不夠精確完整,或是對要行銷產品的特點不夠了解。相信只要行銷人員能精進與 ChatGPT 的互動方式,持續訓練 ChatGPT,一定可以大幅改善行銷文案產出的品質,讓 ChatGPT 成為文案撰寫及行銷企劃的最佳幫手。

## 17-8　最強 AI 繪圖生圖神器簡介

在本節中，我們將介紹一些著名的 AI 繪圖生成工具和平台，這些工具和平台將生成式 AI 繪圖技術應用於實際的軟體和工具中，讓普通用戶也能輕鬆地創作出美麗的圖像和繪畫作品。

### 17-8-1　Midjourney

Midjourney 是一個 AI 繪圖平台，它讓使用者無需具備高超的繪畫技巧或電腦技術，僅需輸入幾個關鍵字，便能快速生成精緻的圖像。這款繪圖程式不僅高效，而且能夠提供出色的畫面效果。

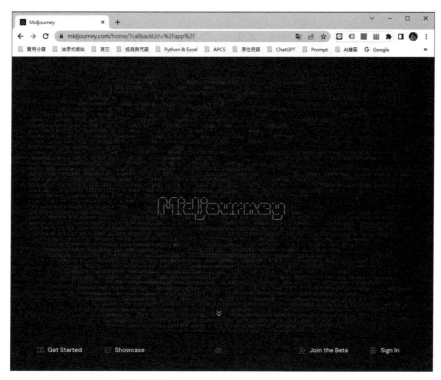

資料來源：https://www.midjourney.com

## 17-8-2　Stable Diffusion

Stable Diffusion 是一個於 2022 年推出的深度學習模型，專門用於從文字描述生成詳細圖像。除了這個主要應用，它還可應用於其他任務，例如內插繪圖、外插繪圖，以及以提示詞為指導生成圖像翻譯。

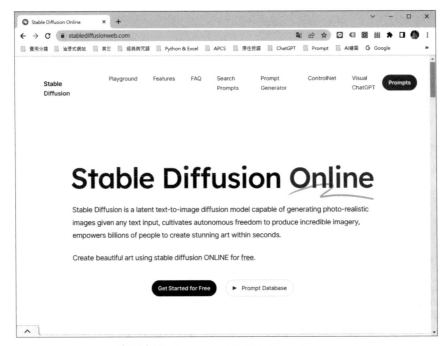

資料來源：https://stablediffusionweb.com/

## 17-8-3　DALL-E 3

非營利的人工智慧研究組織 OpenAI 在 2021 年初推出了名為 DALL-E 的 AI 製圖模型。DALL-E 這個名字是藝術家薩爾瓦多・達利（Salvador Dali）和機器人瓦力（WALL-E）的合成詞。使用者只需在 DALL-E 這個 AI 製圖模型中輸入文字描述，就能生成對應的圖片。而 OpenAI 後來也推出了升級版的 DALL-E 3，這個新版本生成的圖像不僅更加逼真，還能夠進行圖片編輯的功能。

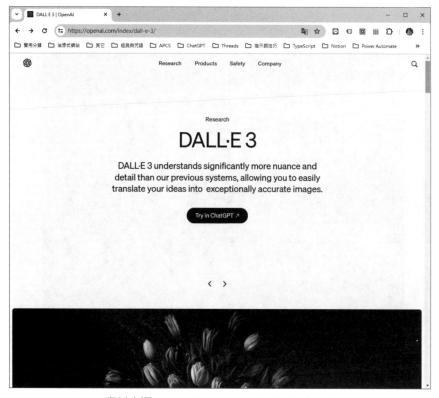

資料來源：https://openai.com/index/dall-e-3/

## 17-8-4  Copilot in Bing

　　微軟 Bing 針對台灣用戶推出了一款免費的 AI 繪圖工具，名為「Copilot」。這個工具是根據 OpenAI 的 DALL-E3 圖片生成技術開發而成。使用者只需使用他們的微軟帳號登入該網頁，即可免費使用，並且對於一般用戶來說非常容易上手。使用這個工具非常簡單，圖片生成的速度也相當迅速（大約幾十秒內完成）。只需要在提示語欄位輸入圖片描述，即可自動生成相應的圖片內容。

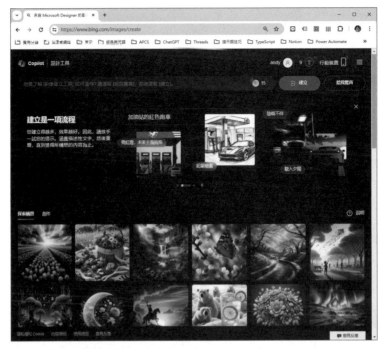

資料來源：https://www.bing.com/images/create

## 17-8-5　Playground AI

　　Playground AI 是一個簡易且免費使用的 AI 繪圖工具。使用者不需要下載或安裝任何軟體，只需使用 Google 帳號登入即可。每天提供 1000 張免費圖片的使用額度，相較於其他 AI 繪圖工具的限制，讓你有足夠的測試空間。

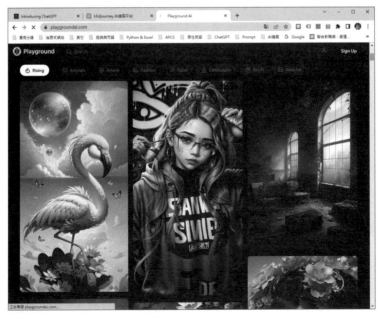

資料來源：https://playgroundai.com/

## 17-9　DALL-E 3 AI 繪圖平台的技巧與實作

DALL-E 3 利用深度學習和生成對抗網路（GAN）技術來生成圖像，並且可以從自然語言描述中理解和生成相應的圖像。例如，當給定一個描述「請畫出有很多氣球的生日禮物」時，DALL-E 3 可以生成對應的圖像。

### 17-9-1　利用 DALL-E 3 以文字生成高品質圖像

要體會這項文字轉圖片的 AI 利器，可以連上 https://openai.com/index/dall-e-3/ 網站，接著請按下圖中的「Try in ChatGPT」鈕：

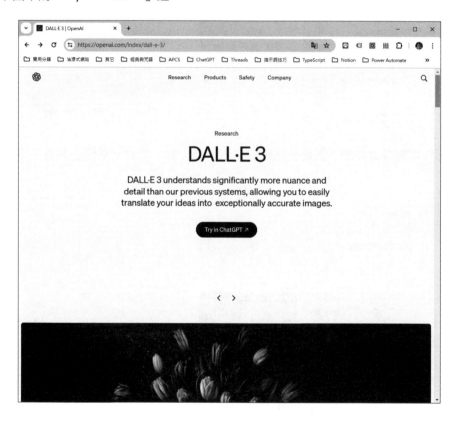

目前，DALL-E 3 的圖像生成功能僅對 ChatGPT Plus 和 ChatGPT Enterprise 用戶開放，免費版用戶暫時無法使用這項功能。不過，免費用戶可以透過 Bing 的 Copilot 來體驗 DALL-E 3 的圖像生成技術，先行嘗試其強大的功能。

接著請使用 Copilot 輸入關於要產生的圖像的詳細的描述，例如下圖輸入「請畫出有很多氣球的生日禮物」，再按下「提交」鈕，之後就可以快速生成質量相當高的圖像。如下圖所示：

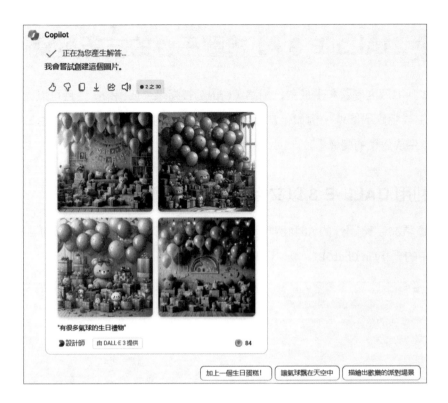

各位可以試著按上圖的「描繪出歡樂的派對場景」鈕,就會接著產生類似下圖的圖片效果。

## 17-10　使用 Midjourney 輕鬆繪圖

　　Midjourney 是一款輸入簡單的描述文字，就能讓 AI 自動幫您建立出獨特而新奇的圖片程式，只要 60 秒的時間內，就能快速生成四幅作品。Midjourney 是在 Discord 社群中運作，所以要使用 Midjourney 之前必須先申辦一個 Discord 的帳號，才能在 Discord 社群上下達指令。各位可以先前往 Midjourney AI 繪圖網站，網址為：https://www.midjourney.com/home/。

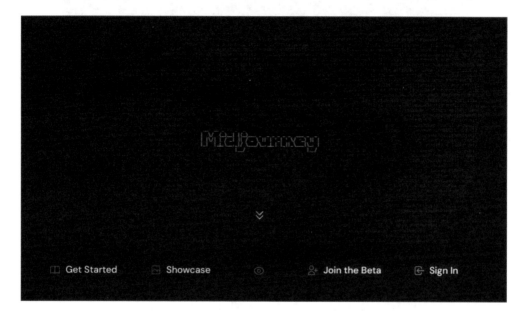

　　請先按下底端的「Join the Beta」鈕，它會自動轉到 Discord 的連結，請自行申請一個新的帳號，過程中需要輸入個人生日、電子郵件、密碼等相關資訊。驗證了電子郵件之後，就可以使用 Discord 社群。

### 17-10-1　登入 Midjourney 聊天室頻道

　　Discord 帳號申請成功後，每次電腦開機時就會自動啟動 Discord。當你加入 Midjourney 後，你會在 Discord 左側看到 鈕，按下該鈕就會切換到 Midjourney。

**電子商務與 ChatGPT**

物聯網・KOL 直播・區塊鏈・社群行銷・大數據・智慧商務

❶ 按此鈕切換到 Midjourney

❷ 點選「newcomer rooms」
中的任一頻道

❸ 由右側欄位可欣賞其他新成員
的作品與下達的關鍵文字

　　對於新成員，Midjourney 提供了「newcomer rooms」，點選其中任一個含有「newbies-#」的頻道，就可以讓新進成員進入新人室中瀏覽其他成員的作品，也可以觀摩他人如何下達指令。

下達關鍵文字

產生 4 張圖片

## 17-10-2　訂閱 Midjourney

當各位看到各式各樣精采絕倫的畫作，是不是也想實際嘗試看看！那麼就先來訂閱 Midjourney 吧！訂閱 Midjourney 有年訂閱制和月訂閱制兩種。價格如下：

年訂閱制　　　　　　　　　　　　月訂閱制

每一個方案根據需求的不同，被劃分成 Basic Plan（基本計畫）、Standard Plan（標準計畫）、和 Pro Plan（專業計畫）。一次付整年的費用當然會比較便宜些。如果你是第一次嘗試使用 AI 繪圖，那麼建議採用最基本的月訂閱方案，等你熟悉 Prompt 提示詞的使用技巧，也覺得 AI 繪圖確實對你的工作有所幫助，再考慮升級成其他的計畫。要訂閱 Midjourney，請依照如下的方式來進行訂閱。

❶ 輸入「/」，再由顯示的清單中選擇「/subscribe」指令

也可以直接在此輸入「/subscribe」

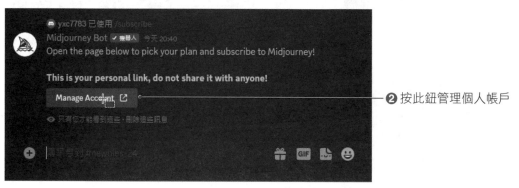

❷ 按此鈕管理個人帳戶

❸ 按此驗證你是人類

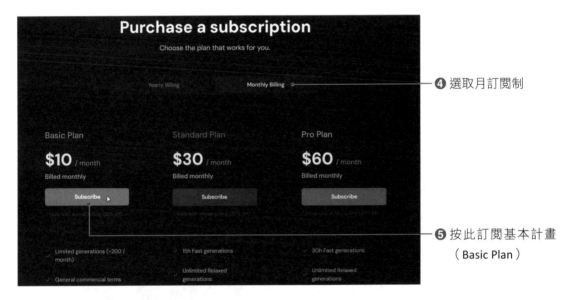

❹ 選取月訂閱制

❺ 按此訂閱基本計畫
（Basic Plan）

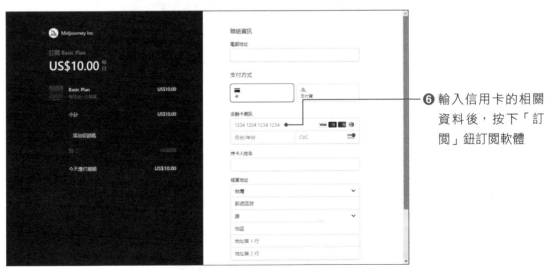

❻ 輸入信用卡的相關
資料後，按下「訂
閱」鈕訂閱軟體

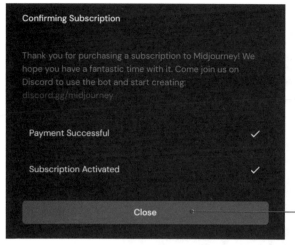

➐ 顯示付款成功，訂閱完成，按「Close」鈕
離開即可

## 17-10-3 下達指令詞彙來作畫

完成訂閱的動作後，接下來就可以透過 Prompt 來作畫。下達指令的方式很簡單，只要在底端含有「+」的欄位中輸入「/imagine」，然後輸入英文的詞彙即可。你也可以透過以下方式來下達指令：

▶ 提示（**prompt**）詞

The glass vase on the table is filled with sunflowers.

（桌上的琉璃花瓶插滿了太陽花）

➊ 先進入新人室的
頻道

➋ 按「+」鈕，並
下拉選擇「使用
應用

❸ 再點選此項

❹ 在 Prompt 後方輸入你想要表達的英文字句，按下「Enter」鍵

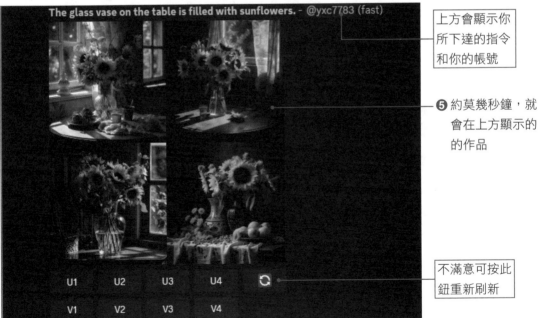

上方會顯示你所下達的指令和你的帳號

❺ 約莫幾秒鐘，就會在上方顯示的的作品

不滿意可按此鈕重新刷新

由於玩 Midjourney 的成員眾多，洗版的速度非常快，你若沒有看到自己的畫作，就往前找找就可以看到。對於 Midjourney 所產生的四張畫作，如果你覺得畫面太小看不清楚，可以在畫作上按一下，它會彈出視窗讓你檢視，如下所示。

按一下「Esc」鍵可回到 Midjourney 畫面

按此連結，還可在瀏覽器上觀看更清楚的四張畫作

## ⏱ 17-11　功能強大的 Playground AI 繪圖網站

Playground AI 目前提供無限制的免費使用，讓使用者能夠完全自由地客製化生成圖像，同時還能夠以圖片作為輸入生成其他圖像。使用者只需先選擇所偏好的圖像風格，然後輸入英文提示文字，最後點擊「Generate」按鈕即可立即生成圖片。網站為 https://playgroundai.com/。

當您在 Playground AI 的首頁向下滑動時,您會看到許多其他使用者生成的圖片,每一張圖片都展現了獨特且多樣化的風格。您可以自由地瀏覽這些圖片,並找到您喜歡的風格。只需用滑鼠點擊任意一張圖片,您就能看到該圖片的原創者、使用的提示詞,以及任何可能影響畫面出現的其他提示詞等相關資訊。

❶ 以滑鼠點選此圖片,使進入下圖畫面

圖片生成者　此張畫生成的 Prompt

複製 Prompt　再混合

## 17-11-1 認識 Playground AI 繪圖網站環境

在首頁的右上角點擊「Sign Up」按鈕，然後使用你的 Google 帳號登入即可開始。這樣你就可以完全享受到 Playground AI 提供的所有功能和特色。

❷ 以 Google 帳戶直接登入　　　❶ 按此鈕登入帳號

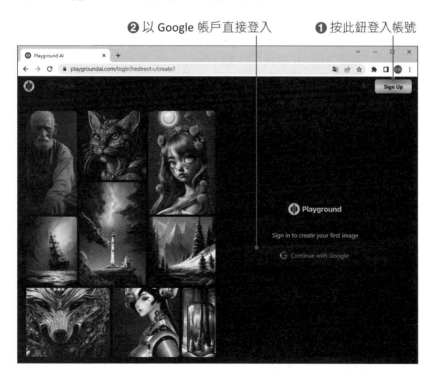

風格選擇區　　❸ 顯示 Playground 的視窗畫面　　模型選取區

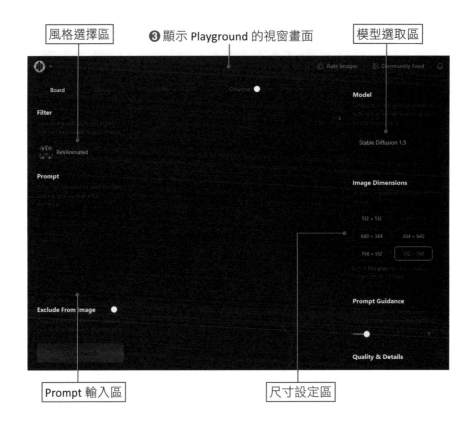

Prompt 輸入區　　　　　尺寸設定區

## 17-11-2 利用 ChatGPT 取得最佳的提示詞

在這裡，我們將利用 ChatGPT 提出問題來獲得最佳的提示詞，然後將這些提示詞複製到 Playground AI 中生成圖片。這樣做可以確保 Playground AI 生成的圖片更符合我們的期望。我們可以讓 ChatGPT 扮演 Playground AI 的提示詞生成器：

▶ **提示（prompt）詞**

接下來請你扮演 Playground AI 繪圖提示生成器

當然，我很樂意扮演Playground AI繪圖提示生成器的角色。請告訴我您希望生成的圖片內容或提供一些關鍵字，我將努力為您生成一個適合的繪圖提示。請描述您期望的畫面風格、主題或任何您想在圖片中看到的元素。我將嘗試生成一個繪圖提示，讓您可以在Playground AI中繼續創作。請提供您的需求，我將盡力幫助您。

當我們告訴 ChatGPT 我們想要的畫面效果時，接下來就輸入要提示的文字內容。

▶ 提示（**prompt**）詞

我想要一個歡樂的籃球總冠軍賽奪冠的慶祝畫面。

 給您的繪圖提示是：「一個歡樂的籃球總冠軍賽奪冠的慶祝畫面」。
您可以將這個提示複製並貼到Playground AI的Prompt區塊中，然後按
下「Generate」來生成相應的圖片。希望這個繪圖提示能幫助您創作
出一個令人歡欣鼓舞的畫面！

如果 ChatGPT 給出的內容符合您的要求，您可以請它將其翻譯成英文。這樣，您就能獲得更優
秀的提示詞，並將該段英文文字複製並貼到 Playground AI 中。這將有助於您在 Playground AI
中獲得更理想的生成圖像。

▶ 提示（**prompt**）詞

請將上面的繪圖提示翻譯成英文

 The translation of the drawing prompt is: "A joyful celebration scene
of winning the basketball championship." You can copy and paste this
prompt into the Prompt section of Playground AI, and then click on
"Generate" to create the corresponding image. I hope this drawing
prompt helps you create an inspiring and joyful artwork!

## 17-11-3　在 Playground 生成 AI 繪圖

現在，將 ChatGPT 生成的文字內容「複製」並「貼到」左側的提示詞（Prompt）區塊中。
右側的「Model」提供四種模型選擇，預設值是「Stable Diffusion 1.5」，這是一個穩定的模型。
至於尺寸，免費使用者有五個選擇，其中 1024 x 1024 的尺寸需要付費才能使用。您可以選擇
想要生成的畫面尺寸。

❶ 將 ChatGPT 得到的文字內容貼入

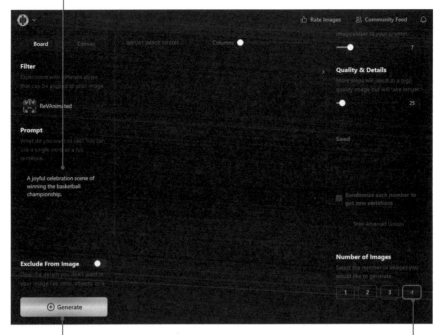

❸ 按此鈕生成圖片　　　　　　　　　　❷ 這裡設定一次可生成 4 張圖片

完成基本設定後，最後只需按下畫面左下角的「Generate」按鈕，即可開始生成圖片。

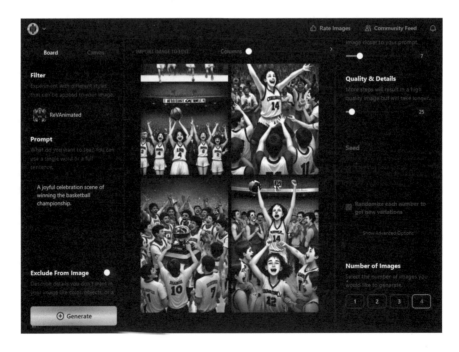

生成的四張圖片太小看不清楚嗎？沒關係，可以在功能表中選擇全螢幕來觀看。

❶ 按下「Action」鈕，在下拉功能表單中選擇「View full screen」指令

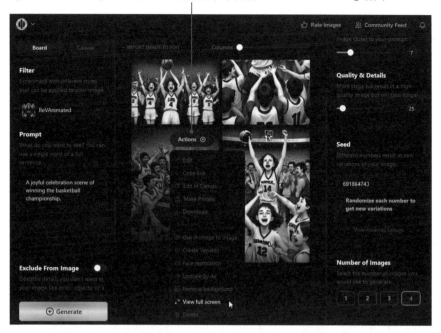

❷ 以最大的顯示比例顯示畫面，再按一下滑鼠就可離開

## 17-11-4 在 Playground 生成類似的影像

當 Playground 生成四張圖片後,如果有找到滿意的畫面,就可以在下拉功能表單中選擇「Create Variations」指令,讓它以此為範本再生成其他圖片。

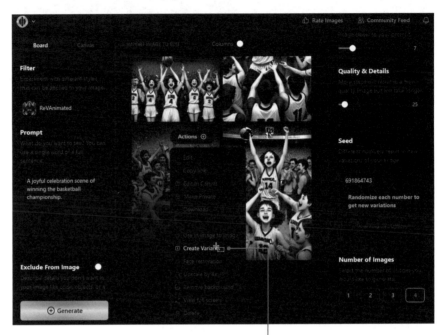

❶ 選擇「Create Variations」指令生成變化圖

❷ 生成四張類似的變化圖

## 17-11-5 在 Playground 下載 AI 繪圖

當你對 Playground 生成的圖片滿意時，可以將畫面下載到你的電腦上，它會自動儲存在你的「下載」資料夾中。

選擇「Download」指令下載檔案

## ◎17-12 微軟 Bing 的生圖工具：Copilot

微軟 Bing 引入了 Copilot 功能，使得使用者可以輕鬆地將文字轉化為圖片。這款 Copilot AI 影像生成工具已經正式推出，且對所有使用者免費開放。使用者可以輸入中文或英文的提示詞，Copilot 會迅速生成相應的圖片。

## 17-12-1 從文字快速生成圖片

現在，讓我們來示範如何使用 AI 從文字建立影像。首先請各位先連上以下的網址，請各位參考以下的操作步驟：https://www.bing.com/images/create。

❶ 點選「加入並創作」鈕

您可以有底下的兩種登入方式：

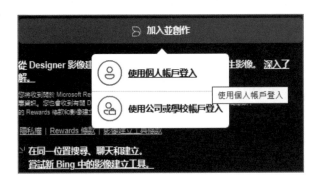

登入後就可以開始使用 Copilot AI 工具來快速生成圖片，下圖為介面的簡易功能說明：

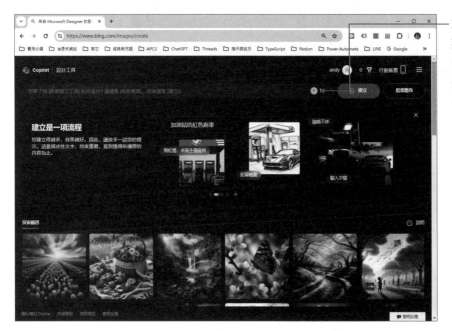

這裡會有 Credits 的數字，雖然它是免費，但每次生成一張圖片則會使用掉一點

接著我們就來示範如何從輸入提示文字，到如何產生圖片的實作過程：

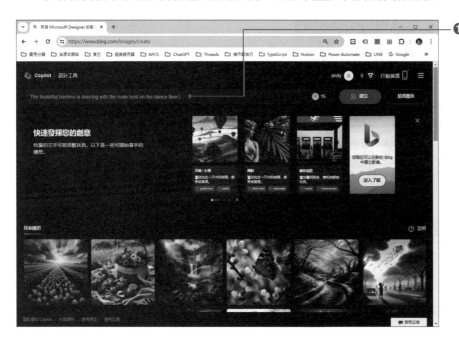

❶ 輸入提示文字「The beautiful hostess is dancing with the male host on the dance floor.」
（也可以輸入中文提示詞）

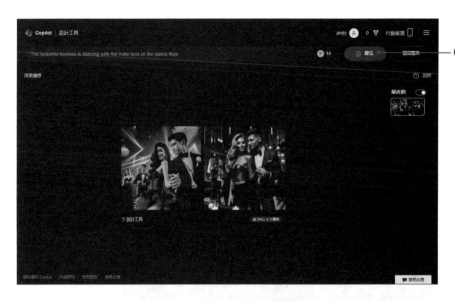

**電子商務與 ChatGPT**

物聯網・KOL 直播・區塊鏈・社群行銷・大數據・智慧商務

② 按「建立」鈕可以開始產生圖，一些秒數之後就可以根據提示詞一次生成 4 張圖片，請點按其中一張圖片

③ 接著就可以針對該圖片按下右鍵呼叫快顯功能表就可以有各種圖片的操作指令

# 電子商務與網路行銷
# 必修專業術語

**A**

APPENDIX

**電子商務與 ChatGPT**
物聯網・KOL 直播・區塊鏈・社群行銷・大數據・智慧商務

　　每個行業都有該領域的專業術語，網路行銷產業也不例外，面對一個已經成熟的網路行銷環境，通常不是經常在網路行銷相關工作的從業人員，面對這些術語可能就沒這麼熟悉了，以下我們特別整理出網路行銷產業中常見的專業術語：

↗ Accelerated Mobile Pages, AMP（加速行動網頁）：是 Google 的一種新項目，網址前面顯示一個小閃電形符號，設計的主要目的是在追求效率，就是簡化版 HTML，透過刪掉不必要的 CSS 以及 JavaScript 功能與來達到加快速度的效果，對於圖檔、文字字體、特定格式等限定，網頁如果有製作 AMP 頁面，幾乎不需要等待就能完整瀏覽頁面與加載完成，因此 AMP 也有加強 SEO 作用。

↗ Active User（活躍使用者）：在 Google Analytics「活躍使用者」報表可以讓分析者追蹤 1天、7 天、14 天或 28 天內有多少使用者到您的網站拜訪，進而掌握使用者在指定的日期內對您網站或應用程式的熱衷程度。

↗ Ad Exchange（廣告交易平台）：類似一種股票交易平台的概念運作，讓廣告賣方和買方聯繫在一起，在此進行媒合與競價。

↗ Advertising（廣告主）：出錢買廣告的一方，例如最常見的電商店家。

↗ Advertorial（業配）：所謂「業配」是「業務配合」的簡稱，也就是商家付錢請電視台的業務部或是網紅對該店家進行採訪，透過電視台的新聞播放或網紅的推薦，例如在自身創作影片上以分享產品及商品介紹為主的內容，達成品牌置入性行銷廣告目的，透過影片即可讓觀眾獲取歸屬感，並跟著對產品趨之若鶩。

↗ Affiliate Marketing（聯盟行銷）：歐美廣泛運用的廣告行銷模式，是一種讓網友與商家形成聯盟關係的新興數位行銷模式，廠商與聯盟會員利用聯盟行銷平台建立合作夥伴關係，讓沒有產品的推廣者也能輕鬆幫忙銷售商品。

↗ Agency（代理商）：有些廣告對於廣告投放沒有任何經驗，通常會選擇直接請廣告代理商來幫忙規劃與操作。

↗ Apple Pay：是 Apple 的手機信用卡付款方式，只要使用該公司推出的 iPhone 或 Apple Watch（iOS 9 以上）相容的行動裝置，並將卡號輸入 iPhone 中的 Wallet App，經過驗證手續後，就可以使用 Apple Pay 來購物，還比傳統信用卡來得安全。

↗ Application（App）：就是軟體開發商針對智慧型手機及平板電腦所開發的一種應用程式，App 涵蓋的功能包括了圍繞於日常生活的的各項需求。

↗ Application Service Provider, ASP（應用軟體租賃服務業）：透過網際網路或專線，以租賃的方式向提供軟體服務的供應商承租，定期支付租金，即可迅速導入所需之軟體系統，並享有更新升級的服務。

↗ App Store：是蘋果公司針對使用 iOS 作業系統的應用程式商店，讓用戶可透過手機上網購買或免費試用 App。

↗ Artificial Intelligence, AI（人工智慧）：人工智慧的概念最早是由美國科學家 John McCarthy 於 1955 年提出，目標為使電腦具有類似人類學習解決複雜問題與展現思考等能力，也就是由電腦所模擬或執行，具有類似人類智慧或思考的行為，例如推理、規劃、問題解決及學習等能力。

↗ Asynchronous JavaScript and XML, AJAX：是一種動態網頁技術，結合了 Java 技術、XML 以及 JavaScript 技術，類似 DHTML。可提高網頁開啟的速度、互動性與可用性，並達到令人驚喜的網頁特效。

↗ Augmented Reality, AR（擴增實境）：一種將虛擬影像與現實空間互動的技術，透過攝影機影像的位置及角度計算，在螢幕上讓真實環境中加入虛擬畫面，強調的不是要取代現實空間，而是在現實空間中添加一個虛擬物件，並且能夠即時產生互動，各位應該看過電影鋼鐵人在與敵人戰鬥時，頭盔裡會自動跑出敵人路徑與預估火力，就是一種 AR 技術的應用。

↗ Average Order Value, AOV（平均訂單價值）：所有訂單帶來收益的平均金額，AOV 越高當然越好。

↗ Avg. Session Duration（平均工作階段時間長度）：指所有工作階段的總時間長度（秒）除以工作階段總數所求得的數值。網站訪客平均單次訪問停留時間，這個時間當然是越長越好。

↗ Avg. Time on Page（平均網頁停留時間）：是用來顯示訪客在網站特定網頁上的平均停留時間。

↗ Backlink（反向連結）：就是從其他網站連到你的網站的連結，如果你的網站擁有優質的反向連結（例如：新聞媒體、學校、大企業、政府網站），代表你的網站越多人推薦，當反向連結的網站越多、就越被搜尋引擎所重視。

↗ Bandwidth（頻寬）：是指固定時間內網路所能傳輸的資料量，通常在數位訊號中是以 bps 表示，即每秒可傳輸的位元數（bits per second）。

↗ Banner Ad（橫幅廣告）：最常見的收費廣告，自 1994 年推出以來就廣獲採用至今，在所有與品牌推廣有關的網路行銷手段中，橫幅廣告的作用最為直接，主要利用在網頁上的固定位置，至於橫幅廣告活動要能成功，全賴廣告素材的品質。

↗ Beacon：藉由低功耗藍牙技術（Bluetooth Low Energy, BLE）進行室內定位技術應用，可做為物聯網和大數據平台的小型串接裝置，具有主動推播行銷應用特性，比 GPS 有更精準的微定位功能，是連結店家與消費者的重要環節，只要手機安裝特定 App，透過藍牙接收到代碼便可觸發 App 做出對應動作，可以包括在室內導航、行動支付、百貨導覽、人流分析，及物品追蹤等近接感知應用。

↗ Big Data（大數據）：由 IBM 於 2010 年提出，大數據不僅僅是指更多資料而已，主要是指在一定時效（Velocity）內進行大量（Volume）且多元性（Variety）資料的取得、分析、處理、保存等動作，主要特性包含四種層面：大量性（Volume）、速度性（Velocity）、多樣性（Variety）及真實性（veacity）。

↗ Black Hat SEO（黑帽 SEO）：是指有些手段較為激進的 SEO 做法，透過欺騙或隱瞞搜尋引擎演算法的方式獲得排名與免費流量，常用的手法包括在建立無效關鍵字的網頁、隱藏關鍵字、關鍵字填充、購買舊網域、不相關垃圾網站建立連結或付費購買連結等。

↗ Bots Traffic（機器人流量）：非人為產生的作假流量，就是機器流量的俗稱。

↗ Bounce Rate（跳出率、彈出率）：是指單頁造訪率，也就是訪客進入網站後在固定時間內（通常是 30 分鐘）只瀏覽了一個網頁就離開網站的次數百分比，這個比例數字越低越好，愈低表示你的內容抓住網友的興趣，跳出率太高多半是網站設計不良所造成。

↗ Breadcrumb Trail（麵包屑導覽列）：也稱為導覽路徑，是基本的橫向文字連結組合，透過層級連結來帶領訪客更進一步瀏覽網站的方式，對於提高用戶體驗來說相當有幫助。

↗ Business to Business, B2B（企業對企業間）：指企業與企業間或企業內透過網際網路所進行的一切商業活動。例如上下游企業的資訊整合、產品交易、貨物配送、線上交易、庫存管理等。

↗ Business to Customer, B2C（企業對消費者間）：指企業直接和消費者間的交易行為，一般以網路零售業為主，將實體店面所銷售的實體商品，改以透過網際網路直接面對消費者進行實體商品或虛擬商品的交易活動，大大提高了交易效率，節省了各類不必要的開支。

↗ Button Ad（按鈕式廣告）：是一種小面積的廣告形式，因為收費較低，較符合無法花費大筆預算的廣告主，例如行動呼籲鈕就是一個按鈕式廣告模式，呼籲消費者去採取某些有助消費的活動。

↗ Buzz Marketing（話題行銷）：或稱蜂鳴行銷，和口碑行銷類似，企業或品牌利用最少的方法主動進行宣傳，在討論區引爆話題，造成人與人之間的口耳相傳，如蜜蜂在耳邊嗡嗡作響的 buzz，然後再吸引媒體與消費者熱烈討論。

↗ Call to Action, CTA（行動呼籲）：希望訪客去達到某些目的的行動，希望呼籲消費者去採取某些有助消費的活動，例如故意將訪客引導至網站策劃的「到達頁面」（Landing Page），會有特別的 CTA，讓訪客參與店家企劃的活動。

↗ Cascading Style Sheets, CSS：一般稱之為串聯式樣式表，其作用主要是為了加強網頁上的排版效果（圖層也是 CSS 的應用之一），可以用來定義 HTML 網頁上物件的大小、顏色、位置與間距，甚至是為文字、圖片加上陰影等等功能。

↗ Channel Grouping（管道分組）：因為每一個流量的來源特性不一致，而且網路流量的來源可能非常多，為了有效管理及分析各個流量的成效，就有必要將流量根據它的性質來加以分類，這就是所謂的管道分組。

↗ Churn Rate（流失率）：代表網站中一次性消費的顧客佔所有顧客的比率，這個比率當然是越低越好。

- ↗ Click Through Rate, CTR（點閱率）：或稱為點擊率，是指在廣告曝光的期間內，有多少人看到廣告後決定按下的人數百分比，也就是指廣告獲得的點擊次數除以曝光次數的點閱百分比，可作為一種衡量網頁熱門程度的指標。

- ↗ Click（點擊率）：指網路用戶使用滑鼠點擊某個廣告的次數，每點選一次即稱為 one click。

- ↗ Cloud Computing（雲端運算）：為下一波電子商務與網路科技結合的重要商機，雲端運算時代來臨將大幅加速電子商務市場發展，「雲端」其實就是泛指「網路」，用來表達無窮無際的網路資源，代表了龐大的運算能力。

- ↗ Cloud Service（雲端服務）：亦即「網路運算服務」，概念是利用網際網路的力量，透過雲端運算將各種服務無縫式的銜接，讓使用者可以連接與取得由網路上多台遠端主機所提供的不同服務。

- ↗ Computer Version, CV（電腦視覺）：研究如何使機器「看」的系統，讓機器具備與人類相同的視覺，以做為產品差異化與大幅提升系統智慧的手段。

- ↗ Content Marketing（內容行銷）：滿足客戶對資訊的需求，與多數傳統廣告相反，是一門與顧客溝通但不做任何銷售的藝術，在於如何設定內容策略，可以既不直接宣傳產品吸引目標讀者，又能夠圍繞在產品周圍，最後驅使消費者採取購買行動的行銷技巧，形式可以包括文章、圖片、影片、網站、型錄、電子郵件等。

- ↗ Conversion Rate, CR（轉換率）：網路流量轉換成實際訂單的比率，訂單成交次數除以同個時間範圍內帶來訂單的廣告點擊總數，就是從網路廣告過來的訪問者中最終成交客戶的比率。

- ↗ Conversion Rate Optimization, CRO（轉換優化）：藉由讓網站內容優化來提高轉換率，達到以最低的成本得到最高的投資報酬率。轉換優化是數位行銷當中至關重要的環節，涉及了解使用者如何在網站上移動與瀏覽細節，電商品牌透過優化每一個階段的轉換率，讓顧客對瀏覽的體驗過程更加滿意，提升消費者購買的意願，一步步地把訪客轉換為顧客。

- ↗ Cookie（餅乾）：小型文字檔，網站經營者可以利用 Cookie 來了解使用者的造訪記錄，例如造訪次數、瀏覽過的網頁、購買過哪些商品等。

- ↗ Cost Per Action, CPA（回應數收費）：廣告店家付出的行銷成本是以實際行動效果來計算付費，例如註冊會員、下載 App、填寫問卷等，畢竟廣告對店家而言，最實際的就是廣告期間帶來的訂單數，可以有效降低廣告店家的廣告投放風險。

- ↗ Cost Per Click, CPC（點擊數收費）：一種按點擊數付費的方式，指搜尋引擎的付費競價排名廣告推廣形式，就是按照點擊次數計費，不管廣告曝光量多少，沒人點擊就不用付錢。例如關鍵字廣告一般採用這種定價模式，不過這種方式比較容易作弊，經常導致廣告店家利益受損。

↗ Cost Per Impression, CPI（播放數收費）：傳統媒體多採取這種計價方式，是以廣告總共播放幾次來收取費用，通常對廣告店家較不利，不過由於手機播放較容易吸引用戶的注意，仍然有些行動廣告是使用這種方式。

↗ Cost Per Lead, CPL（每筆名單成本）：以收集潛在客戶名單的數量收費，也算是 CPC 的變種方式，例如根據聯盟行銷的會員數推廣效果來付費。

↗ Cost Per Mille, CPM（廣告千次曝光費用）：全文應該是 Cost Per Mille Impression，指廣告曝光一千次所要花費的費用，就算沒有產生任何點擊，只要千次曝光就會計費，通常多在數百元之間。

↗ Cost Per Response, CPR（訪客留言付費）：根據每位訪客留言回應的數量來付費，這種以訪客的每一個回應計費方式是屬於輔助銷售的廣告模式。

↗ Cost Per Sales, CPS（實際銷售筆數付費）：按照廣告點擊後產生的實際銷售筆數付費，也就是點擊進入廣告不用收費，算是 CPA 的變種廣告方式，目前受到許多電子商務網站歡迎，例如各大網路商城廣告。

↗ Coverage Rate（覆蓋率）：用來記錄廣告實際與希望觸及到了多少人的百分比。

↗ Creative Commons, CC（創用 CC）：源自著名法律學者 Lawrence Lessig 教授，於 2001 年在美國成立 Creative Commons 非營利性組織，目的在提供一套簡單、彈性的「保留部分權利」（Some Rights Reserved）著作權授權機制。

↗ Creator（創作者）：包含創作文字、相片與影片內容的人，例如 Blogger、YouTuber。

↗ Cross-Border Ecommerce（跨境電商）：是全新的一種國際電子商務貿易型態，也就是消費者和賣家在不同的關境（實施同一海關法規和關稅制度境域）交易主體，透過電子商務平台完成交易、支付結算與國際物流送貨、完成交易的一種國際商業活動，讓消費者滑手機，就能直接購買全世界任何角落的商品。

↗ Cross-selling（交叉銷售）：當顧客進行消費的時候，發現顧客可能有多種需求時，說服顧客增加花費而同時售賣出多種相關的服務及產品。

↗ Crowdfunding（群眾募資）：透過群眾的力量來募得資金，使 C2C 模式由生產銷售模式，延伸至資金募集模式，以群眾的力量共築夢想，來支持個人或組織的特定目標。近年來群眾募資在各地掀起浪潮，募資者善用網際網路吸引世界各地的大眾出錢，用少量金額來尋求贊助各類創作與計畫。

↗ Customer Acquisition Cost, CAC（客戶購置成本）：說服顧客到你的網店購買之前投入的所有花費。

↗ Customer Relationship Management, CRM（顧客關係管理）：顧客關係管理是由 Brian Spengler 在 1999 年提出，最早開始發展顧客關係管理的國家是美國。CRM 的定義是指企業運用完整的資源，以客戶為中心的目標，讓企業具備更完善的客戶交流能力，透過所有管道與顧客互動，並提供適當的服務給顧客。

- Customer's Lifetime Value, CLV（顧客終身價值）：指每位顧客未來可能為企業帶來的所有利潤預估值，也就是透過購買行為，企業會從一個顧客身上獲得多少營收。

- Customer to Business, C2B（消費者對企業型的電子商務）：是一種將消費者帶往供應者端，並產生消費行為的電子商務新類型，也就是主導權由廠商手上轉移到了消費者手中。

- Customer to Customer, C2C（客戶對客戶型的電子商務）：個人使用者透過網路供應商所提供的電子商務平台與其他消費者進行直接交易的商業行為，消費者可以利用此網站平台販賣或購買其他消費者的商品。

- Customization（客製化）：是廠商依據不同顧客的特性而提供量身定做的產品與服務，消費者可在任何時間和地點，透過網際網路進入購物網站買到各種式樣的個人化商品。

- Cybersquatter（網路蟑螂）：指搶先一步登記知名企業網域名稱者，讓網域名稱爭議與搶註糾紛日益增加，不願妥協的企業公司就無法取回與自己企業相關的網域名稱。

- Database Marketing（資料庫行銷）：利用資料庫技術維護顧客名單，並尋找出顧客行為模式的潛在需求，也就是回到行銷最基本的核心 - 分析消費者行為，針對不同喜好的客戶給予不同的行銷文宣，以達到企業對目標客戶的需求供應。

- Data Highlighter（資料螢光筆）：Google 網站管理員工具，讓您以點選方式進行操作，只需透過滑鼠就可以讓資料螢光筆標記網站上的重要資料欄位（如標題、描述、文章、活動等）。

- Data Manage Platform, DMP（數據管理平台）：主要應用於廣告領域，是指將分散的大數據進行整理優化，確實拼湊出顧客的樣貌，進而再使用來投放精準的受眾廣告，在數位行銷領域扮演重要的角色。

- Data Mining（資料探勘）：是一種資料分析技術，可視為資料庫中知識發掘的一種工具，可以從一個大型資料庫所儲存的資料中萃取出有價值的知識，廣泛應用於各行各業中，現代商業及科學領域都有許多相關的應用。

- Data Science（資料科學）：為企業組織解析大數據當中所蘊含的規律，就是研究從大量的結構性與非結構性資料中，透過資料科學分析其行為模式與關鍵影響因素，也就是在模擬決策模型，發掘隱藏在大數據資料背後的商機。

- Data Warehouse（資料倉儲）：於 1990 年由資料倉儲 Bill Inmon 首次提出，是以分析與查詢為目的所建置的系統，目的是希望整合企業的內部資料，並綜合各種外部資料，經由適當的安排來建立一個資料儲存庫。

- Deep Learning, DL（深度學習）：算是 AI 的一個分支，也可以看成是具有層次性的機器學習法，源自於類神經網路（Artificial Neural Network）模型，並且結合了神經網路架構與大量的運算資源，目的在於讓機器建立與模擬人腦進行學習的神經網路，以解釋大數據中圖像、聲音和文字等多元資料。

↗ Demand Side Platform, DSP（需求方服務平台）：可以讓廣告主在平台上操作跨媒體的自動化廣告投放，像是設置廣告的目標受眾、投放的裝置或通路、競價方式、出價金額等等。

↗ Differentiated Marketing（差異化行銷）：現代企業為了提高行銷的附加價值，開始對每個顧客量身打造產品與服務，塑造個人化服務經驗與採用差異化行銷，蒐集並分析顧客的購買產品與習性，並針對不同顧客需求提供產品與服務，為顧客提供量身定做式的服務。

↗ Digital Marketing（數位行銷）：或稱為網路行銷（Internet Marketing），是一種雙向的溝通模式，能幫助無數電商網站創造訂單和收入，本質其實和傳統行銷一樣，最終目的都是為了影響目標消費者（Target Audience），主要差別在於行銷溝通工具不同，現在則可透過網路通訊的數位性整合，使文字、聲音、影像與圖片可以結合在一起，讓行銷標的變得更為生動與即時。

↗ Dimension（維度）：Google Analytics 報表中所有的可觀察項目都稱為「維度」，例如訪客的特徵：這位訪客是來自哪一個國家 / 地區，或是這位訪客是使用哪一種語言。

↗ Directory listing submission, DLS（網站登錄）：如果想增加網站曝光率，最簡便的方式可以在知名的入口網站中登錄該網站的基本資料，讓眾多網友可以透過搜尋引擎找到，稱為「網站登錄」。國內知名的入口及搜尋網站如 PChome、Google、Yahoo! 奇摩等，都提供有網站資訊登錄的服務。

↗ Direct Traffic（直接流量）：指訪問者直接輸入網址產生的流量，例如透過別人的電子郵件中的連結到你的網站。

↗ Down-sell（降價銷售）：當顧客對於銷售產品或服務都沒有興趣時，唯一一個銷售策略就是降價銷售。

↗ E-commerce ecosystem（電子商務生態系統）：指以電子商務為主體結合商 業生態系統概念。

↗ E-Distribution（電子配銷商）：是最普遍也最容易了解的網路市集，將數千家供應商的產品整合到單一線上電子型錄，一個銷售者服務多家企業，主要優點是銷售者可以為大量的客戶提供更好的服務，將數千家供應商的產品整合到單一電子型錄上。

↗ E-Learning（數位學習）：是指在網際網路上建立一個方便的學習環境，在線上存取流通的數位教材，進行訓練與學習，讓使用者連上網路就可以學習到所需的知識，且與其他學習者互相溝通，不受空間與時間限制，也是知識經濟時代提升人力資源價值的新利器，可以讓學習者學習更方便、自主化的安排學習課程。

↗ Electronic Commerce, EC（電子商務）：一種在網際網路上所進行的交易行為，即「電子」加上「商務」，主要是將供應商、經銷商與零售商結合在一起，透過網際網路提供訂單、貨物及帳務的流動與管理。

↗ Electronic Funds Transfer, EFT（電子資金移轉或稱為電子轉帳）：使用電腦及網路設備，通知或授權金融機構處理資金往來帳戶的移轉或調撥行為。例如在電子商務的模式中，金融機構間之電子資金移轉（EFT）作業就是一種 B2B 模式。

↗ Electronic Wallet（電子錢包）：是一種符合安全電子交易的電腦軟體，當你在網路上購買東西時，可直接用電子錢包付錢，而不會看到個人資料，將可有效解決網路購物的安全問題。

↗ Email Direct Marketing（電子報行銷）：依舊是企業經營老客戶的主要方式，多半是由使用者訂閱，再經由信件或網頁的方式來呈現行銷訴求。由於電子報費用相對低廉，加上可以追蹤，大大的節省行銷時間及提高成交率。

↗ Email Marketing（電子郵件行銷）：含有商品資訊的廣告內容，以電子郵件的方式寄給不特定的使用者，除擁有成本低廉的優點外，更大的好處其實是能夠發揮「病毒式行銷」（Viral Marketing）的威力，創造互動分享（口碑）的價值。

↗ E-Market Place（電子交易市集）：透過網路與資訊科技輔助所形成的虛擬市集，本身是一個網路的交易平台，具有能匯集買主與供應商的功能，其實就是一個市場，各種買賣都在這裡進行。

↗ Engaged time（互動時間）：了解網站內容和瀏覽者的互動關係，最理想的方式是記錄他們實際上在網站互動與閱讀內容的時間。

↗ Enterprise Information Portal, EIP（企業資訊入口網站）：是指在 Internet 的環境下，將企業內部各種資源與應用系統，整合到企業資訊的單一入口中。EIP 也是未來行動商務的一大利器，以企業內部的員工為對象，只要能夠無線上網，為顧客提供服務時，一旦臨時需要資料，都可以馬上查詢，讓員工幫你聰明地賺錢，還能更多元化的服務員工。

↗ E-Procurement（電子採購商）：是擁有許多線上供應商的獨立第三方仲介，會同時包含競爭供應商和競爭電子配銷商的型錄，主要優點是可以透過賣方的競標，達到降低價格的目的，有利於買方來控制價格。

↗ E-Tailer（線上零售商）：銷售產品與服務給個別消費者，而賺取銷售的收入，使製造商更容易地直接銷售產品給消費者，而除去中間商的部份。

↗ Exit Page（離開網頁）：指於使用者工作階段中最後一個瀏覽的網頁。

↗ Exit Rate（離站率）：訪客在網站上所有的瀏覽過程中，進入某網頁後離開網站的次數除以所有進入包含此頁面的總次數。

↗ Expert System, ES（專家系統）：是將專家（如醫生、會計師、工程師、證券分析師）的經驗與知識建構於電腦上，以類似專家解決問題的方式透過電腦推論某一特定問題的建議或解答。例如環境評估系統、醫學診斷系統、地震預測系統等都是大家耳熟能詳的專業系統。

↗ eXtensible Markup Language, XML（可延伸標記語言）：譯為「可延伸標記語言」，可以定義每種商業文件的格式，並且在不同的應用程式中都能使用，由全球資訊網路標準制定組織 W3C，根據 SGML 衍生發展而來，是一種專門應用於電子化出版平台的標準文件格式。

↗ External Link（反向連結）：就是從其他網站連到你的網站的連結，如果你的網站擁有優質的反向連結（例如：新聞媒體、學校、大企業、政府網站），代表你的網站越多人推薦，當反向連結的網站越多、就越被搜尋引擎所重視。

↗ Extranet（商際網路）：為企業上、下游各相關策略聯盟企業間整合所構成的網路，需要使用防火牆管理，通常 Extranet 是屬於 Intranet 的子網路，可將使用者延伸到公司外部，以便客戶、供應商、經銷商以及其他公司，可以存取企業網路的資源。

↗ Fashionfluencer（時尚網紅）：在時尚界具有話語權的知名網紅。

↗ Featured Snippets（精選摘要）：Google 從 2014 年起，為了提升用戶的搜尋經驗與針對所搜尋問題給予最直接的解答，會從前幾頁的搜尋結果節錄適合的答案，並在 SERP 頁面最顯眼的位置產生出內容區塊（第 0 個位置），通常會以簡單的文字、表格、圖片、影片、或條列解答方式，內容包括商品、新聞推薦、國際匯率、運動賽事、電影時刻表、產品價格、天氣，與知識問答等，還會在下方帶出店家網站標題與網址。

↗ Fifth-Generation（5G）：是行動電話系統第五代，也是 4G 之後的延伸，5G 技術是整合多項無線網路技術而來，包括以前幾代行動通訊的先進功能，對一般用戶而言，最直接的感覺是 5G 比 4G 又更快、更不耗電，預計未來將可實現 10Gbps 以上的傳輸速率。這樣的傳輸速度下可以在短短 6 秒中，下載 15GB 完整長度的高畫質電影。

↗ File Transfer Protocol, FTP（檔案傳輸協定）：透過此協定，即使不同電腦系統，也能在網際網路上相互傳輸檔案。檔案傳輸分為兩種模式：下載（Download）和上傳（Upload）。

↗ Filter（過濾）：是指捨棄掉報表上不需要或不重要的數據。

↗ Financial Electronic Data Interchange, FEDI（金融電子資料交換）：是透過電子資料交換方式進行企業金融服務的作業介面，就是將 EDI 運用在金融領域，可作為電子轉帳的建置及作業環境。

↗ Fitfluencer（健身網紅）：經常在針對運動、健身或瘦身、飲食分享許多經驗及小撇步，例如知名的館長。

↗ Followers（追蹤訂閱）：增加訂閱人數，主動將網站新資訊傳送給他們，是提高品牌忠誠度與否的一大指標。

↗ Foodfluencer（美食網紅）：指在美食、烹調與餐飲領域有影響力的人，通常會分享餐廳、美食、品酒評論等。

↗ Fourth-Generation（4G）：行動電話系統的第四代，是 3G 之後的延伸，傳輸速度理論值約比 3.5G 快 10 倍以上，能夠達成更多樣化與私人化的網路應用。LTE（Long Term Evolution，長期演進技術）是全球電信業者發展 4G 的標準。

- ↗ Fragmentation Era（碎片化時代）：代表現代人的生活被很多碎片化的內容所切割，因此想要抓住受眾的眼球越來越難，同樣的品牌接觸消費者的地點也越來越不固定，接觸消費者的時間越來越短，碎片時間搖身一變成為贏得消費者的黃金時間。

- ↗ Fraud（作弊）：特別是指流量作弊。

- ↗ Gamification Marketing（遊戲化行銷）：是指將遊戲中有好玩的元素與機制，透過行銷活動讓受眾「玩遊戲」，同時深化參與感，將你的目標客戶緊緊黏住，因此成了各個品牌不斷探索的新行銷模式。

- ↗ Global Positioning System, GPS（全球定位系統）：是透過衛星與地面接收器，達到傳遞方位訊息、計算路程、語音導航與電子地圖等功能，目前有許多汽車與手機都安裝有 GPS 定位器作為定位與路況查詢之用。

- ↗ Google AdWords（關鍵字廣告）：Google 推出的關鍵字行銷廣告，包辦所有 Google 的廣告投放服務，例如您可以根據目標決定出價策略，選擇正確的廣告出價類型，例如是否要著重在獲得點擊、曝光或轉換。Google Adwords 的運作模式就好像世界級拍賣會，瞄準你想要購買的關鍵字，出一個你覺得適合的價格，如果你的價格比別人高，你就有機會取得該關鍵字，並在該關鍵字曝光你的廣告。

- ↗ Google Analytics, GA：Google 所提供的免費且功能強大的跨平台網路行銷流量分析工具，能提供最新的數據分析資料，包括網站流量、訪客來源、行銷活動成效、頁面拜訪次數、訪客回訪等，幫助客戶有效追蹤網站數據和訪客行為，稱得上是全方位監控網站與 App 完整功能的必備網站分析工具。

- ↗ Google Analytics Tracking Code（Google Analytics 追蹤碼）：這組追蹤碼會追蹤到訪客在每一頁上所進行的行為，並將資料送到 Google Analytics 資料庫，再透過各種演算法的運算與整理，再將這些資料儲存起來，並在 Google Analytics 以各種類型的報表呈現。

- ↗ Google Data Studio：免費的資料視覺化製作報表的工具，它可以串接多種 Google 的資料，再將所取得的資料結合該工具的多樣圖表、版面配置、樣式設定…等功能，讓報表以更為精美的外觀呈現。

- ↗ Google Hummingbird（蜂鳥演算法）：蜂鳥演算法與以前的熊貓演算法和企鵝演算法模式不同，主要是加入了自然語言處理（Natural Language Processing, NLP）的方式，讓 Google 使用者的查詢，與搜尋結果能更精準且快速，還能打擊過度關鍵字填充，大幅改善 Google 資料庫的準確性，針對用戶的搜尋意圖進行更精準的理解，去判讀使用者的意圖，期望給用戶快速精確的答案，而不再只是一大堆的相關資料。

- ↗ Google Panda（熊貓演算法）：熊貓演算法是一種確認優良內容品質的演算法，負責從搜索結果中刪除內容整體品質較差的網站，目的是減少內容農場或劣質網站的存在，像是有複製、抄襲、重複或內容不良的網站，特別是避免用目標關鍵字填充頁面或使用不正常的關鍵字用語，這些將會是熊貓演算法首要打擊的對象。

↗ Google Penguin（企鵝演算法）：連結是 Google SEO 的重要因素之一，企鵝演算法是為了避免垃圾連結與垃圾郵件的不當操縱，並確認優良連結品質的演算法，Google 希望網站的管理者應以產生優質的外部連結為目的，垃圾郵件或是操縱任何鏈接都不會帶給網站額外的價值，不要只是為了提高網站流量、排名，刻意製造相關性不高或虛假低品質的外部連結。

↗ Google Play：針對 Android 系統所提供的一個線上應用程式服務平台，透過 Google Play 可以尋找、購買、瀏覽、下載及評比使用手機免費或付費的 App 和遊戲，Google Play 為一開放性平台，任何人都可上傳其所開發的應用程式。

↗ Graphics Processing Unit, GPU（圖形處理器）：指以圖形處理單元（GPU）搭配 CPU，含有數千個小型且更高效率的 CPU，不但能有效處理平行運算（Parallel Computing），還可以大幅增加運算效能。

↗ Gray Hat SEO（灰帽 SEO）：介於黑帽 SEO 跟白帽 SEO 的優化模式，簡單來說，就是會有一點投機取巧，卻又不會嚴重的犯規，用險招讓網站承擔較小風險，遊走於規則的「灰色地帶」，因為這樣可以利用某些技巧來提升網站排名，同時又不會被搜尋引擎懲罰到，例如一些連結建置、交換連結、適當反覆使用關鍵字（盡量不違反 Google 原則）等及改寫別人文章，是很多 SEO 團隊比較偏好的優化方式。

↗ Growth Hacking（成長駭客）：跨領域地結合行銷與技術背景，直接透過「科技工具」和「數據」的力量，短時間內快速成長與達成各種增長目標，所以更接近「行銷＋程式設計」的綜合體。成長駭客和傳統行銷相比，更注重密集的實驗操作和資料分析，目的是創造真正流量，達成增加公司產品銷售與顧客的營利績效。

↗ Guy Kawasaki（蓋伊・川崎）：社群媒體的網紅先驅者，經常會分享重要的社群行銷觀念。

↗ Hadoop：源自 Apache 軟體基金會（Apache Software Foundation）底下的開放原始碼計畫（Open source project），為了因應雲端運算與大數據發展所開發出來的技術，使用 Java 撰寫並免費開放原始碼，用來儲存、處理、分析大數據的技術，兼具低成本、靈活擴展性、程式部署快速和容錯能力等特點。

↗ Hashtag（主題標籤）：只要在字句前加上 #，便形成一個標籤，用以搜尋主題，是社群網路上流行的行銷工具，已經成為品牌行銷重要一環，可以利用時下熱門的關鍵字，並以 Hashtag 方式提高曝光率。

↗ Heat map（熱度圖、熱感地圖）：在一個圖上標記哪項廣告經常被點選，是獲得更多關注的部分，可了解使用者有興趣的瀏覽區塊。

↗ High Performance Computing, HPC（高效能運算）：透過應用程式平行化機制，在短時間內完成複雜、大量運算工作，專門用來解決耗用大量運算資源的問題。

↗ Horizontal Market（水平式電子交易市集）：產品是跨產業領域，可以滿足不同產業的客戶需求。此類網交易商品，都是一些具標準化流程與服務性商品，同時也比較不需要個別產業專業知識與銷售服務，可以經由電子交易市集可進行統一採購，讓所有企業對非專業的共同業務進行採買或交易。

↗ Host Card Emulation, HCE（主機卡模擬）：Google 於 2013 年底所推出的行動支付方案，可以透過 App 或是雲端服務來模擬 SIM 卡的安全元件。HCE 僅需 Android 5.0（含）版本以上且內建 NFC 功能的手機，申請完成後卡片資訊（信用卡卡號）將會儲存於雲端支付平台，交易時由手機發出一組虛擬卡號與加密金鑰來驗證，驗證通過後才能完成感應交易，能避免刷卡時資料外洩的風險。

↗ Hotspot（熱點）：是指在公共場所提供無線區域網路（WLAN）服務的連結地點，讓大眾可以使用筆記型電腦或 PDA，透過熱點的「無線網路橋接器」（AP）連結上網際網路，無線上網的熱點愈多，無線上網的涵蓋區域便愈廣。

↗ Hunger Marketing（飢餓行銷）：以「賣完為止、僅限預購」來創造行銷話題，製造產品一上市就買不到的現象，促進消費者購買該產品的動力，讓消費者覺得數量有限不買可惜。

↗ Hypertext Markup Language, HTML：標記語言是純文字型態的檔案，以標記的方式來告知瀏覽器以何種方式將文字、圖像等多媒體資料呈現於網頁之中。通常要撰寫網頁的 HTML 語法時，只要使用 Windows 預設的記事本就可以了。

↗ Impression, IMP（曝光數）：經由廣告到網友所瀏覽的網頁上一次即為曝光數一次。

↗ Influencer Marketing（網紅行銷）：虛擬社交圈更快速取代傳統銷售模式，網紅的推薦甚至可以讓廠商業績翻倍，素人網紅似乎在目前的社群平台比明星代言人更具行銷力。

↗ Influencer（影響者 / 網紅）：在網路上某個領域具有影響力的人。

↗ Intellectual Property Rights, IPR（智慧財產權）：劃分為著作權、專利權、商標權等三個範疇進行保護規範，這三種領域保護的智慧財產權並不相同，在制度的設計上也有所差異，例如發明專利、文學和藝術作品、表演、錄音、廣播、標誌、圖像、產業模式、商業設計等等。

↗ Internal Link（內部連結）：指的是在同一個網站上向另一個頁面的超連結。

↗ Internet Bank（網路銀行）：係指客戶透過網際網路與銀行電腦連線，無須受限於銀行營業時間、營業地點之限制，隨時隨地從事資金調度與理財規劃，並可充分享有隱密性與便利性，即可直接取得銀行所提供之各項金融服務，現代家庭中有許多五花八門的帳單，都可以透過電腦來進行網路轉帳與付費。

↗ Internet Celebrity Marketing（網紅行銷）：就像過去品牌找名人代言，透過與藝人結合，提升本身品牌價值，然而相對於企業砸重金請明星代言，網紅的推薦甚至可以讓廠商業績翻倍，素人網紅似乎在目前的行動平台更具說服力，逐漸地取代過去以明星代言的行銷模式。

- Internet Content Provider, ICP（線上內容提供者）：是向消費者提供網際網路資訊服務和增值業務，主要提供有智慧財產權的數位內容產品與娛樂，包括期刊、雜誌、新聞、CD、影帶、線上遊戲等。

- Internet Marketing（網路行銷）：由行銷人員將創意、商品及服務等構想，利用通訊科技、廣告促銷、公關及活動方式在網路上執行。

- Internet of Things, IOT（物聯網）：特性是將各種具裝置感測設備的物品，例如 RFID、環境感測器、全球定位系統（GPS）雷射掃描器等裝置，與網際網路結合起來形成一個巨大網路系統，並透過網路技術讓各種實體物件、自動化裝置彼此溝通和交換資訊，透過網路把所有東西都連結在一起。

- Internet（網際網路）：是一種連接各種電腦網路的網路，以 TCP/IP 為它的網路標準，只要透過 TCP/IP 協定，就能享受 Internet 上所有一致性的服務。網際網路上並沒有中央管理單位的存在，而是數不清的個人網路或組織網路，這網路聚合體中的每一成員自行營運與負擔費用。

- Intranet（企業內部網路）：指企業體內的 Internet，將 Internet 的產品與觀念應用到企業組織，透過 TCP/IP 協定來串連企業內外部的網路，以 Web 瀏覽器作為統一的使用者介面，更以 Web 伺服器來提供統一服務窗口。

- JavaScript：直譯式（Interpret）的描述語言，是在客戶端（瀏覽器）解譯程式碼，內嵌在 HTML 語法中，當瀏覽器解析 HTML 文件時就會直譯 JavaScript 語法並執行，JavaScript 不只能讓我們隨心所欲控制網頁的介面，也能夠與其他技術搭配做更多的應用。

- jQuery：是一套開放原始碼的 JavaScript 函式庫（Library），不但簡化了 HTML 與 JavaScript 之間與 DOM 文件的操作，讓我們輕鬆選取物件，並以簡潔的程式完成想做的事情，也可以透過 jQuery 指定 CSS 屬性值，達到想要的特效與動畫效果。

- Key Opinion Leader, KOL（關鍵意見領袖）：能夠在特定專業領域對其粉絲或追隨者有發言權及強大影響力的人，也就是我們常說的網紅。

- Keyword Advertisements（關鍵字廣告）：是許多商家網路行銷的入門選擇之一，功用可以讓店家的行銷資訊在搜尋關鍵字時，曝光在搜尋結果最顯著的位置，以最簡單直接的方式，接觸到搜尋該關鍵字而產生商機。

- Keyword（關鍵字）：就是與各位網站內容相關的重要名詞或片語，也就是在搜尋引擎上所搜尋的一組字，例如企業名稱、網址、商品名稱、專門技術、活動名稱等。

- Landing Page（到達頁）：到達網頁是指使用者拜訪網站的第一個網頁，這一個網頁不一定是該網站的首頁，只要是網站內所有的網頁都可能是到達網頁。到達頁和首頁最大的不同，就是到達頁只有一個頁面就要完成讓訪客馬上吸睛的任務，通常這個頁面是以誘人的文案請求訪客完成購買或登記。

↗ Law of Diminishing Firms（公司遞減定律）：由於摩爾定律及梅特卡夫定律的影響，專業分工、外包、策略聯盟、虛擬組織將比傳統業界來的更經濟及更有績效，形成一價值網路（Value Network），而使得公司的規模有遞減的現象。

↗ Law of Disruption（擾亂定律）：主要是指社會、商業體制與架構以漸進的方式演進，但是科技卻以幾何級數發展，速度遠遠落後於科技變化速度，當這兩者之間的鴻溝愈來愈擴大，使原來的科技、商業、社會、法律間的平衡被擾亂，因此產生了所謂的失衡現象，就愈可能產生革命性的創新與改變。

↗ LINE Pay：主要以網路店家為主，將近 200 個品牌都可以支付，LINE Pay 支付的通路相當多元化，越來越多商家加入 LINE 購物平台，可讓您透過信用卡或現金儲值，信用卡只需註冊一次，同時支援線上與實體付款，而且 LINE Pay 累積點數非常快速，且許多通路都可以使用點數折抵。

↗ Location Based Service, LBS（定址服務）：或稱為「適地性服務」，是行動行銷中相當成功的環境感知創新應用，透過行動隨身設備的各式感知裝置，例如當消費者在到達某個商業區時，可以利用手機快速查詢所在位置周邊的商店、場所以及活動等即時資訊。

↗ Logistics（物流）：是電子商務模型的基本要素，指產品從生產者移轉到經銷商、消費者的整個流通過程，透過有效管理程序，並結合包括倉儲、裝卸、包裝、運輸等相關活動。

↗ Long Tail Keyword（長尾關鍵字）：網頁上相對不熱門，不過也可以帶來搜索流量，但接近主要關鍵字的關鍵字詞。

↗ Long Term Evolution, LTE（長期演進技術）：是以現有的 GSM ／ UMTS 的無線通信技術為主來發展，不但能與 GSM 服務供應商的網路相容，用戶在靜止狀態的傳輸速率達 1Gbps，而在行動狀態也可以達到最快的理論傳輸速度 170Mbps 以上，是全球電信業者發展 4G 的標準。例如各位傳輸 1 個 95M 的影片檔，只要 3 秒鐘就完成。

↗ Machine Learning, ML（機器學習）：機器透過演算法來分析數據、在大數據中找到規則，機器學習是大數據發展的下一個進程，可以發掘多資料元變動因素之間的關聯性，進而自動學習並且做出預測，充分利用大數據和演算法來訓練機器。

↗ Marketing Mix（行銷組合）：可以看成是一種協助企業建立各市場系統化架構的元素，藉著這些元素來影響市場上的顧客動向。美國行銷學學者 Jerome McCarthy 在 60 年代提出了著名的 4P 行銷組合，所謂行銷組合的 4P 理論是指行銷活動的四大單元，包括產品（Product）、價格（Price）、通路（Place）與促銷（Promotion）等四項。

↗ Market Segmentation（市場區隔）：是指任何企業都無法滿足所有市場的需求，應該著手建立產品的差異化，行銷人員根據市場的觀察進行判斷，在經過分析市場的機會後，接著便在該市場中選擇最有利可圖的區隔市場，並且集中企業資源與火力，強攻下該市場區隔的目標市場。

- ➚ Merchandise Turnover Rate（商品迴轉率）：指商品從入庫到售出時所經過的這一段時間和效率，也就是指固定金額的庫存商品在一定的時間內週轉的次數和天數，可以作為零售業的銷售效率或商品生產力的指標。

- ➚ Metcalfe's Law（梅特卡夫定律）：是一種網路技術發展規律，使用者越多，其價值便大幅增加，對原來的使用者而言，反而產生的效用會越大。

- ➚ Metrics（指標）：觀察項目量化後的數據被稱為「指標（Metrics）」，也就是進一步觀察該訪客的相關細節，這是資料的量化評估方式。舉例來說，「語言」維度可連結「使用者」等指標，在報表中就可以觀察到特定語言所有使用者人數的總計值或比率。

- ➚ Micro Film（微電影）：又稱為「微型電影」，它是在一個較短時間且較低預算內，把故事情節或角色 / 場景，以視訊方式傳達其理念或品牌，適合在短暫的休閒時刻或移動的情況下觀賞。

- ➚ Mixed Reality（混合實境）：介於 AR 與 VR 之間的綜合模式，打破真實與虛擬的界線，同時擷取 VR 與 AR 的優點，透過頭戴式顯示器將現實與虛擬世界的各種物件進行更多的結合與互動，產生全新的視覺化環境，並且能夠提供比 AR 更為具體的真實感，未來很有可能會是視覺應用相關技術的主流。

- ➚ Mobile Advertising（行動廣告）：在行動平台上做的廣告，與一般傳統與網路廣告的方式並不相同，擁有隨時隨地互動的特性。

- ➚ Mobile Commerce, m-Commerce（行動商務）：電商發展新趨勢，促進了許多另類商機的興起，更改變現有的產業結構。自從 2015 年開始，現代人人手一機，人們的視線已經逐漸從電視螢幕轉移到智慧型手機上，從網路優先（Web First）向行動優先（Mobile First）靠攏的數位浪潮上亦越來越明顯。

- ➚ Mobile-Friendliness（行動友善度）：是讓行動裝置操作環境能夠盡可能簡單化與提供使用者最佳化行動瀏覽體驗，包括閱讀時的舒適程度，介面排版簡潔、流暢的行動體驗、點選處是否有足夠空間、字體大小、橫向滾動需求、外掛程式是否相容等等。

- ➚ Mobile Marketing（行動行銷）：指伴隨著手機和其他以無線通訊技術為基礎的行動終端的發展，而逐漸成長起來的全新行銷方式，突破了傳統定點式網路行銷受到空間與時間的侷限，也就是透過行動通訊網路來進行的商業交易行為。

- ➚ Mobile Payment（行動支付）：指消費者透過手持式行動裝置對所消費的商品或服務進行帳務支付的方式，很多人以為行動支付就是用手機付款，其實手機只是一個媒介，平板電腦、智慧手錶，只要可以連網都可以。

- ➚ Moore's Law（摩爾定律）：表示電子計算相關設備不斷向前快速發展的定律，指一個尺寸相同的 IC 晶片上，所容納的電晶體數量，因為製程技術的不斷提升與進步，每隔約十八個月會加倍，執行運算的速度也會加倍，但製造成本卻不會改變。

↗ Multi-Channel（多通路）：指企業採用兩條或以上完整的零售通路進行銷售活動，每條通路都能完成銷售的所有功能，例如同時採用直接銷售、電話購物或在 PChome 商店街上開店，也擁有自己的品牌官方網站，每條通路都能完成買賣的功能。

↗ Native Advertising（原生廣告）：一種讓大眾自然而然閱讀下去，不容易發現自己在閱讀廣告的廣告形式，讓訪客瀏覽體驗時的干擾降到最低，不僅傳達產品廣告訊息，也提升使用者的接受度。

↗ Natural Language Processing, NLP（自然語言處理）：讓電腦擁有理解人類語言的能力，藉由大量的文字資料搭配音訊數據，並透過複雜的數學聲學模型（Acoustic model）及演算法來讓機器去認知、理解、分類並運用人類日常語言的技術。

↗ Nav tag（nav 標籤）：能夠設置網站內的導航區塊，可用來連結到網站其他頁面，或者連結到網站外的網頁，例如主選單、頁尾選單等，能讓搜尋引擎把這個標籤內的連結視為重要連結。

↗ Near Field Communication, NFC（近場通訊）：是由 PHILIPS、NOKIA 與 SONY 共同研發的一種短距離非接觸式通訊技術，可在您的手機與其他 NFC 裝置之間傳輸資訊，例如手機、NFC 標籤或支付裝置，逐漸成為行動交易、行銷接收工具的最佳解決方案。

↗ Network Economy（網路經濟）：是一種分散式的經濟，帶來了與傳統經濟方式完全不同的改變，最重要的優點就是可以去除傳統中間化，降低市場交易成本，整個經濟體系的市場結構也出現了劇烈變化，這種現象讓自由市場更有效率地靈活運作。

↗ Network Effect（網路效應）：對於網路經濟所帶來的效應而言，有一個很大的特性就是產品的價值取決於其總使用人數，透過網路無遠弗屆的特性，一旦使用者數目跨過門檻，也就是越多人有這個產品，那麼它的價值自然越高，登時展開噴出行情。

↗ New Visit（新造訪）：沒有任何造訪記錄的訪客，數字愈高表示廣告成功地吸引了全新的消費訪客。

↗ Nofollow tag（nofollow 標籤）：由於連結是影響搜尋排名的其中一項重要指標，nofollow 標籤就是用於向搜尋引擎表示目前所處網站與特定網站之間沒有關聯，這個標籤是在告訴搜尋引擎，不要前往這個連結指向的頁面，也不要將這個連結列入權重。

↗ Offline Mobile Online, OMO 或 O2M：更強調的是行動端，打造線上 - 行動 - 線下三位一體的全通路模式，形成實體店家、網路商城、與行動終端深入整合行銷，並在線下完成體驗與消費的新型交易模式。

↗ Offline to Online（反向 O2O）：從實體通路連回線上，消費者可透過在線下實際體驗後，透過 QR Code 或是行動終端連結等方式，引導消費者到線上消費，並且在線上平台完成購買並支付。

↗ Omni-Channel（全通路）：利用各種通路為顧客提供交易平台，以消費者為中心的 24 小時營運模式，並且消除各個通路間的壁壘，以前所未見的速度與範圍連結至所有消費者，包括在實體和數位商店之間的無縫轉換，去真正滿足消費者的需要，提供了更客製化的行銷服務，不管是透過線上或線下都能達到最佳的消費體驗。

↗ Online Analytical Processing, OLAP（線上分析處理）：是多維度資料分析工具的集合，使用者在線上即能完成的關聯性或多維度資料庫（例如資料倉儲）的資料分析作業，並能即時快速地提供整合性決策。

↗ Online and Offline, ONO：是將線上網路商店與線下實體店面高度結合的共同經營模式，從而實現線上線下資源互通，雙邊的顧客也能彼此引導與消費的局面。

↗ Online Broker（線上仲介商）：主要的工作是代表其客戶搜尋適當的交易對象，並協助其完成交易，藉以收取仲介費用，本身並不會提供商品，包括證券網路下單、線上購票等。

↗ Online Community Provider, OCP（線上社群提供者）：聚集相同興趣的消費者形成一個虛擬社群來分享資訊、知識、甚或販賣相同產品。多數線上社群提供者會提供多種讓使用者互動的方式，可以為聊天、寄信、影音、互傳檔案等。

↗ Online Interacts with Offline, OIO：線上線下互動經營模式，近年電商業者陸續建立實體據點與體驗中心，除了電商提供網購服務之外，並協助實體零售業者在既定的通路基礎上，給予消費者與商品面對面接觸，並且為消費者提供交貨或者送貨服務，彌補了電商平台經營服務的不足。

↗ Online Service Offline, OSO：並不是線上與線下的簡單組合，而是結合 O2O 模式與 B2C 的行動電商模式，把用戶服務納進來的新型電商運營模式，即線上商城 + 直接服務 + 線下體驗。

↗ Online to Offline, O2O：整合「線上（Online）」與「線下（Offline）」兩種不同平台所進行的行銷模式，是將網路上的購買或行銷活動帶到實體店面的模式。

↗ OnlINE Transaction Processing, OLTP（線上交易處理）：指經由網路與資料庫的結合，以線上交易的方式處理一般即時性的作業資料。

↗ Organic Traffic（自然流量）：指訪問者透過搜尋引擎，由搜尋結果進去你的網站的流量，通常品質是較好。

↗ Page View, PV（頁面瀏覽次數）：是指在瀏覽器中載入某個網頁的次數，如果使用者在進入網頁後按下重新載入按鈕，就算是另一次網頁瀏覽。簡單來說就是瀏覽的總網頁數。數字越高越好，表示你的內容被閱讀的次數越多。

↗ Paid Search（付費搜尋流量）：這類管道和自然搜尋有一點不同，它不像自然搜尋是免費的，反而必須付費的，例如 Google、Yahoo 關鍵字廣告（如 Google Ads 等關鍵字廣告），讓網站能夠在特定搜尋中置入於搜尋結果頁面，簡單的說，它是透過搜尋引擎上付費廣告的點擊進入到你的網站。

- ↗ Parallel Processing（平行處理）：這種技術是同時使用多個處理器來執行單一程式，借以縮短運算時間。其過程會將資料以各種方式交給每一顆處理器，為了實現在多核心處理器上程式性能的提升，還必須將應用程式分成多個執行緒來執行。

- ↗ PayPal：是全球最大的線上金流系統與跨國線上交易平台，適用於全球 203 個國家，屬於 ebay 旗下的子公司，可以讓全世界的買家與賣家自由選擇購物款項的支付方式。

- ↗ Pay Per Click, PPC（點擊數收費）：按點擊數付費方式，指搜尋引擎的付費競價排名廣告推廣形式，是按照點擊次數計費，不管廣告曝光量多少，沒人點擊就不用付錢，多數新手都會使用單次點擊出價。

- ↗ Pay Per Mille, PPM（廣告千次曝光費用）：這種收費方式是以曝光量計費，也就是廣告曝光一千次所要花費的費用，就算沒有產生任何點擊，只要千次曝光就會計費，這種方式對商家的風險較大，不過最適合加深大眾印象，需要打響商家名稱的廣告客戶，並且可將廣告投放於有興趣客戶。

- ↗ Pop-Up Ads（彈出式廣告）：當網友點選連結進入網頁時，會彈跳出另一個子視窗來播放廣告訊息，強迫使用者接受，並連結到廣告主網站。

- ↗ Portal（入口網站）：是進入 WWW 的首站或中心點，它讓所有類型的資訊能被所有使用者存取，提供各種豐富個別化的服務與導覽連結功能。當各位連上入口網站的首頁，可以藉由分類選項來達到各位要瀏覽的網站，同時也提供許多的服務，諸如：搜尋引擎、免費信箱、拍賣、新聞、討論等，例如 Yahoo、Google、蕃薯藤、新浪網等。

- ↗ Porter five forces analysis（五力分析模型）：全球知名的策略大師 Michael E. Porter 於 80 年代提出以五力分析模型作為競爭策略的架構，他認為有五種力量促成產業競爭，每一個競爭力都是為對稱關係，透過這五方面力的分析，可以測知該產業的競爭強度與獲利潛力，並且有效的分析出客戶的現有競爭環境。五力分別是供應商的議價能力、買家的議價能力、潛在競爭者進入的能力、替代品的威脅能力、現有競爭者的競爭能力。

- ↗ Positioning（市場定位）：檢視公司商品能提供之價值，向目標市場的潛在顧客介紹商品的價值。品牌定位是 STP 的最後一個步驟，也就是針對作好的市場區隔及目標選擇，為企業立下一個明確不可動搖的層次與品牌印象。

- ↗ Pre-roll（插播廣告）：影片播放之前的插播廣告。

- ↗ Private Cloud（私有雲）：是將雲基礎設施與軟硬體資源建立在防火牆內，以供機構或企業共享數據中心內的資源。

- ↗ Public Cloud（公用雲）：透過網路及第三方服務供應者，提供一般公眾或大型產業集體使用的雲端基礎設施，通常公用雲價格較低廉。

- ↗ Publisher（出版商）：平台上的個體，廣告賣方，例如媒體網站 Blogger 的管理者，以提供網站固定版位給予廣告主曝光。例如 Facebook 發展至今，已經成為網路出版商（Online Publishers）的重要平台。

**電子商務與 ChatGPT**
物聯網・KOL 直播・區塊鏈・社群行銷・大數據・智慧商務

↗ Quick Response Code, QR Code：1994 年由日本 Denso-Wave 公司發明，利用線條與方塊，除了文字之外，還可以儲存圖片、記號等相關資訊。QR Code 連結行銷相關的應用相當廣泛，可針對不同屬性活動搭配不同的連結內容。

↗ Radio Frequency IDentification, RFID（無線射頻辨識技術）：是一種自動無線識別數據獲取技術，可以利用射頻訊號以無線方式傳送及接收數據資料，例如在所出售的衣物貼上晶片標籤，透過 RFID 的辨識，可以進行衣服的管理，例如全球最大的連鎖通路商 Wal-Mart 要求上游供應商在貨品的包裝上裝置 RFID 標籤，以便隨時追蹤貨品在供應鏈上的即時資訊。

↗ Reach（觸及）：一定期間內，用來記錄廣告至少一次觸及到了多少人的總數。

↗ Real-time Bidding, RTB（即時競標）：即時競標為近來新興的目標式廣告模式，相當適合強烈網路廣告需求的電商業者，由程式瞬間競標拍賣方式，廣告購買方對某一個曝光出價，價高者得標，贏家的廣告會馬上出現在媒體廣告版位，可以提升廣告主的廣告投放效益。至於無得標（Zero Win Rate）則是在即時競價（RTB）中，沒有任何特定廣告買主得標的狀況。

↗ Referral Traffic（推薦流量）：其他網站上有你的網站連結，訪客透過點擊連結，進去你的網站的流量。

↗ Referral（參照連結網址）：Google Analytics 會自動識別是透過第三方網站上的連結而連上你的網站，這類流量來源則會被認定為參照連結網址，也就是從其他網站到我們網站的流量。

↗ Relationship Marketing（關係行銷）：以建構在「彼此有利」為基礎的觀念上，強調銷售是關係的開始，而非交易的結束，發展出了解顧客需求，而進行顧客服務，以建立並維持與個別顧客的關係，謀求雙方互惠的利益。

↗ Repeat Visitor（重複訪客）：訪客至少有一次或以上造訪記錄。

↗ Responsive Web Design, RWD：新一代的電商網站設計趨勢，被公認為是能夠對行動裝置用戶提供最佳的視覺體驗，原理是使用 CSS3 以百分比的方式來進行網頁畫面的設計，在不同解析度下能自動改變網頁頁面的佈局排版，讓不同裝置都能以最適合閱讀的網頁格式瀏覽同一網站，不用一直忙著縮小放大拖曳，給使用者最佳瀏覽畫面。

↗ Retention Time（停留時間）：是指瀏覽者或消費者在網站停留的時間。

↗ Return of Investment, ROI（投資報酬率）：指透過投資一項行銷活動所得到的經濟回報，以百分比表示，計算方式為淨收入（訂單收益總額 – 投資成本）除以「投資成本」。

↗ Return on Ad Spend, ROAS（廣告收益比）：計算透過廣告所有花費所帶來的收入比率。

↗ Revenue Per Mille, RPM（每千次觀看收益）：代表每 1,000 次影片觀看次數，你所賺取的收益金額，RPM 就是為 YouTuber 量身定做的制度，RPM 是根據多種收益來源計算而得，也就是 YouTuber 所有項目的總瀏覽量，包括廣告分潤、頻道會員、Premium 收益、超級留言和貼圖等等，主要就是概算出你每千次展示的可能收入，有助於你了解整體營利成效。

↗ Revolving-door Effect（旋轉門效應）：許多企業往往希望不斷的拓展市場，經常把焦點放在吸收新顧客上，卻忽略了手邊原有的舊客戶，如此一來，也就是費盡心思地將新顧客拉進來時，被忽略的舊用戶又從後門悄悄的溜走了。

↗ Search Engine Marketing, SEM（搜尋引擎行銷）：與搜尋引擎相關的各種直接或間接行銷行為，由於傳播力量強大，吸引了許多網路行銷人員與店家努力經營。廣義來說，也就是利用搜尋引擎進行數位行銷的各種方法，包括增進網站的排名、購買付費的排序來增加產品的曝光機會、網站的點閱率與進行品牌的維護。

↗ Search Engine Optimization, SEO（搜尋引擎最佳化）：也稱作搜尋引擎優化，是近年來相當熱門的網路行銷方式，是一種讓網站在搜尋引擎中取得 SERP 排名優先方式，終極目標就是要讓網站的 SERP 排名能夠到達第一。

↗ Search Engine Results Page, SERP（搜尋引擎結果頁）：使用關鍵字經搜尋引擎根據內部網頁資料庫查詢後，所呈現給使用者的自然搜尋結果的清單頁面，SERP 的排名是越前面越好。

↗ Secure Electronic Transaction, SET（安全電子交易協定）：由信用卡國際大廠 VISA 及 MasterCard，在 1996 年共同制定並發表的安全交易協定，並陸續獲得 IBM、Microsoft、HP 及 Compaq 等軟硬體大廠的支持，加上 SET 安全機制採用非對稱鍵值加密系統的編碼方式，並採用知名的 RSA 及 DES 演算法技術，讓傳輸於網路上的資料更具有安全性。

↗ Secure Socket Layer, SSL（安全資料傳輸層協定）：1995 年間由網景（Netscape）公司所提出，是 128 位元傳輸加密的安全機制，大部分的網頁伺服器或瀏覽器，都能夠支援 SSL 安全機制。

↗ Segmentation（市場區隔）：指任何企業都無法滿足所有市場的需求，應該著手建立產品的差異化，企業在經過分析市場的機會後，接著便在該市場中選擇最有利可圖的區隔市場，並且集中企業資源與火力，強攻下該市場區隔的目標市場。

↗ Service Provider（服務提供者）：是比傳統服務提供者更有價值、便利與低成本的網站服務，收入可包括訂閱費或手續費。例如翻開報紙的求職欄，幾乎都被五花八門分類小廣告佔領所有廣告版面，而一般正當的公司企業，除了偶爾刊登求才廣告來塑造公司形象外，大部分都改由網路人力銀行中尋找人才。

↗ Session（工作階段）：代表指定的一段時間範圍內在網站上發生的多項使用者互動事件；舉例來說，一個工作階段可能包含多個網頁瀏覽、滑鼠點擊事件、社群媒體連結和金流交易。當一個工作階段的結束，可能就代表另一個工作階段的開始，一位使用者可開啟多個工作階段。

↗ Shopping Cart Abandonment, CTAR（購物車放棄率）：是指顧客最後拋棄購物車的數量與總購物車成交數量的比例。

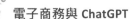

↗ Six Degrees of Separation（六度分隔理論）：哈佛大學心理學教授 Stanely Milgram 所提出的「六度分隔理論」運作，是說在人際網路中，要結識任何一位陌生的朋友，中間最多只要透過六個朋友就可以。換句話說，最多只要透過六個人，你就可以連結到全世界任何一個人，例如 Facebook 類型的 SNS 網路社群就是六度分隔理論的最好證明。

↗ Social、Location、Mobile, SoLoMo（SoLoMo 模式）：是由 KPCB 合夥人 John Doerr 在 2011 年提出的一個趨勢概念，強調「在地化的行動社群活動」，主要是因為行動裝置的普及和無線技術的發展，讓 Social（社交）、Local（在地）、Mobile（行動）三者合一能更為緊密結合，顧客會同時受到社群（Social）、行動裝置（Mobile）、以及本地商店資訊（Local）的影響，稱為 SoLoMo 消費者。

↗ Social Media Marketing（社群行銷）：透過各種社群媒體網站，讓企業吸引顧客注意而增加流量的方式。由於大家都喜歡在網路上分享與交流，透過朋友間的串連、分享、社團、粉絲頁與動員令的高速傳遞，創造了互動性與影響力強大的平台，進而提高企業形象與顧客滿意度，並間接達到產品行銷及消費，所以被視為是便宜又有效的行銷工具。

↗ Social Networking Service, SNS（社群網路服務）：Web 2.0 體系下的技術應用架構，隨著各類部落格及社群網站（SNS）的興起，網路傳遞的主控權已快速移轉到網友手上，從早期的 BBS、論壇，一直到近期的部落格、Plurk（噗浪）、Twitter（推特）、Pinterest、Instagram、微博、Facebook 或 YouTube 影音社群，主導了整個網路世界中人跟人的對話。

↗ Social Traffic（社交媒體流量）：指透過社群網站的管道來拜訪你的網站的流量，例如 Facebook、IG、Google+，當然來自社交媒體也區分為免費及付費，藉由流量分析，可以作為投放廣告方式及預算的決策參考。

↗ Spam（垃圾郵件）：網路上亂發的垃圾郵件之類的廣告訊息。

↗ Spark：Apache Spark 由加州大學柏克萊分校的 AMPLab 所開發，是大數據領域中受矚目的開放原始碼（BSD 授權條款）計畫，Spark 相當容易上手使用，可以快速建置演算法及大數據資料模型，許多企業也採用 Spark 做為更進階的分析工具，是新一代大數據串流運算平台。

↗ Start Page（起始網頁）：訪客用來搜尋您網站的網頁。

↗ Stay at Home Economic（宅經濟）：在許多報章雜誌中都可以看見它的身影，「宅男、宅女」是從日本衍生而來，指整天在家中看 DVD、玩線上遊戲等的消費群，在這一片不景氣當中，宅經濟帶來的「宅」商機卻創造出另一個經濟奇蹟，也為遊戲產業注入一股新的活水。

↗ Streaming Media（串流媒體）：是一種網路多媒體傳播方式，將影音檔案經過壓縮處理後，再利用網路上封包技術，將資料流不斷地傳送到網路伺服器，而用戶端程式則會將這些封包一一接收與重組，即時呈現在用戶端的電腦上，讓使用者可依照頻寬大小來選擇不同影音品質的播放。

↗ Structured Data（結構化資料）：指目標明確，有一定規則可循，每筆資料都有固定的欄位與格式，偏向一些日常且有重覆性的工作，例如薪資會計作業、員工出勤記錄、進出貨倉管記錄等。

↗ Structured Schema（結構化資料）：是指放在網站後台的一段 HTML 中程式碼與標記，用來簡化並分類網站內容，讓搜尋引擎可以快速理解網站，好處是可以讓搜尋結果呈現最佳的表現方式，然後依照不同類型的網站就會有許多不同資訊分類，例如在健身網頁上，結構化資料就能分類工具、體位和體脂肪、熱量、性別等內容。

↗ Supply Chain Management, SCM（供應鏈管理）：觀念源自於物流（Logistics），目標是將上游零組件供 應商、製造商、流通中心，以及下游零售商串連成為夥伴，以降低整體庫存之水準或提高顧客滿意度為宗旨。如果企業能作好供應鏈的管理，可大為提高競爭優勢，而這也是企業不可避免的趨勢。

↗ Supply Side Platform, SSP（供應方平台）：幫助網路媒體（賣方，如部落格、FB 等），託管其廣告位和廣告交易，就是擁有流量的一方，出版商能夠在 SSP 上管理自己的廣告位，獲得最高的有效展示費用。

↗ SWOT Analysis（SWOT 分析）：是由世界知名的麥肯錫諮詢公司所提出，又稱為態勢分析法，是一種很普遍的策略性規劃分析工具。當使用 SWOT 分析架構時，可以從對企業內部優勢與劣勢、面對競爭對手所可能的機會與威脅來進行分析，然後從面對的四個構面深入解析，分別是企業的優勢（Strengths）、劣勢（Weaknesses）、與外在環境的機會（Opportunities）和威脅（Threats），就此四個面向去分析產業與策略的競爭力。

↗ Target Audience, TA（目標受眾）：又稱為目標顧客，是一群有潛在可能會喜歡你品牌、產品或相關服務的消費者，也就是一群「對的消費者」。

↗ Targeting（市場目標）：指完成了市場區隔後，我們就可以依照我們的區隔來進行目標的選擇，把這適合的目標市場當成你的最主要的戰場，將目標族群進行更深入的描述，設定那些最可能族群，從中選擇適合的區隔做為目標對象。

↗ Target Keyword（目標關鍵字）：是網站確定的主打關鍵字，也就是網站上目標使用者搜索量相對最大與最熱門的關鍵字，會為網站帶來大多數的流量，並在搜尋引擎中獲得排名的關鍵字。

↗ The Long Tail（長尾效應）：Chris Anderson 於 2004 年首先提出長尾效應的現象，也顛覆了傳統以暢銷品為主流的觀念，過去一向不被重視，在統計圖上像尾巴一樣的小眾商品，因為全球化市場的來臨，即眾多小市場匯聚成可與主流大市場相匹敵的市場能量，可能就會成為具備意想不到的大商機，足可與最暢銷的熱賣品匹敵。

↗ The Sharing Economy（共享經濟）：這樣的經濟體系是讓個人都有額外創造收入的可能，就是透過網路平台所有的產品、服務都能被大眾使用、分享與出租的概念，例如類似計程車「共乘服務」（Ride-sharing Service）的 Uber。

↗ The Two Tap Rule（兩次點擊原則）：一旦 App 要點擊兩次以上才能完成使用程序，就應該馬上重新設計。

↗ Third-Party Payment（第三方支付）：在交易過程中，除了買賣雙方外，由具有實力及公信力的「第三方」設立公開平台，做為銀行、商家及消費者間的服務管道代收與代付金流，就可稱為第三方支付。第三方支付機制建立了一個中立的支付平台，為買賣雙方提供款項的代收代付服務。

↗ Traffic（流量）：是指該網站瀏覽頁次（Page view）的總合名稱，數字愈高表示你的內容被點擊的次數越高。

↗ Trueview（真實觀看）：通常廣告出現 5 秒後便可以跳過，但觀眾一定要看滿 30 秒才有算有效廣告，這種廣告被稱為「Trueview」，YouTube 會向廣告主收費後，才會分潤給 YouTuber。

↗ Trusted Service Manager, TSM（信任服務管理平台）：是銀行與商家之間的公正第三方安全管理系統，也是一個專門提供 NFC 應用程式下載的共享平台，主要負責中間的資料交換與整合，在台灣建立 TSM 平台的業者共有四家，商家可向 TSM 請款，銀行則付款給 TSM。

↗ Ubiquinomics（隨經濟）：盧希鵬教授所創造的名詞，是指因為行動科技的發展，讓消費時間不再受到實體通路營業時間的限制，行動通路成了消費者在哪裡，通路即在哪裡，消費者隨時隨處都可以購物。

↗ Ubiquity（隨處性）：能夠清楚連結任何地域位置，除了隨處可見的行銷訊息，還能協助客戶隨處了解商品及服務，滿足使用者對即時資訊與通訊的需求。

↗ Uniform Resource Locator, URL（全球資源定址器）：主要是在 WWW 上指出存取方式與所需資源的所在位置來享用網路上各項服務，也可以看成是網址。

↗ Unique Page View（不重複瀏覽量）：是指同一位使用者在同一個工作階段中產生的網頁瀏覽，也代表該網頁獲得至少一次瀏覽的工作階段數（或稱拜訪次數）。

↗ Unique User, UV（不重複訪客）：在特定的時間內所獲得的不重複（只計算一次）訪客數目，如果來造訪網站的一台電腦用戶端視為一個不重複訪客，所有不重複訪客的總數。

↗ Unstructured Data（非結構化資料）：是指目標不明確，不能數量化或定型化的非固定性工作、讓人無從打理起的資料格式，例如社交網路的互動資料、網際網路上的文件、影音圖片、網路搜尋索引、Cookie 記錄、醫學記錄等資料。

↗ Upselling（向上銷售、追加銷售）：鼓勵顧客在購買時是最好的時機進行追加銷售，能夠銷售出更高價或利潤率更高的產品，以獲取更多的利潤。

↗ Urchin Tracking Module, UTM：是發明追蹤網址成效表現的公司縮寫，作法是將原本的網址後面連接一段參數，只要點擊到帶有這段參數的連結，Google Analytics 都會記錄其來源與在網站中的行為。

↗ User Experience, UX（使用者體驗）：著重在「產品給人的整體觀感與印象」，這印象包括從行銷規劃開始到使用時的情況，也包含程式效能與介面色彩規劃等印象。所以設計師在規劃設計時，不單只是考慮視覺上的美觀清爽而已，還要考慮使用者使用時的所有細節與感受。

↗ User Generated Content, UGC（使用者創作內容）：是代表由使用者來創作內容的一種行銷方式，這種聚集網友創作的內容，也算是近年來蔚為風潮的內容行銷手法的一種。

↗ User Interface, UI（使用者介面）：是虛擬與現實互換資訊的橋樑，以浩瀚的網際網路資訊來說，UI 是人們真正會使用的部分，它算是一個工具，用來和電腦做溝通，以便讓瀏覽者輕鬆取得網頁上的內容。

↗ User（使用者）：在 GA 中，使用者指標是用識別使用者的方式（或稱不重複訪客），所謂使用者通常指同一個人，「使用者」指標會顯示與所追蹤的網站互動的使用者人數。例如使用者 A 使用「同一部電腦的相同瀏覽器」在一個禮拜內拜訪了網站 5 次，並造成了 12 次工作階段，這種情況就會被 Google Analytics 記錄為 1 位使用者、12 次工作階段。

↗ Video On Demand, VoD（隨選視訊）：使用者可不受時間、空間的限制，透過網路隨選並即時播放影音檔案，並且可以依照個人喜好「隨選隨看」，不受播放權限、時間的約束。

↗ Viral Marketing（病毒式行銷）：身處在數位世界，每個人都是一個媒體中心，可以快速的自製並上傳影片、圖文，行銷如病毒般擴散，並且一傳十、十傳百地快速轉寄這些精心設計的商業訊息，病毒行銷要成功，關鍵是內容必須在「吵雜紛擾」的網路世界脫穎而出，才能成功引爆話題。

↗ Virtual Hosting（虛擬主機）：是網路業者將一台伺服器分割模擬成為很多台的「虛擬」主機，讓很多個客戶共同分享使用，平均分攤成本，也就是請網路業者代管網站的意思，對使用者來說，就可以省去架設及管理主機的麻煩。

↗ Virtual Reality Modeling Language, VRML（虛擬實境技術）：主要是利用電腦模擬產生一個三度空間的虛擬世界，提供使用者關於視覺、聽覺、觸覺等感官的模擬，利用此種語法可以在網頁上建造出一個 3D 的立體模型與空間。VRML 最大特色在於其互動性與即時反應，可讓設計者或參觀者在電腦中就可以獲得相同的感受，如同身處在真實世界一般，並且可以與場景產生互動，360 度全方位地觀看設計成品。

↗ Virtual YouTuber, Vtuber（虛擬頻道主）：不是真人，而是以虛擬人物（如動畫、卡通人物）來進行 YouTube 平台相關的影音創作與表現。

↗ Visibility（廣告能見度）：指廣告有沒有被網友看到，也就是確保廣告曝光的有效性，例如以 IAB ／ MRC 所制定的基準，是指影音廣告有 50% 在持續播放過程中至少可被看見兩秒。

↗ Voice Assistant（語音助理）：依據使用者輸入的語音內容、位置感測而完成相對應的任務或提供相關服務，讓你完全不用動手，輕鬆透過說話來命令機器打電話、聽音樂、傳簡訊、開啟 App、設定鬧鐘等功能。

↗ Web Analytics（網站分析）：所謂網站分析就是透過網站資料的收集，進一步作為網站訪客行為的研究，接著彙整成有用的圖表資訊，透過所得到的資訊與關鍵績效指標來加以判斷該網站的經營情況，以作為網站修正、行銷活動或決策改進的依據。

↗ Webinar：是指透過網路舉行的專題討論或演講，稱為「網路線上研討會」（Web Seminar 或 Online Seminar），目前多半可以透過社群平台的直播功能，提供演講者與參與者更多互動的新式研討會。

↗ Website（網站）：用來放置網頁（Page）及相關資料的地方，當我們使用工具設計網頁之前，必須先在自己的電腦上建立一個資料夾，用來儲存所設計的網頁檔案，而這個檔案資料夾就稱為「網站資料夾」。

↗ White Hat SEO（白帽 SEO）：以正當方式優化 SEO，核心精神是只要對用戶有實質幫助的內容，排名往前的機會就能提高，例如加速網站開啟速度、選擇適合的關鍵字、優化使用者體驗、定期更新貼文、行動網站優先、使用較短的 URL 連結等。

↗ Widget Ad：是一種桌面的小工具，可以在電腦或手機桌面上獨立執行，讓店家花極少的成本，就可迅速匯集超人氣，由於手機具有個人化的優勢，算是目前市場滲透率相當高的行銷裝置。

↗ YouTuber（頻道主）：指經營 YouTube 頻道的影音內容創作者，或稱為頻道主、直播主或實況主。